商洛主要作物栽培技术

瞿晓苍 ◎ 主编

中国农业出版社

北 京

编 委 会

《商洛主要作物栽培技术》

主　编： 瞿晓苍

副主编： 李拴曹　党文丽

编　委（按姓氏笔画排序）：

王 俭　王 程　王敏珍　牛 犇　代艳荣

邬 勃　刘 峥　李 罡　李 静　李存玲

李剑锋　李美琦　李新民　佘丹萍　邹彰毅

张 华　张 萍　张 谦　陈兰瑛　范成博

林伟锋　赵玉霞　赵红卫　段小平　耿 巍

郭 鑫　曹小军　曹秀荣　董 晔　程有鹏

雷亚妮　蔡 鹏

FOREWORD 前言

　　商洛市地处陕西省东南部、秦岭南麓、丹江之源，是国家南水北调中线工程水源保护区，是秦岭最美的地方，是全国首个"气候康养之都"和全国首批农产品质量安全示范市。商洛市辖 6 个县 1 个区，常住人口 204.12 万。商洛市生态环境良好，气候条件天成，林木资源和野生食用菌种质资源丰富，森林覆盖率高达 67%，素有"南北植物荟萃""南北生物物种库"之美誉。良好的生态条件适宜粮油作物、食用菌、特色作物、中药材的生长，农产品产量高、质量优、绿色无污染。商洛市区位优势明显，沪陕高速、福银高速、西康高速横穿全境，西十高铁、西康高铁已动工修建，交通便利，商洛已融入西安市 1 小时经济圈、武汉市 1 天经济圈，为农产品流通、保障西安市及周边市场供给提供了便利条件。

　　近年来，商洛市委、市人民政府高度重视粮油作物、食用菌、特色作物、中药材产业发展，坚决扛稳粮食安全政治责任，认真落实"两藏"战略、狠抓"两个要害"，坚定不移保面积，集成技术增单产，多措并举增地力，下大力气扩大大豆、玉米面积，确保粮油作物稳产增产。2022 年播种粮食作物 159 133 hm²，年总产量 49.97 万 t；扩种大豆 25 267 hm²，推广大豆玉米带状复合种植，种植面积达 12 000 hm²。大豆玉米带状复合种植工作受到农业农村部调研组肯定，相关人员两次在省级大会上交流经验。商洛市坚持举生态旗，走特色路，念"山"字经，全力盘活"土特产"，在培育"土特产"上做足绣花功夫，强化组织领导，制定产业规划，设立专项资金，出台扶持政策，特色产业发展势头强劲，菌、果、药、畜、茶、酒等特色产业规模迅速发展，科技水平大幅提升，产业链条不断延伸，品牌开发成效显著，"三产融合"稳步推进。2022 年商洛市发展食用菌 4.55 亿袋，鲜品产量达 42.5 万 t，实现产值 82 亿元；种植蔬菜 25 733 hm²，产量达 64.6 万 t，实现产值 15.5 亿元；种植中药材 166 933 hm²，产量达 82.89 万 t，实现产值 61.84 亿元。食用菌、中药材规模产量均居陕西省第一。商洛市承办陕西省食用菌产业链现场会，"五化"推进食用菌全链条发展的做法被省委宣传部领导批示全省学习。

为了进一步提高商洛市粮油作物产量，推进食用菌、蔬菜、中药材等特色产业快速高质量健康发展，我们组织相关专家编写了《商洛主要作物栽培技术》，全书结合商洛市农业生产自然条件以及多年来的实际生产经验，对粮油作物、特色作物、食用菌、中药材生产技术进行重点介绍，可供陕西省及全国同类气候区域的科研人员、农业技术推广人员、新型生产经营主体、种植大户参考。

由于本书编写时间仓促，编者水平有限，书中错误和不足之处在所难免，敬请各位读者批评指正。

编　者

2023 年 6 月

CONTENTS 目录

前言

第1篇　粮油作物

第 2 篇　特色作物

第3篇　食用菌

第4篇 中药材

第1篇　粮油作物

第1章　小麦优质高产栽培技术

1.1　概述

小麦是小麦属植物的统称，代表种为普通小麦（*Triticum aestivum*），属禾本科植物，是一种在世界各地广泛种植的谷类作物。小麦的颖果是人类的主食之一，磨成面粉后可制作面包、馒头、饼干、面条等食物，小麦发酵后可制成啤酒、酒精、白酒。小麦是世界三大谷物之一，几乎全作食用，仅约有 1/6 作为饲料使用。两河流域是世界上最早栽培小麦的地区，中国是世界较早种植小麦的国家之一。小麦的主要成分是碳水化合物、脂肪、蛋白质、粗纤维，还含有钙、磷、钾、维生素 B_1、维生素 B_2 及烟酸等。此外，小麦胚芽里还富含食物纤维和维生素 E 及少量的精氨酸、淀粉酶、谷甾醇、卵磷脂、蛋白分解酶。2022 年商洛市种植小麦 35 620hm²，年总产量 9.94 万 t。

1.2　小麦植物学性状

1.2.1　根

小麦的根系属须根系，由初生根和次生根组成。小麦根系的生长在出苗到分蘖期速度最快，其次是分蘖到抽穗期；抽穗到开花期，根系日平均增长量最少；开花至成熟期根系基本不增长。

1.2.2　分蘖

小麦从主茎上长出的侧枝及侧枝上的分支均叫分蘖。分蘖的多少，生长的强弱，是决定群体结构好坏和个体发育健壮程度的重要标志。商洛市冬小麦从9月下旬开始播种，播种后 7 d 左右出苗，出苗后 15～20 d 开始分蘖，在以后1 个月内随着植株叶片数的增多，根系扩大，分蘖数增加，为冬季前分蘖高峰。进入越冬期，气温下降到 2～3 ℃，分蘖停止，不再产生新的分蘖。春季返青后，气温升到 10 ℃以上时，新蘖大量发生，为春季分蘖高峰。一般麦田进入拔节期，总茎蘖数达到最大值，之后因小麦植株生长中心转移，小分蘖逐渐死亡，最后稳定到成穗数。

1.2.3　叶

小麦一生中主茎叶片数目受品种、阶段发育特性、播种期、气候、栽培条件影响而有所不同，但在一定的生态条件下，都有其最适的主茎叶片数，而且相对稳定。冬小麦的主茎叶数，在适宜播期和适宜当地条件生长的品种，大都为 12 片叶左右。

1.3　小麦生育期划分

冬小麦的一生，在形态特征、生理特性等方面发生一系列变化，一般根据器官形成的顺序和明显的外部特征，将小麦一生划分为若干生育时期，通常为播种期、出苗期、分蘖期、越冬期、返青（起身）期、拔节期、孕穗期、抽穗期、扬花期、灌浆期、成熟期。

1.3.1　出苗期

小麦第 1 片真叶露出地表 2～3 cm 为出苗，小麦出苗期以 50％幼苗出土为标准。

1.3.2　分蘖期

田间有 50％以上的麦苗第 1 个分蘖露出叶鞘 2 cm 时为小麦分蘖期。

1.3.3　越冬期

冬前日平均气温稳定降至 3 ℃以下，麦苗基本停止生长，至次年春季日平均温度稳定升至 3 ℃以上，麦苗恢复生长，这段停止生长的时间称为越冬期。

1.3.4　返青期

翌年春季气温回升，麦苗叶片由青紫色转为鲜绿色，部分心叶露头，这个时期为小麦返青期（图 1-1）。

1.3.5　拔节期

50％以上麦苗主茎第 1 节露出地面 1.5～2 cm 时为拔节期。

图 1-1　小麦返青期

1.3.6　孕穗期

50％以上小麦旗叶叶片抽出叶鞘并完全展开，旗叶叶鞘包着的幼穗明显膨大，这个时期为小麦孕穗期。

1.3.7　抽穗期

50％以上麦穗由叶鞘中露出穗长的 1/2 时为小麦抽穗期（图 1-2）。

图 1-2　小麦抽穗期

1.3.8 扬花期

50%以上麦穗中上部小花的内、外颖张开花丝伸长，花药外露，花粉散出，这个时期为小麦扬花期。

1.3.9 灌浆期

扬花期后 15～20 d 即进入灌浆期，大约持续 25～30 d（图 1-3）。

图 1-3 小麦灌浆期

1.3.10 成熟期

80%植株正常变黄、籽粒变硬时为小麦成熟期（图 1-4）。

图 1-4 小麦成熟期

1.4　小麦苗情调查方法和苗情分类

1.4.1　调查方法

①取样方法。利用对角线法（适用于近似正方形的地块）、棋盘法（适用于近似正方形的地块）、蛇形法（也叫 S 形法，适用于长方形地块和一些不规则的地块）（图 1-5）。

图 1-5　取样示意图
A. 对角线法　B. 棋盘法　C. 蛇形法

②亩 * 基本苗。取 5 点平均数，折算成亩基本苗。

③亩茎数。冬前总茎数和春前总茎数的调查方法与亩基本苗调查方法相同。

④平均单株分蘖数、平均单株次生根数。在取样区随机连续取 10 株连根挖出，数取亩基本苗、亩茎数，平均单株分蘖数＝（亩茎数－亩基本苗）/10。同时数取平均单株次生根数。

⑤亩有效穗数。取 5 点平均数，折算成亩有效穗数。

⑥穗粒数。在取样区从根部随机抓取 20 个麦穗（剔除 5 粒以下的麦穗），保证总穗数为 20 个，数粒数，计算平均数。

⑦千粒重。按照监测品种前 3 年的平均千粒重计算。

⑧理论产量。理论产量＝亩有效穗数（万）×穗粒数（粒）×千粒重（g）× 10^{-2} ×0.85。

1.4.2　苗情分类

1.4.2.1　冬前苗情划分标准

①旺苗。早播麦田亩茎数 80 万以上，单株分蘖 6 个以上，3 叶以上大蘖 4 个以上，单株次生根 8 条以上。播量偏大的麦田虽然单株分蘖较少，但亩茎数达 80 万以上，叶片细长，分蘖瘦弱。

②一类麦田。亩茎数 60 万～80 万，单株分蘖 4～6 个，3 叶以上大蘖

　　＊　亩为非法定计量单位，1 亩≈667m² 。——编者注

2.5～4个，单株次生根5～8条。

③二类麦田。亩茎数45万～60万，单株分蘖2.5～4个，3叶以上大蘖1.5～2.5个，单株次生根3～5条。

④三类麦田。亩茎数45万以下，单株分蘖2.5个以下，3叶以上大蘖1.5个以下，单株次生根3条以下。

1.4.2.2 春季苗情划分标准

①旺苗。早播麦田亩茎数100万以上，单株分蘖7.5个以上，3叶以上大蘖5.5个以上，单株次生根11条以上。播量偏大麦田虽然单株分蘖较少，但亩茎数达100万以上，叶片宽、长，叶色墨绿，分蘖瘦弱。

②一类麦田。亩茎数80万～100万，单株分蘖5.5～7.5个，3叶以上大蘖3.5～5.5个，单株次生根8～11条（图1-6、图1-7）。

图1-6　春季一类麦田

图1-7　春季一类麦苗单株分蘖

③二类麦田。亩茎数 60 万～80 万，单株分蘖 3.5～5.5 个，3 叶以上大蘖 2.5～3.5 个，单株次生根 6～8 条（图 1-8）。

图 1-8　春季二类麦苗单株分蘖

④三类麦田。亩茎数 60 万以下，单株分蘖 3.5 个以下，3 叶以上大蘖 2.5 个以下，单株次生根 6 条以下。

1.5　主要栽培技术

1.5.1　整地施肥

前茬作物收获后，及时清理根茬，拔除杂草，深耕 25 cm 以上，耕后打碎土块，耙磨平整，做到上松下实，无漏耕漏耙等。结合耕地，亩施优质农家肥 1 500～2 000 kg，例如磷酸氢二铵 15～20 kg、尿素 20～25 kg、碳铵 40～45 kg、硫酸钾 10～15 kg。有条件的地方积极推行小麦机耕机播，采用拖拉机集中深翻、旋耕耙糖平整，采取机耕、机播、施肥等一次性作业，利用中小型播种机具，实现农机与农艺结合，降低劳动强度和小麦生产人工成本。

1.5.2 选用良种

1.5.2.1 品种布局原则

各地应因地制宜，合理优化品种布局，选种优质、高产、抗耐病虫能力强的小麦品种。南部低热区推广抗（耐）条锈病品种，压缩种植小偃系列和绵阳系列等感病品种，江河沿岸下湿地推广耐白粉病品种，减轻病害发生危害。

1.5.2.2 品种布局建议

（1）北部4个县（区）（包括商州区、洛南县、丹凤县、柞水县）

川平地以商麦5226、西农979为主栽品种，搭配种植小偃15、商麦1619。坡塬地以小偃15、商麦5226为主栽品种，搭配种植商麦1619、西农979。山坡地以川麦30、小偃15为主栽品种，搭配种植小偃22、商麦1619。

（2）南部3个县（包括山阳县、镇安县、商南县）

川平地以商麦5226、西农979为主栽品种，搭配种植小偃15、商高2号。坡塬地：以绵阳31、商麦1619为主栽品种，搭配种植小偃22、小偃15。山坡地以绵阳31、商麦1619为主栽品种，搭配种植商麦5226、小偃15。

1.5.3 适期播种

1.5.3.1 适期晚播

高寒山区9月底开播，10月8日前播完；中温区10月8日开播，10月15日播完；低热区10月15日开播，10月23日前播完。

1.5.3.2 播种量

实行精量、半精量播种，整地精细的坪地每亩播种量7～9 kg；塬坡地每亩播种量8～10 kg。

1.5.3.3 合理密植

根据品种特性、土壤肥力、施肥水平、种植方式等确定种植密度，亩基本苗每15万～18万、每亩成穗30万～35万为合理密植指标。

1.5.4 种植模式

1.5.4.1 规范间套

中温一类区、低热区以小麦纯种为主；中温二类区、部分中温一类区和高寒区主要采用规范化间作套种，一般采用2 m或1.67 m对开带，小麦、玉米套种，小麦带播种5～6行（图1-9）。

图 1 - 9　小麦、玉米规范化间套田

1.5.4.2　播种方式

采用机械化条播，或用拉犁，拉绳定距，确保播种深浅一致，出苗齐、匀、壮。

1.5.5　科学施肥

采用测土配方施肥技术，以增施有机肥为主，控制氮肥施用量，增施钾肥，应用小麦专用配方肥。

1.5.5.1　底肥

每亩施优质腐熟农家肥 1 500～2 000 kg 或商品有机肥、生物有机肥 200 kg 以上。目标产量小于 200 kg 的低肥力田块，亩施小麦配方肥（氮、磷、钾的比为 18∶16∶6）或氮、磷、钾复混肥 30 kg；目标产量在 200～300 kg 的中肥力田块，亩施小麦配方肥或三元素复混肥 40 kg；目标产量大于 300 kg 的高肥力田块，亩施小麦配方肥或三元素复混肥 50 kg。或亩施磷酸氢二铵 18～15 kg、尿素 10～15 kg（或碳酸氢铵 40～45 kg）、硫酸钾 6～10 kg。化肥混合均匀后，结合整地，施于耕层。

1.5.5.2　追肥

结合灌水，在冬前苗期或返青—拔节期趁墒追施，每亩追施尿素 5～7 kg。

1.5.5.3 叶面肥

灌浆初期，每亩用磷酸二氢钾 100 g、尿素 0.5 kg，或用其他营养型调节剂兑水进行叶面喷施。

1.5.5.4 氮肥后移

在氮肥总量一定的情况下，改变过去底肥"一炮轰"或前重后轻、冬春追肥为重施拔节肥的方式。该技术要点为将氮素化肥的底肥比例减少到 70%～80%，追肥比例增加到 20%～30%，同时将春季追肥时间后移至拔节期，对于土壤肥力高的地块或分蘖成穗率高的品种，可移至拔节期至旗叶露尖时。

1.5.6 病虫草害防治

1.5.6.1 地下害虫（金针虫、蛴螬）

药剂拌种。选用 50%辛硫磷乳油 100～150 mL，加水 3～5 kg，用喷雾器均匀喷拌于 100 kg 麦种上，堆闷 6～12 h 后，摊开晾干即可播种。撒施毒土。每亩撒施 3%辛硫磷颗粒剂 2.5～3 kg，还可用 50%辛硫磷乳油 200～250 mL（或 48%毒死蜱乳油 400 mL）加水 2～3 kg 喷于 25～30 kg 细土，拌匀，制成毒土，耕前撒施于地表，立即翻犁，也可结合播种随种子溜入土中。

1.5.6.2 冬前化除

于 11 月中、下旬杂草 2～4 叶期时，适时开展冬前化除。防除播娘蒿、粗毛碎米荠、荠、地肤、繁缕、田紫草、蓼、拉拉藤等阔叶杂草，每亩用 40%唑草酮（快灭灵）1.6～2.0 g 或亩用 36%唑草·苯磺隆（奔腾）可湿性粉剂 5～8 g 兑水 30 kg 喷雾。用药时要严格按照使用说明，准确掌握施药适期和剂量，严防发生药害。

1.5.6.3 中耕除草

小麦冬前、返青前，每亩用 75%苯磺隆（杜邦巨星）水分散粒剂 0.7～1.3 g，或选用 36%唑草·苯磺隆（奔腾）可湿性粉剂 4～5 g，或选用 40%唑草酮（快灭灵）可湿性粉剂 2～3 g 等除草剂除草，并进行 2～3 次中耕，以提高小麦根系活力，促弱苗转化升级。

1.5.6.4 全蚀病

对发生小麦全蚀病的田块，全部进行药剂拌种。选用 12.5%硅噻菌胺（全蚀净）20 mL，或用 2.5%咯菌腈（适乐时）50 mL，或用 2%戊唑醇（立克秀）20 mL，加水 100 mL，拌种 10 kg，堆闷 2～3 h，晾干后播种。

1.5.6.5 条锈病和白粉病

在小麦条锈病、白粉病常发和早发区实施杀菌剂拌种或包衣，防治效果较好。具体方法为：用 15%粉锈宁可湿性粉剂或 12.5%戊唑醇可湿性粉剂按种子量 0.2％～0.3％ 的比例，放进完整无损的塑料袋内，种子所占体积不得超过塑料袋容积的 2/3，扎紧袋口，充分翻动，使种药混拌均匀后立即播种。

1.5.6.6　红蜘蛛

小麦扬花期，对红蜘蛛达到防治指标的田块，可选择三氯杀螨醇、马拉硫磷、双甲脒等，使用时稀释 1 000 倍进行喷洒。当虫害比较严重，一般药物控制不住的时候，可用 10％ 苯丁哒螨灵 1 000 倍液，或者混合 5.7％ 甲维盐乳油 3 000 倍液，混合后效果会更佳。

1.5.6.7　蚜虫

对小麦蚜虫达到防治指标（百株 500 头以上）的田块，一旦发现为害中心，迅速喷药防治。可用 5％ 高效氯氰菊酯 2 000 倍和 5％ 吡虫啉乳油 1 000 倍液，喷雾防治。发生严重时，可用 48％ 毒死蜱乳油 1 000 倍液和 80％ 敌敌畏乳油 1 000 倍液喷雾防治，一定要注意喷洒旗叶和麦穗，喷药要均匀细致。

1.5.6.8　"一喷三防"

在小麦抽穗期、扬花期、灌浆期，以防治小麦条锈病、白粉病、麦穗蚜、吸浆虫为主，兼防脱肥及干热风，每亩选用 15％ 三唑酮（粉锈宁）可湿性粉剂 100 g（或 12.5％ 戊唑醇乳油 20～30 mL）、10％ 吡虫啉可湿性粉剂 20 g（40％ 毒死蜱 200～250 mL 或 4.5％ 高效氯氰菊酯乳油 10～15 mL）、98％ 磷酸二氢钾 100 g 混配，兑水 40～50 kg 喷雾；若在小麦抽穗期、扬花期，雨水偏多，有 3 d 以上连阴雨时，可选用 15％ 三唑酮（粉锈宁）可湿性粉剂 100 g（或 12.5％ 戊唑醇乳油 20～30 mL）、50％ 多菌灵可湿性粉剂 100 g、98％ 磷酸二氢钾 100 g 混配，兑水 40～50 kg 喷雾，能有效预防小麦条锈病、赤霉病、白粉病，兼防吸浆虫、麦穗蚜；可加入 10％ 吡虫啉可湿性粉剂 20 g、40％ 毒死蜱 200～250 mL、4.5％ 高效氯氰菊酯乳油 10～15 mL 混合喷雾，能起到抗倒伏、加快小麦灌浆速度、提高产量的作用。据小麦"一喷三防"技术试验示范调查，千粒重增加 1.54～3.9 g，亩产增加 31.1～64.4 kg，增产率 7.4％～16.7％。

1.5.7　及时收获

提前做好收、晒小麦的准备，尽量在蜡熟末期至完熟初期及时抢收（图 1-10），为下一季播种创造良好的茬口条件。密切关注天气预报，抢晴晾晒，尽量避开连阴雨，预防穗发芽和"烂麦雨"，确保颗粒归仓。

图 1 - 10 成熟麦田

第2章 冬小麦分期管理技术

2.1 返青期麦田管理意见

2.1.1 趁墒追施肥

对长势比较弱、底肥施用不足的二类和三类麦田、"一根针"和"土里捂"的麦田，要及早趁墒追施返青肥，结合中耕除草，亩追施尿素 5～8 kg、磷酸氢二铵 6～8 kg，或浇泼稀人粪尿、沼液，增墒防冻，促进小麦长根、增蘖；对三类苗要以促为主，一促到底，促进弱苗转壮，提高大蘖成穗率。

2.1.2 旺苗控水肥

对一类苗要控旺稳壮，对于播种量较大，长势较旺，群体偏大且没有脱肥的麦田需要控制水肥，旺长麦田可采取喷矮壮素等控制茎节生长、蹲苗。

2.1.3 中耕划锄

春季气温回升，杂草生长快。小麦返青期前后，中耕除草 2 次，人工划锄破除坷垃，增加地温提墒，改善土壤通透条件，促进弱苗早生根、早生长，苗情早发，加快苗情转化。对"一根针"和"土里捂"的麦田，水浇地要提早划锄破除板结，避免土壤板结夹苗僵苗；旱地要做好轻压保墒，减少土壤通风跑墒，表墒不足会影响出苗。

2.1.4 适时镇压

秋播土壤湿度大，整地质量较差，镇压有"控上促下"的作用，既可压实土壤、弥补裂缝，防止透风跑墒，避免吊根死苗，又能有效抑制主茎和分蘖徒长，促进根系下扎，使麦苗壮而不旺。镇压宜在返青期前后晴天的下午进行，镇压次数不要过多，一般 1～2 次，先轻压，调温调气，增温提墒，小麦进入拔节期后不能再进行镇压。旺长麦田及时镇压，抑制地上生长，促进地下扎根，控旺促壮。

2.1.5　开展化除

在无风晴天且当地最低气温不低于 4 ℃时，于上午 10 时至下午 4 时前用药，根据田间杂草种类进行化学除草，需控制除草剂的使用，在拔节前完成。对一般阔叶杂草可选用 40％唑草酮水分散粒剂、80％唑嘧磺草胺水分散粒剂；对禾本科杂草可选用 3％甲基二磺隆油悬浮剂、15％炔草酯可湿性粉剂、6.9％精噁唑禾草灵水乳剂等除草剂；对阔叶杂草与禾本科杂草混合发生的麦田可选用吡氟酰草胺·氟噻草胺·呋草酮、磺酰磺隆等药剂化除。

2.1.6　做好病虫监测

做好小麦条锈病、白粉病、蚜虫、红蜘蛛等病虫害的监测预报。

2.1.7　预防"倒春寒"

早春气温回暖快，易出现阶段性强冷空气，发生"倒春寒"。一要密切关注天气变化，及时收听天气预报，预防晚霜冻害发生；二要合理调控肥水，促进苗情转化升级，提高抗寒防冻能力；三要在降温前晚上利用烟雾剂、麦草等秸秆点燃，及时灌水，改善土壤墒情，调节近地面层小气候，减小地面温度变化幅度，防御早春冻害；四要对遭受冻害的麦田，及时追施适量氮肥、人粪尿，或叶面喷施磷酸二氢钾、植物生长调节剂，适时浇水，促进受冻小麦恢复生长。

2.1.8　预防春旱

早春易多发春旱，关注天气变化，一是覆盖秸秆。在小麦行间，每亩撒施 200～300 kg 麦糠、碎麦秸等，有保墒、防冻作用。二是撒施草木灰。撒施草木灰可弥合田间裂痕，提高地温促苗早发。三是盖农家肥。顺垄或顺行撒施农家肥，可以避风保墒，增温防冻。

2.1.9　注意事项

注意增温保墒，划锄、镇压、麦田覆盖农家肥；对当前生长正常、基本苗数较多的田块要控制返青肥的施用，防止造成无效分蘖过多，增加倒伏的风险；寒流天气来临前或土壤湿度大时不要进行镇压；对弱苗追施化肥要直接施入土中，加快分解吸收，不能随水冲施或马上灌水，应深施并覆土，避免氮素挥发损失。

2.2　拔节期麦田管理意见

2.2.1　灌好拔节水

"麦收八、十、三场雨"，拔节期正是小麦需水的关键时期，随着温度不断回升，土壤水分蒸发加大，浇好拔节水对促进小麦多成穗起到至关重要的作用，要因地制宜，切实做好灌溉、保墒工作。

2.2.2　适时进行追肥

拔节期施肥可以提高穗层整齐度，增加亩穗数，减少不孕小花，提高穗粒数，延缓后期旗叶和根系衰老，提高粒重。对于肥力中等、生长正常的一般麦田，应在拔节初期追肥；对于肥力基础好、群体适中的壮苗麦田，应在拔节中期追肥；对于三类苗、早春未追肥的晚播麦田，应抓紧趁墒追施拔节肥，亩追施尿素 8 kg，以增加亩穗数；对于返青期已追肥的晚播麦田，若追施氮肥不足，可在小麦拔节后再补追少量氮肥，可每亩追施尿素 5 kg。

2.2.3　防治病虫草害

拔节期正是小麦病虫害高发时期，要加强病虫害的监测、预警、防治工作。小麦进入拔节期后禁止使用任何除草剂化学除草。

2.2.4　预防倒春寒

3 月下旬到 4 月上旬，要密切关注天气变化，做好防护措施，预防晚霜危害。

2.2.5　注意事项

小麦返青拔节后渍害会阻碍根系发育，影响根系对养分、水分的吸收；田间湿度过大也容易引发病虫害，此时要及时做好清沟理墒，保证田内外沟系排水通畅，做到雨止田干。小麦进入拔节期后禁止使用任何除草剂进行化学除草。

2.3　孕穗期麦田管理意见

2.3.1　合理施肥

要根据不同田块因苗制宜，拔节时群体偏大、叶片浓绿披垂、生长过旺的麦田，可以不施肥或者在叶色褪淡后、剑叶叶尖露出时，补施少量孕穗肥；没有施拔节肥且孕穗期有缺肥现象的，在旗叶露尖时，每亩追施尿素 2～3 kg；孕穗期叶色浓绿、没有褪淡的田块，不宜施用孕穗肥，以防贪青晚熟而减产。

2.3.2　适时灌溉

孕穗期需水量大，但不能盲目灌溉，要根据叶色和墒情而定，拔节期浇水晚，田间持水量在 70％以上的田块，可推迟至 4 月中、下旬浇孕穗水；未浇拔节水的，如果 3 月下旬偏干，要及时灌好孕穗水，以免浇水过晚导致穗粒数减少。

2.3.3　防止倒伏

小麦倒伏多发生在抽穗后。对群体过大、有倒伏趋势的麦田在拔节前进行镇压；中高肥力及密度大的田块在小麦基部第 1 节间开始伸长时，每亩可用 15％的多效唑可湿性粉剂 8 g 兑水 75 kg 喷施，可以矮化防倒，促进增产。

2.3.4　根外追肥

根外追肥可增加结实率和千粒重，加速小麦成熟过程，缩短生育期 1～2 d。一般在乳熟期前以喷施磷酸二氢钾、过磷酸钙浸出液、草木灰浸出液为主，也可以加入少量氮肥。

2.3.5　病虫害防治

加强病虫草害的监测、预警与防治工作，抽穗后是条锈病、白粉病、蚜虫、红蜘蛛等发生高峰期，要及早进行"一喷三防"1～2 次。积极使用高效施药器械、大面积麦田应用植保无人机喷防作业。

2.3.6　晚霜冻害

密切关注当地气象预报信息，寒流前采取灌水、熏烟等措施，减少冻害发生。

2.3.7　注意事项

浇水和施肥要灵活，孕穗期易发生病虫害，田间湿度要控制好，湿度过大会增加病害发生概率，对水肥充足的田块，可以提前打药预防病虫害。小麦长势正常的不用在根部追肥，可在打药时适当喷施一些叶面肥来补充营养。

2.4　灌浆期麦田管理意见

小麦抽穗后进入灌浆期，灌浆期的施肥、灌溉、病虫防治直接影响小麦的麦粒产量。小麦"一喷三防"后，还可以通过进一步加强后期管理，提高粒重。

2.4.1　防倒伏

小麦倒伏严重时会影响产量，连续大雨天气，同时伴随大风，容易导致小麦倒伏；根腐病等一些病虫害会加大倒伏概率，需要时刻关注病虫害的发生。

2.4.2　喷施叶面肥

适当喷施叶面肥可以为小麦后期生长提供营养元素，有利于粒重增加、减少干热风危害、提高小麦灌浆速率，从而促进高产。

2.4.3　适量浇水

灌浆期小麦对水分需求比较大，过于干旱会影响穗粒数。抽穗后，针对比较干旱的田块，可以适量小水轻浇，但不宜过量，否则容易发生倒伏。

2.4.4　人工拔草

对于前期没有进行除草的田块或者除草效果不好的田块，如果抽穗后杂草过多，影响小麦正常生长的，需要进行人工拔除。

2.4.5　抢晴早收

提前做好收、晒小麦的准备，尽量在蜡熟末期至完熟初期及时抢收，为下一季播种创造良好的茬口条件。密切关注天气预报，抢晴晾晒，尽量避开连阴雨，预防穗发芽和"烂麦雨"，确保颗粒归仓（图2-1）。

图2-1　机械收获小麦

2.4.6　注意事项

浇水时务必避开大风天气，以免造成小麦倒伏，群体偏大且生长过旺田块不宜灌溉。扬花期容易感染赤霉病，不注重田间情况随意浇水，就会导致田间湿度大，易于发病，最好等到扬花期结束后再浇水，雨水多时要及时排除麦田积水。田间杂草严重的采取人工除草方式。抢时收获，防止在阴雨天发生霉变、出芽。

第3章 春玉米高产优质栽培技术

3.1 概述

玉米（*Zea mays*）是禾本科1年生草本植物，又名包谷、苞米、玉蜀黍、珍珠米等。茎秆直立，通常不分枝，高1～3 m，基部各节具气生支柱根。叶鞘具横脉，叶舌膜质，长约2 mm，叶片扁平宽大，线状披针形，基部圆形呈耳状，无毛或具疣柔毛，中脉粗壮，边缘微粗糙。顶生雄性圆锥花序，主轴与总状花序轴及其腋间均被细柔毛；雄性小穗孪生，长达1 cm，小穗柄一长一短，分别长1～2 mm、2～4 mm，被细柔毛；两颖近等长，膜质，约具10脉，被纤毛；外稃及内稃透明膜质，稍短于颖；花药橙黄色，长约5 mm。雌花序被多数宽大的鞘状苞片所包藏；雌小穗孪生，成16～30纵行排列于粗壮的序轴上；两颖等长，宽大，无脉，具纤毛；外稃及内稃透明膜质，雌蕊具极长而细弱的线形花柱。颖果球形或扁球形，成熟后露出颖片和稃片之外，其大小随生长条件不同产生差异，一般长5～10 mm，宽略过于其长，胚长为颖果的1/2～2/3。

玉米是畜牧业、养殖业、水产养殖业等的重要饲料来源，也是食品、医疗卫生、轻工业、化工业等的不可或缺的原料之一。玉米中的维生素含量非常高，是稻米、小麦的5～10倍，在所有主食中，玉米的营养价值和保健作用是最高的，玉米中含有的核黄素等高营养物质，对人体十分有益。2022年商洛市年种植玉米65 713 hm²，年总产量24.64万t。

3.2 玉米生物学特性

3.2.1 温度

玉米属于喜温作物，全生育期内要求的温度较高。种子发芽要求在8～10 ℃，当温度低于8 ℃，发芽速度缓慢，在16～21 ℃时，发芽旺盛、速度快。一般种子发芽的最适宜温度为20～30 ℃，当温度超过40 ℃时将停止发芽，并对种子活性产生一定的影响。在苗期，短时间内可承受−3～−2 ℃的低温；在2

叶 1 心时, －3 ℃是低温的临界温度, 如果低于－3 ℃, 幼苗就会出现冻伤现象, 严重时出现苗死亡。拔节期日均气温要求 15～27 ℃, 在 18 ℃以上较合适。从抽雄到开花日均 26～27 ℃, 灌浆和成熟在 20～24 ℃较好, 低于 16 ℃或高于 25 ℃对淀粉酶的活动会产生影响, 例如, 出现籽粒灌浆不良或出现败育的现象。

3.2.2 光照

玉米是短日照植物, 日照时数在 12 h 内, 成熟提早, 长日照则开花延迟, 甚至不能结穗, 在短日照 (8～10 h) 条件下可开花结实。玉米为 C_4 植物, 具有较强的光合能力, 光饱和点高, 一般玉米光合强度为 35～80 mg CO_2/ $(dm^2 \cdot h)$。

3.2.3 水分

玉米植株高大、叶面积较大, 因而蒸腾作用强, 生长期间内最适的降水量为 600 mm 左右, 干旱或水涝都将会影响玉米的正常生长发育, 对产量和品质也有不同程度的影响。由于玉米有强大的根系和自我调节功能, 会尽可能从土壤中吸收所需的水分, 因此当遇到高温、空气干燥时, 叶片自动向上卷曲, 以减少蒸腾作用, 促使植株内的水分平衡; 若不是严重缺水, 一般不会造成植株干枯致死, 但严重缺水会对产量和品质有一定的影响。玉米生育期间的土壤水分状况是限制产量的重要因素之一, 当土壤含水量下降到田间持水量 50％～55％时, 就需要灌溉。尤其在夏季, 田间蒸发量大, 玉米耗水量也大, 应及时测定土壤含水量并补充水分, 一般在连续 10 d 左右没有充足降水的情况下, 就要灌水补墒, 否则会影响玉米正常生长发育, 尤其是在灌浆期, 会影响玉米干物质的形成, 导致减产。

3.2.4 土壤

玉米对土壤要求不十分严格, 土质疏松、土层深厚即可, 以有机质丰富的黑土、黑钙土、淡黑钙土、冲积土、厚层草甸土为最好, pH5～8 范围内均可种植玉米, 其中以 6.5～7.0 最为适宜。需要量较大的营养元素有氮、磷、钾、硫、钙、镁等, 需要量较少的有铁、锰、锌、铜、钡等。从抽雄前 10 d 到抽雄后 25～30 d 是玉米干物质积累最快、需肥最多的阶段, 这个阶段氮、磷、钾的吸收量占总需肥量的比例分别为 70％～75％、60％～70％、65％。

3.3 玉米生育期划分

玉米的整个生育期可以大致分为播种期、出苗期、拔节期、大喇叭口期、抽雄期、吐丝期、成熟等 7 个时期。

3.3.1　播种期

播种期指玉米播到地里的日期。

3.3.2　出苗期

幼苗出土 2～3 cm、全田出苗在 60％以上时为出苗期。

3.3.3　拔节期

全田 60％以上的玉米植株基部茎节开始伸长时为拔节期（图 3-1）。

图 3-1　玉米拔节期

3.3.4　大喇叭口期

全田 60％以上的植株上部叶片呈现喇叭口形时为大喇叭口期。标志通常为玉米的第 11 片叶展开，上部几片叶展开像一个大喇叭口一样（图 3-2）。

图 3-2　玉米大喇叭口期

3.3.5　抽雄期

全田 60％以上的植株雄穗露出顶叶 3～5 cm 时为抽雄期（图 3-3）。

图 3-3　玉米抽雄期

3.3.6　吐丝期

全田 60％以上的植株雌穗花丝露出苞叶时为吐丝期。

3.3.7　成熟期

全田90％以上的植株籽粒硬化，并呈现出品种固有颜色和光泽，籽粒乳线消失，这个时期为成熟期。

3.4　主要栽培技术

3.4.1　播前准备

3.4.1.1　严格选地

应选择 pH6.5～7.0、有机质含量 12～18 g/kg、碱解氮 50～80 mg/kg、速效磷 20～30 mg/kg、速效钾 80～120 mg/kg、耕层深度大于 20 cm、保水保肥、中上等肥力的地块。

3.4.1.2　精细整地

上年秋播结束后，玉米带需灭茬深翻越冬。早春顶凌打碎土块，精细耙耱，达到"上虚下实"，以备合墒播种。

3.4.1.3　合理施肥

结合整地，每亩施优质农家肥 1 000～2 000 kg、磷酸氢二铵 10 kg、硫酸钾 8～10 kg，或亩用玉米专用配方肥 30～40 kg 作底肥或种肥（图 3-4）。

图 3-4　玉米专用肥

3.4.2　品种选择

川道以正大 999、中金 368、农科大 8 号为主栽品种，搭配种植正大 659、正大 658、陕科 9 号。山区以陕单 2001、潞玉 6 号、万瑞 6 号为主栽品种，搭配种植宝单 3 号、金科 2 号。

3.4.2.1　正大999

正大999玉米由襄樊正大农业开发有限公司选育，生育期110 d，幼苗叶鞘紫色，叶片深绿色，株型半紧凑。株高265.5 cm，穗位高116 cm，成株叶片数21～22片。果穗长筒形，穗长20.9 cm，秃顶1.1 cm，穗粗5.2 cm，穗行数16.4行，行粒数36～42粒，百粒重31.3 g。穗轴红色，籽粒半马齿形、黄色（图3-5）。田间表现较抗大、小斑病，中抗纹枯病，抗倒性较好。全籽粒含粗蛋白质11.40%、粗脂肪4.50%、粗淀粉69.13%、赖氨酸0.35%，容重751 g/L。

图3-5　正大999成熟果穗

3.4.2.2　中金368

中金368玉米由中国农业大学作物学院、北京金粒特用玉米研究开发中心选育，为春播玉米品种，生育期122 d左右，是中晚熟品种。株型较紧凑，穗位下部叶片略上倾，叶尖部略下垂，穗位上部叶片直立上冲。株高253 cm，穗位高100 cm，空秆率1.7%。籽粒黄色，属半硬粒型，千粒重368.3 g，出籽率77.4%，籽粒品质好。适宜与矮秆作物间作、套种。抗大、小斑病、矮花叶病。全籽粒含水分9.8%、粗脂肪5.46%、粗蛋白10.56%、粗淀粉67.76%、赖氨酸0.34%（图3-6）。

图3-6　中金368田间长势

3.4.2.3　陕单 2001

陕单 2001 玉米由西北农林科技大学选育，春播，全生育期 120 d 左右，幼苗叶鞘深紫色，叶色深绿色，苗势强，叶片上挺，叶尖稍下披。株高 260～280 cm，穗位高 100～118 cm，株型紧凑，叶片上挺，叶色深绿，叶尖下披。总叶片 19～20 片，雄穗分枝 8～11 个，分枝均为直立，主轴分枝较长，护颖紫色，花药黄色，花粉量大，雌穗花丝绿色，苞叶适中，抽雄后 3 d 左右散粉，雌雄花期相遇良好。成熟时茎叶呈绿色，保绿度好，抗倒性强。果穗长筒型，穗长 22～24 cm，每穗 16～18 行，每行 40～45 粒，穗轴红色，出籽率 86.9%。籽粒橘黄偏硬，胚乳角质，百粒重 29.0～31.0 g。经抗病性鉴定，高抗穗粒腐病和小斑病，抗丝黑穗病和大斑病。

3.4.3　种子处理

3.4.3.1　试芽

播种前 15 d 进行发芽试验，确保种子发芽率 90% 以上。

3.4.3.2　晒种

播种前 3～5 d 晒种子 2～3 d，杀灭相关病菌。

3.4.3.3　种子包衣

播种前选用通过国家审定登记并符合绿色环保标准的种衣剂进行种子包衣，防治地下害虫及丝黑穗病。

3.4.3.4　药剂拌种

对易感丝黑穗病的品种，用烯唑醇或三唑酮类农药拌种。

3.4.4　科学播种

3.4.4.1　种植模式

玉米与马铃薯间作套种一般用 1.67 m 对开带套种模式或 1.1 m 套种模式（图 3-7、图 3-8）。

3.4.4.2　播种时间

当土壤 5～10 cm 处地温稳定在 10～12 ℃时开始播种，一般在 4 月 5 日—15 日播种。

3.4.4.3　播种方法

人工开沟摆籽，垄沟种植，或人工挖穴点播。

图 3-7　1.67 m 对开带套种模式

图 3-8　1.1 m 套种模式

3.4.4.4　播种密度

　　根据玉米品种特性、土壤肥力、施肥水平、种植形式等确定密度，一般株距 27～33 cm，每亩留苗 2 500～3 000 株。人工点播的亩播种量为 2～2.5 kg。

3.4.5　田间管理

3.4.5.1　查苗补苗

玉米出苗后要及时查苗、补苗、间苗，确保苗全、苗齐、苗壮。

3.4.5.2　水肥管理

在玉米苗期、大喇叭口前期进行中耕培土，大喇叭口期到抽雄期为玉米需水临界期，对水分反应十分敏感，因此应重浇攻穗水。在苗期、大喇叭口期分别采取挖窝深施的方式亩追施尿素 8～10 kg，玉米生长后期如脱肥，亩用 1.5%～2%尿素溶液加 0.2%磷酸二氢钾进行叶面喷雾。

3.4.5.3　病虫害防治

若有大斑病或小斑病发生，可亩用 50%多菌灵可湿性粉剂或 70%甲基托布津可湿性粉剂 500 倍液 50～75 kg 喷雾。对黏虫用 2.5%敌杀死 30 mL 兑水 40～50 kg 喷雾。对玉米螟，用甲敌粉 2 kg 拌细土 20～30 kg，均匀撒在玉米心内防治，或在心叶末期喇叭口内投放 1.5%辛硫磷颗粒剂，每亩用量 0.5 kg；在玉米生长中期，可用 0.5%阿维菌素乳油（虫螨克）1 000 倍液于 6 月下旬（1 代幼虫孵化盛期）和 8 月上、中旬（2 代幼虫孵化盛期）茎叶喷雾，在幼虫蛀茎之前将其消灭。

3.4.6　适时收获

9 月上、中旬，当玉米苞叶变黄、籽粒变硬、乳线基本消失、基部黑色层出现时（图 3-9），及时收获、晾晒，防止霉变和鼠害。并立即清除田间玉米根茬和秸秆，避免对后茬套种蔬菜或大豆遮阴，影响通风、透光。

图 3-9　玉米成熟田

第4章　马铃薯高产高效栽培技术

4.1　概述

马铃薯（*Solanum tuberosum*）又名土豆、洋芋，是茄科茄属的多年生草本植物，但作1年生或1年2季栽培。地上茎呈菱形，有毛；叶片初生时为单叶，逐渐生长成奇数不相等的羽状复叶，大小相间，呈卵形至长圆形；伞房花序生长在顶部，花为白色或蓝紫色；果实为浆果；块茎扁圆形或球形，无毛或被疏柔毛；薯皮白色、淡红色或紫色；薯肉有白、淡黄、黄等色。马铃薯原产于南美洲，16世纪传到印度，继而传到中国，如今中国大部分地区均有栽培。马铃薯喜冷凉干燥气候，适应性较强，以疏松肥沃沙质土为宜，生长期短而产量高。马铃薯味甘，性平，有益气、健脾、和胃、解毒、消肿等功效。马铃薯块茎含有多种维生素和无机盐，可防止坏血病，刺激造血机能，无机盐对人的健康和幼儿发育成长都是不可缺少的元素，有利于保护心脑血管健康，促进全身健康。马铃薯同时具有粮食、蔬菜、水果等多重特点，是世界上许多国家重要的食品品种之一，被列入7种主要粮食作物之中，地位仅次于水稻、玉米、小麦。2022年陕西省商洛市种植马铃薯29 933 hm²，其中地膜马铃薯11 333 hm²，鲜薯年总产量49.3万t。

4.2　马铃薯生物学特性

4.2.1　根

马铃薯用块茎种植和种子种植时，根的形态不相同。用块茎种植，块茎萌芽后，当芽长到3～4 cm时，从芽的基部发出根来，构成主要吸收根系，称初生根。以后随着芽的伸长，围绕着葡匐茎发生3～5条根，长20 cm左右，称葡匐根。初生根先是水平生长，约到30 cm后垂直向下生长。大部分品种的根系分布在土壤表层下40 cm，一般不超过70 cm，在沙质土壤中根深可达1 m以上。葡匐根主要是水平生长。早熟品种根系分布较浅，晚熟品种根系分布广而较深，早熟品种的根系一般不如晚熟品种发达。而用种子种植时，植株有主根和侧根，根的分枝随植株的生长而增多，主根为圆锥形伸入土中，若生长条件好，用种子种植的植株（实生苗）的根系也很发达。根起源于茎内，由靠近维管系统的初生韧皮部薄壁细胞的分裂活动发生，由于马铃薯根的这种内生性，所以它的发芽期时间较长，春播时，一般在播后 30 d 左右出土。

4.2.2　茎

马铃薯的茎分地上和地下两部分。

地上茎绿色或附有紫色素，主茎以花芽封顶而结束，代之而起的为花下两个侧枝，形成双叉式分枝。茎上有棱 3～4 条，棱角突出呈翼状，茎上节部膨大，节间分明，节处着生复叶，复叶基部有小型托叶。多数品种节处坚实，节间中空。马铃薯每个叶腋中都能发生侧芽，形成枝条。早熟品种分枝力弱，一般从主茎中部发生 1～4 枝；晚熟品种分枝多而长，一般从主茎基部发生。马铃薯的再生能力很强，在适宜的条件下，每个茎节都可发生不定根，每节的腋芽都可形成新的枝条。在生产中，利用这一特点，采用剪秧扒豆、育苗掰芽、剪枝扦插、压蔓等方式增加繁殖倍数。

地下茎包括主茎的地下部分、匍匐茎、块茎。主茎地下部分可明显见到 8 个节，少数品种具 6 个节，节上着生退化鳞片叶，叶腋生出匍匐茎，顶端有 12 或 16 个节间短缩膨大形成块茎。与匍匐茎相连的一端叫薯尾或脐部，另一端叫薯顶。块茎是变态的茎，具有茎的各种特性，表面分布很多芽眼，每个芽眼有一个主芽和两个副芽。副芽一般处于休眠状态，只有主芽受伤害后才萌发。薯顶着生的芽眼多而密，发芽势强，这种现象叫顶端优势。顶端优势的形成是因为块茎顶部含有丰富的水分、转化淀粉、蛋白质。薯内的皮层与髓之间的维管束环是块茎的输导系统，它与匍匐茎的维管束环相连，通向各个芽眼。茎叶制造的有机物质和根系吸收的水分、养分由维管束环运到块茎各个部位。皮层和髓部薄壁细胞中贮藏的养分也通过维管束环向芽眼输送。维管束多集中在块茎顶部，并与髓直接相通，所以养分首先向顶芽和主芽输送。因此，顶芽和主芽具有萌芽早、发芽势壮的优势。生产上利用整薯播种，以及切块时采用从薯顶到薯尾的纵切法，就是充分发挥顶芽优势的作用。

4.2.3　叶

马铃薯的叶子在幼苗期基本上都是单叶，心脏形或倒心脏形，全缘，属初生叶。生长后期均为奇数羽状复叶，顶端叶片单生，顶生小叶之下有 4～5 对侧生小叶，小叶柄上和小叶之间肋上着生裂片叶。复叶的大小，侧小叶的形状、色泽、毛茸的多少，小叶的排列疏密，二次小叶的多少等因品种而异。绝大部分品种的主茎由 16 个复叶组成，加上顶部两个侧枝的复叶，构成马铃薯的主要同化系统。复叶叶柄基部与主茎相连处着生的裂片叶叫托叶，具小叶形、镰刀形或中间形，可作为识别品种的特征。

4.2.4 花

马铃薯的花由 5 瓣连结，形成轮状花冠，花内有 5 个雄蕊和 1 个雌蕊，每个小花有花柄，着生在花序上。花序着生枝顶，呈伞形、聚伞形花序，花色有白、粉红、紫、蓝紫等颜色。早熟品种第 1 花序开放，与地下块茎开始强盛膨大相吻合，是结薯期的重要形态指标。

4.2.5 果实

马铃薯的果实为浆果，呈球形或椭圆形，种子细小肾形。马铃薯属自花授粉植物，在没有昆虫传粉情况下，天然杂交率低于 0.5%。在山区或高纬度地区，马铃薯生长期在 150 d 以上的地方，可以利用种子繁殖种薯或直接用于生产。种子不带病毒，但后代遗传性不稳，性状分离大，特别是结薯性，所以，一般只有科研单位为选育新品种才利用实生种子种植进行后代选择。

4.3 马铃薯生育期划分

马铃薯整个生育期可分为休眠期、发芽期、幼苗期、发棵期、结薯期、成熟期 6 个时期。

4.3.1 休眠期

新收获的马铃薯块茎在适宜的条件下必须经过一定时期后才能发芽，这一时期称休眠期，这种现象为休眠。在生产上，从茎叶衰败、马铃薯块茎收获后进入休眠期。休眠期长短从块茎成熟收获到芽眼开始萌发幼芽的天数计算，休眠期的长短由品种特性和贮藏温度决定，休眠期 1~3 个月以上不等；在温度为 0~4 ℃的条件下，马铃薯可长期保持休眠。

4.3.2 发芽期

从种薯解除休眠，芽眼处开始萌芽直至幼苗出土为发芽期。发芽期生长的中心在芽的伸长、发根和形成匍匐茎；营养和水分主要靠种薯，按茎叶和根的顺序供给。发芽期因品种休眠特性、栽培季节、技术措施不同而长短不一，从 1 个月到几个月不等（图 4-1）。

图 4 - 1 马铃薯发芽期

4.3.3 幼苗期

从出苗到第 8 叶或第 6 叶平展或顶端用肉眼看得清花蕾为幼苗期,也称团棵期。幼苗期经过的时间较短,为 20 d 左右(图 4 - 2)。

图 4 - 2 马铃薯幼苗期

4.3.4 发棵期

从团棵到主茎形成封顶叶（第 16 叶或 12 叶展平）为发棵期。早熟品种以第 1 花序开花，晚熟品种以第 2 花序开花，为马铃薯的发棵期，为时 1 个月左右，发棵期是主茎第 3 段的生长。

4.3.5 结薯期

主茎生长完成并开始侧生茎叶生长，茎叶和块茎的干物质含量达到平衡时，便进入了以块茎生长为主的结薯期。结薯期的长短受气候条件、病害、品种熟性等影响，一般为 30～50 d。

4.3.6 成熟期

当 50% 的植株茎叶枯黄时，便进入成熟期，此时马铃薯地上、地下部分均已停止生长。

4.4 主要栽培技术

4.4.1 品种选择

选择品质优、产量高、适应性广、抗病性强、商品性好的马铃薯品种。高寒区选用中晚熟品种，以紫花白为主，搭配种植克新 1 号、克新 3 号、荷兰 15、希森 6 号等品种；中温、低热区选用中早熟品种，以早大白为主，搭配种植克新 3 号、荷兰 15、费乌瑞它等品种。种薯质量应符合《马铃薯种薯》（GB 18133—2012）马铃薯脱毒种薯二级以上良种标准。

4.4.1.1 紫花白

紫花白马铃薯由黑龙江省农业科学院马铃薯研究所选育而成，中熟品种，生育期从出苗到成熟 95 d 左右，结薯早，块茎膨大早而快；植株生长速度快，株型开展，分枝数中等，株高 70 cm 左右。块茎椭圆形，块大而整齐，薯皮光滑，白皮、白肉，芽眼深度中等，块茎休眠期长。干物质含量 18.1%，淀粉含量 13%～14%，还原糖含量 0.52%，粗蛋白含量 0.65%。抗 Y 病毒和卷叶病毒，高抗环腐病，耐旱、耐束顶，较耐涝，抗晚疫病（图 4-3）。

4.4.1.2 荷兰 15

荷兰 15 马铃薯由荷兰引进，早熟品种，生育期 60～70 d，株高 60 cm，植株直立，繁茂，分枝少，茎粗壮，叶色浅绿，生长势强。荷兰 15 马铃薯皮色淡黄，肉色深黄，表皮光滑，芽眼少而浅；结薯集中 4～5 个，块茎长椭圆

图 4-3　紫花白

形，大而整齐，休眠期短。块茎淀粉含量为 12%～14%，粗蛋白质含量为
1.67%，每 100 g 鲜薯维生素 C 含量为 13.6 mg，品质好，适宜鲜食和出口。
植株对 A 病毒和癌肿病免疫，抗 Y 病毒和卷叶病毒，易感晚疫病，不抗环腐
病和青枯病（图 4-4）。

图 4-4　荷兰 15

4.4.1.3　希森 6 号

希森 6 号马铃薯由希森马铃薯产业集团有限公司选育，中熟品种，生育期
90 d 左右。株高 60～70 cm，株型直立，生长势强。茎、叶绿色，花冠白色，
天然结实性少，单株主茎数 2.3 个，单株结薯数 7.7 块。薯形长椭圆，黄皮、
黄肉，薯皮光滑，芽眼浅，结薯集中，耐贮藏。干物质含量为 22.6%，淀粉
含量为 15.1%，蛋白质含量为 1.78%，菜用品质好，炸条性状好。高感晚疫
病，抗 Y 病毒，中抗 X 病毒（图 4-5）。

图 4-5　希森 6 号

4.4.2　种薯处理

4.4.2.1　切种与消毒

采用 30～50 g 小整薯播种，50 g 以上较大的种薯应纵切块。切种时，种薯顶芽向上，放在台面上，按薯块上的芽眼分布，从下端开始，在靠近芽眼处纵切，依次旋转向上，每块保留 2～3 个芽眼，切完为止，每个薯块重 25～30 g。为防止切刀传染病菌，应用 75％的酒精或 0.1％的高锰酸钾溶液浸泡切刀消毒，两把刀交替使用。将切好的薯块用草木灰均匀拌种，避光摊晾 2 h 以上，使伤口愈合，勿堆积过厚，以防烂种。

4.4.2.2　催芽

从北方新调入的种薯，必须进行催芽，打破休眠。第一，物理催芽。在播前 15～20 d 从窖里取出种薯放在温暖的室内，或阳光下晾晒 2～3 d。第二，湿润基质法催芽。一般在播种前 10～15 d，将种薯切块后，用湿沙或锯末等基质分层层积覆盖于土坑或温床上，厚度约 10 cm，保持层积物湿润，保持温度

第 1 篇　粮油作物

第 4 章　马铃薯高产高效栽培技术

在 20～25 ℃，3～10 d 即可发芽。芽长 2～3 mm 时，散射光炼苗 3 d 以上，要在避免阳光直射的散光下炼苗，以利壮芽齐苗。

4.4.3　播前准备

4.4.3.1　轮作倒茬

选择前茬非块根、块茎类和茄科作物，轮作倒茬，忌连作，轮作年限至少 3 年以上。

4.4.3.2　整地

选择集中连片、土层深厚、肥力中等、质地疏松的地块。冬前采用机械深翻或深松整地，深度 25～30 cm；深翻的田块，及时用耙耱整平保墒。春播在播种前及时整地，打碎土块，捡拾根茬。

4.4.3.3　防治地下害虫

冬前 11—12 月，深翻冻垡，冻杀害虫，播前使用充分腐熟的农家肥，防止虫、卵、草籽进入农田土壤。地下害虫虫口密度每亩大于 2 000 头的田块，整地时每亩用 3％辛硫磷颗粒剂或 5％毒辛颗粒剂 2.5～3 kg，结合深翻均匀施入土壤。

4.4.4　规范播种

4.4.4.1　适期播种

选择适宜的马铃薯播期，既能确定适宜的收获上市时间，获取最大经济效益，又能避免低温冻害和晚霜危害。低热区冬播应选择在 12 月 15 日以前或次年 1 月 15 日以后，以 1 月 15 日左右播种最为适宜；中温区冬播应选择次年 1 月中旬；12 月 20 日至次年 1 月 10 日之间不宜播种（土壤正处结冰时期）；中温区和高寒区的春播地膜马铃薯一般在 2 月下旬至 3 月上旬播种，播期不能迟于 3 月中旬。

4.4.4.2　种植模式

在海拔 700 m 以上的区域主推春播地膜马铃薯与春玉米高产高效规范间套模式，在海拔 700 m 以下的区域主推纯种冬播地膜马铃薯或冬播地膜马铃薯与春玉米高产高效间套模式。主推两种规范化套种模式；一是双套双 167 cm 对开带模式（图 4-6）；二是双套单模式（即带宽 110 cm）。马铃薯选用中早熟品种，冬播地膜马铃薯一般在 12 月底至翌年 1 月初播种，5 月中、下旬收获；春播地膜马铃薯在 2 月上、中旬至 3 月上旬播种，6 月上旬至 7 月上旬收获。玉米选用中晚熟品种，4 月上、中旬播种，9 月上旬至 10 月上旬收获。

图 4-6　对开带模式

4.4.4.3　带型与密度

主推两种规范化套种模式：一是双套双167 cm对开带模式，即带宽167 cm，2行马铃薯占83.5 cm，株距23 cm，每亩密度3 490株；2行春玉米占83.5 cm，株距30 cm，每亩留苗2 700株。该模式适宜在低热区和中温川道区，以早熟马铃薯和蔬菜生产为主的区域进行推广种植，但要适当增大玉米株距，为马铃薯和后期蔬菜生长提供通风透光条件。二是双套单模式，即带宽110 cm，2行马铃薯占80 cm，株距26 cm，每亩密度4 600株；1行春玉米占30 cm，株距26 cm，每亩留苗2 300株。该模式适宜在高寒山区和中温浅山区，以中、晚熟马铃薯和玉米生产为主的区域进行推广种植，但要适当减小玉米株距，增加玉米密度，提高单位面积粮食产量。马铃薯双套单模式亩用种量为130～150 kg、双套双模式亩用种量为100～110 kg。

4.4.4.4　起垄覆膜

开沟起垄，垄面呈瓦背状，一般垄高10～15 cm，垄面宽55～60 cm，播深8～12 cm。做到足墒播种，一般先播种后覆膜。应趁墒播种覆膜，确保苗全苗齐苗壮；如遇干旱，应灌水造墒，或趁墒先覆膜，适期用播种器打孔播种。

选用宽80 cm、厚0.01 mm以上的加厚地膜或降解膜，亩用量4～5 kg，可选用银灰色地膜、黑色地膜、黑白相间地膜等有色地膜。地膜紧贴垄面，边缘压入土中5～8 cm。在垄面每隔3～5 m压一"土腰带"，覆膜达到"平、直、紧、匀、严"（图4-7）。

图4-7　标准化地膜马铃薯田块

4.4.5　科学施肥

4.4.5.1　施肥原则

应用测土配方施肥技术，平衡土壤养分，坚持以有机肥为主，减少化肥施用量，倡导大量使用商品有机肥、生物有机肥、沼液、沼渣、马铃薯专用配方肥等。

4.4.5.2　施肥量

亩施优质腐熟的农家肥1 500～2 000 kg或商品有机肥150～200 kg，配施磷酸氢二铵10～15 kg、碳酸氢铵40 kg（或尿素15 kg）、草木灰25～40 kg（或硫酸钾10～15kg），或选用氮、磷、钾比例为12∶6∶12、14∶6∶15的马铃薯专用配方肥40～60 kg（图4-8）。

图4-8　马铃薯专用肥

4.4.5.3 施肥方法

农家肥和配方肥一般在马铃薯播种开沟或挖窝时一次施入，农家肥施于种薯上，化肥施于两个种薯之间，种薯与化肥间隔 10 cm 以上。

4.4.5.4 追肥

在马铃薯现蕾前结合中耕培土，追施尿素 4～5 kg。马铃薯现蕾后，结合病虫害综合防治，叶面追肥，亩用 99％的磷酸二氢钾 100 g 兑水 40 kg，喷施 1～2 次。

4.4.6 田间管理

4.4.6.1 破膜放苗

对于先播种后覆膜的马铃薯田块，马铃薯出土时，要及时破膜放苗，防止烧苗。当幼苗长出 1～2 片叶，无寒潮来临时，即可放苗。放苗时应坚持"放大不放小，放绿不放黄"的原则。一般放苗应选晴天上午 10 时以前或下午 4 时以后。阴天可全天放苗。方法是，用小刀（或香头）对准出苗的地方将地膜划一小孔，把幼苗引出膜外，放苗后及时用细土封严孔口，以利保温保墒，防止杂草滋生。而对于先覆膜后播种的地块和露地马铃薯，则不需要放苗，马铃薯幼苗会顺着播种孔自然长出地膜外。

4.4.6.2 防止晚霜

若遇霜冻，可采取烟熏、灌水、撒草木灰等方法预防冻害。

4.4.6.3 中耕除草

露地马铃薯的植株生长到 15～25 cm 时，进行第 1 次中耕除草、培土，第 2 次中耕距前次 25 d 左右，宜稍浅，防止碰伤薯块。

4.4.6.4 水分管理

如遇春旱或播种时土壤底墒不足，应采取抗旱措施，采用灌溉设施、膜下滴灌、人工浇水，使结薯期土壤始终保持湿润，收获前 7～10 d 停止浇水。

4.4.6.5 防徒长

对徒长田块，在蕾期，亩用 15％多效唑粉剂 40～50 g 兑水 40～50 kg 喷雾，同时摘除花蕾，控上促下，促进块茎膨大。

4.4.7 病虫害绿色防控

4.4.7.1 防治原则

坚持"预防为主，综合防治"，综合应用农业、物理、生物防治等绿色防控措施，辅助使用化学防治措施。

4.4.7.2 农业防治

因地制宜选用抗、耐病优良脱毒种薯，合理布局，实行轮作倒茬，加强中耕除草，清洁田园，降低病虫源基数。

4.4.7.3　物理防治

安装太阳能杀虫灯诱杀金龟子、地老虎等地下害虫，每 1.3 hm² 安装 1 台。

4.4.7.4　生物防治

提倡健身栽培法，采用轮作倒茬、适期播种、合理密植，增施有机肥、钾肥，提高作物抗病性，选择对天敌杀伤力小的高效低毒低残留农药，减少化学农药使用量，保护和利用自然天敌。

4.4.7.5　化学药剂防治

（1）炭疽病

发病初期，选用 25％嘧菌脂悬浮剂或 25％苯醚甲环唑悬浮剂 1 500～2 000 倍液，进行茎叶喷雾防治。

（2）病毒病

病毒病防治以应用脱毒种薯种植为主，发病初期，可喷施 0.5％菇类蛋白多糖水剂 300 倍液，或 7.5％菌毒·吗啉胍水剂 500 倍液，或 20％病毒 A 可湿性粉剂 50 g，或 1.5％植病灵乳油 1 000 倍液。在苗期注意传毒媒介蚜虫的防治。

（3）晚疫病

当发现晚疫病中心病株，及时连根拔除发病植株，带出田间烧毁或深埋，并对病株周围 50 m 范围内喷施药剂，封锁中心传染源。发病初期每亩用 72％霜脲·锰锌可湿性粉剂 100 g，或 72％烯酰·锰锌可湿性粉剂 100 g，或 20％吡唑醚菌酯微囊悬浮剂 30～50 mL，或 40％噁酮·吡唑酯悬浮剂 20～45 mL，兑水 40 kg 茎叶喷雾，间隔 7～10 d，交替用药，连喷 2～3 次。如喷药后 6 h 内遇雨，应重喷。

（4）蚜虫

亩用 10％吡虫啉可湿性粉剂 30 g 或 4.5％高效氯氰菊酯乳油 25 mL，兑水 40 kg 喷雾防治。

（5）二十八星瓢虫

要在幼虫孵化期或低龄幼虫期，抓住防治时期，亩用 4.5％高效氯氰菊酯乳油 25 mL 或 1.8％阿维菌素乳油 30 mL，兑水 40 kg 喷雾防治。

4.4.7.6　"一喷三防"

马铃薯现蕾后，若早疫病、晚疫病、二十八星瓢虫等病虫害混合发生，采取"一喷三防"技术统防统治（图 4-9）。杀虫剂可选用 4.5％高效氯氰菊酯乳油 25 mL、10％吡虫啉可湿性粉剂 30 g 等，杀菌剂可亩用 72％霜脲·锰锌可湿性粉剂 50 g，或 58％甲霜灵·锰锌可湿性粉剂 80～100 g，或 69％烯酰·锰锌可湿性粉剂 50 g，加入 99％ 磷酸二氢钾 100 g，兑水 40 kg 混合喷雾，安全间隔期 15 d 以上。

图 4-9 马铃薯"一喷三防"

4.4.8 收获储藏

4.4.8.1 适期收获

为了实现马铃薯增产增收，要针对不同用途，适时收获。作为蔬菜进行销售的马铃薯，要抓住上市早、价值高的时机，及早收获出售；用作其他用途的，待完全成熟后收获，这样能获得最高产量。一般在主茎上部 30％ 变黄、匍匐茎干缩时，可进行采收，选择晴天采收，防止收获过晚，高温高湿烂薯（图 4-10）。

图 4-10 成熟马铃薯

4.4.8.2　贮藏方法

马铃薯收获后放于阴凉通风处摊开2～3 d，使薯皮伤口愈合。贮藏前去掉块茎表面泥土，剔除病薯、畸形薯、受伤薯块，筛选分级，分类贮藏。应贮藏在通风、干燥的室内，堆放厚度不超过50 cm，表面用麻袋等不透明物遮盖。

4.4.8.3　贮藏期管理

贮藏期间加强通风，温度不低于4 ℃，湿度不高于75％，要定期检查，剔除病薯、烂薯。

4.4.9　清除残膜

地膜马铃薯收获后，及时清除田间残膜，带出田间，集中回收再利用，避免污染土壤和影响下茬作物生长。

第5章 甘薯优质高产栽培技术

5.1 概述

甘薯（*Dioscorea esculenta*）又名红薯、地瓜、红苕，是薯蓣科薯蓣属多年生缠绕藤本植物。块茎顶端多分枝，茎左旋，基部有刺，附着有丁字形柔毛；叶片为心脏形，有丁字形长柔毛，尤以背面较多，叶柄有刺；花被为浅杯状，附着柔毛，花期初夏；果实较少成熟，三棱形。甘薯原产南美洲及大、小安的列斯群岛，明代万历年间传入中国，现已在全世界各地区广泛栽培，在中国主要分布于北方大部分省份以及安徽、福建、湖南、广东等地。甘薯属喜光的短日照作物，性喜温、喜光，不耐寒，根系发达，较耐旱，不耐荫蔽。甘薯营养丰富，富含淀粉、糖类、蛋白质、维生素、纤维素、氨基酸，是非常好的营养食品。甘薯淀粉含量高，一般块根中淀粉含量占鲜重的15%～26%，高的可达30%；可溶性糖类占3%左右；甘薯中各种维生素含量之高是其他粮食作物所不及的。同时，甘薯略呈碱性，而米、面、肉类则为酸性食物，适当食用甘薯可以保持血液中酸碱度平衡。此外，甘薯所含的维生素可刺激肠壁，加快消化道蠕动并吸收水分，有助于排便，可防治便秘、糖尿病，预防痔疮和大肠癌等疾病。《本草纲目》记载甘薯具有补虚乏、益气力、健脾胃、强肾阴的功效，主治风湿麻木、跌打损伤、食积饱胀、消化不良。甘薯还是诸种轻工业品的原材料，如淀粉、饴糖、酒、醋等，具有较高的经济价值。2022年商洛市种植甘薯3 266.7 hm²，年总产量7.4万t（图5-1）。

图5-1 收获的甘薯

5.2　甘薯生物学特性

5.2.1　温度

薯块在 16～35 ℃的范围内温度越高，发芽出苗就越快越多，16 ℃为薯块萌芽的最低温度，最适宜温度范围为 29～32 ℃，发芽最高不能超过 40 ℃，否则会烧苗。甘薯块根膨大适宜温度为 20～25 ℃，块根受冻温度为 9 ℃，贮藏适宜温度为 11～13 ℃，茎叶生长适宜温度为 25～28 ℃，温度小于 10 ℃时，幼苗不能正常生长。

5.2.2　光照

在薯块萌芽阶段，光照对发根、萌芽没有直接影响，但光照弱会影响苗床温度。强光能使苗床增温快、温度高，可促进发根、萌芽。出苗后光照强度对薯苗生长速度有明显影响。光照不足，光合作用减弱，薯苗叶色黄绿，组织嫩弱，发生徒长，栽后不易成活。因此，在育苗过程中要充分利用光照，以提高床温，促进光合作用，使薯苗健壮生长。

5.2.3　水分

水分的多少影响苗床的温度和土壤通气性，床土水分和苗床空气湿度与薯块发根、萌芽、长苗的关系很密切。因此，水是甘薯育苗的重要条件之一。在薯块萌芽期，保持床土相对湿度和空气相对湿度均在 80%左右，使薯皮始终保持湿润为宜。在温、湿度正常情况下，薯块先发根后萌芽；如果温度适宜，水分不足，则萌芽后发根或不发根；如果床土过于干燥，则薯块既不发根也不萌芽。出苗后，若床土水分不足，则根系难以伸展，幼苗生长慢，叶片小，茎细硬，形成老小苗；若水分过多，则幼苗生长快，形成弱苗。在幼薯生长期间，保持床土相对湿度 70%～80%为宜。为使薯苗生长健壮，后期炼苗时必须减少水分，相对湿度降到 60%以下，这样育出的薯苗苗壮，利于成活。

5.2.4　土壤

甘薯耐瘠薄，对土壤要求不严格，但以土层深厚、疏松、排水良好、含有机质较多、具有一定肥力的壤土或沙壤土为宜。这类土壤疏松，透气性好，种植的块根形状粗短、整齐，皮色鲜艳，食味好，产量高，耐贮藏性好。但是，沙壤土缺乏养料，保水性差，易受干旱，必须经过施肥、改土，才能获得高产。黏重板结的土壤，保水力虽好，但通气性差，易受涝害，种植的块根形状细长，皮薄色淡，块根含水多，出干率低，食味差，不耐贮藏。

5.3　甘薯生育期划分

5.3.1　发根返青期

发根返青期是从栽插至根系基本形成时为止，约需 20 d。

5.3.2　分枝结薯期

分枝结薯期是从根系基本形成至茎叶有一定数量、有效薯数基本稳定为止，约需 30 d。

5.3.3　茎叶盛长与薯块膨大期

从封垄开始至生长最盛，叶面积指数达到最大，块根逐渐膨大，这个时期是茎叶盛长与薯块膨大期，需 40～50 d（图 5-2）。

图 5-2　甘薯封垄

5.3.4　薯块迅速膨大与茎叶渐衰期

栽植 90 d 以后，甘薯茎叶缓慢生长至停滞生长，叶色由浓绿变成淡黄色，薯块迅速膨大，这个时期是薯块迅速膨大与茎叶渐衰期，需 30 d 以上。

5.4 主要栽培技术

5.4.1 选择品种

根据不同用途，选择高产、优质、抗病、脱毒的适宜品种，商洛市以秦薯4号、徐薯18、商薯19为主栽品种。

5.4.1.1 秦薯4号

秦薯4号甘薯是由西北农林科技大学从自选系甘薯661-7系的夏薯实生苗后代选育而成的食用型品种，1998年通过陕西省农作物品种审定委员会审定。该品种属短蔓品种，一般蔓长100 cm左右。薯块紫红色，肉淡黄色，单株结薯多、大、中薯率占78%～89%，薯块整齐、形长条，外观好，结薯早，前期膨大快。抗旱、耐肥水，适应性广，不易徒长，对地力条件和栽植期要求不严。萌芽性好，耐贮藏，中抗黑斑病。一般春鲜薯亩产量达到3 000～4 000 kg，夏鲜薯亩产量为2 000～3 000 kg。因该品种蔓短，可与粮、果、菜等作物间作套种（图5-3）。

图 5-3 秦薯4号

5.4.1.2 徐薯18

徐薯18甘薯由江苏省徐州市农业科学研究所选育。该品种叶片为绿色，叶脉、脉基、柄基均为紫色，叶心脏形。茎长中等，茎粗，绿带紫色，分枝数较多，属匍匐型。结薯早而集中，中期薯块膨大快，大薯率高，薯块大，薯块纺锤形或圆柱形，皮紫色，肉白色。春薯烘干率30%以上，夏薯烘干率26%左右。种薯萌芽性好，出苗早而多，长势好。蔓叶前期生长较快，中期稳长，后期不早衰。耐旱性、耐瘠薄、耐湿性较强，适应性较好，抗逆性强，耐贮藏。高抗根腐病，不抗黑斑病和茎线虫病（图5-4）。

图 5-4 徐薯 18

5.4.1.3 商薯 19

商薯 19 甘薯由河南省商丘市农林科学研究所选育而成。顶叶微紫色,地上部其他部位均为绿色,成叶心形带齿,中短蔓型,蔓长 1～1.5 m,基部分枝 8 个左右,顶端无茸毛。薯块纺锤形,薯皮紫红色,薯肉白色。萌芽性好,茎叶生长势强,结薯早而集中。单株结薯 2～4 块,结薯整齐集中。鲜薯干物率 32.8%,干基淀粉率 71.4%,粗蛋白 4.07%,可溶性糖 14.53%。不开花,为春夏薯型。高抗甘薯根腐病,抗甘薯茎线虫病,高感甘薯黑斑病(图 5-5)。

图 5-5 商薯 19

5.4.2　培育壮苗

5.4.2.1　床址选择

床址要选择背风向阳、地势高燥、排水良好、管理方便的地方。若用旧苗床，需要更换床土和进行床体消毒。

5.4.2.2　苗床制作

①酿热温床覆盖薄膜育苗法。苗床长度可据地形及需要而定，一般长 5～7 m，宽 1.2～1.3 m，深度 40 cm 左右。床底要求中间高、四周低，南侧深、北侧浅，以使床温尽量达到均匀，保证出苗整齐。酿热物可选用大牲畜粪便及作物秸秆等，填放前，秸秆类酿热物要切成 6～10 cm 长的小段，以利分解。单用秸秆时，每亩要施入纯氮 5～8 kg；粪类和秸秆配合的酿热物分层填放。酿热物厚度以 25～30 cm 为宜，其上铺 4～5 cm 细土，并覆盖薄膜增温，待床温升到 33～35 ℃，即可排放种薯。

②塑料薄膜覆盖育苗法。苗床规格与酿热温床相似，因无酿热物，床底可适当挖浅点。

③露地育苗法。苗床一般做成 1.0～1.3 m 宽的平畦，每平方米混施土杂肥 8～10 kg，待气温稳定达到育苗要求时，即可排种。

5.4.2.3　精选种薯

种薯纯度≥96％，整齐度≥80％，不完善薯块≤5％，种薯皮色鲜亮光滑，大小均匀，无病无伤，无异味，未受冻害和湿害。

5.4.2.4　种薯消毒

①温水浸种。将种薯放在 50～55 ℃的温水中浸泡 10～12 min。

②药剂浸种。将种薯放在 25％多菌灵可湿性粉剂 500 倍液或 50％托布津可湿性粉剂 400 倍液中浸 10～12 min。

5.4.2.5　排种

①排种时间。春薯采用温床育苗，一般在 3 月上、中旬排种；夏秋薯露地育苗，排种在 4 月上旬前后。

②排种方法。温床育苗排种较密，采用斜排方式；露地育苗排种较稀，斜排、平排均可。

③排种密度。加温育苗每 1 m² 苗床用种量不少于 20～25 kg；露地育苗每 1 m² 苗床用种量不少于 5～10 kg。种薯大小以 150～250 g 适宜。

5.4.2.6　苗床管理

（1）排种至齐苗阶段

排种至齐苗阶段以催为主，床温保持在 30～35 ℃，以高温催芽快长和抑制黑斑病；在床温不高时，晴天应揭除膜上的草苫等覆盖物，使阳光直射提高床温，晚上盖好覆盖物保温。保持床面相对湿度 80％左右，干燥时，可于晴天中午适当浇水。

（2）齐苗至炼苗前阶段

幼苗生长仍以催为主，催中有炼，催苗生长和培育壮苗保持床温 24～28 ℃。随着薯苗生长，需水量加大，浇水次数可适当增加，保持床土相对湿度 70％～80％为宜（图 5－6）。

图 5－6　甘薯育苗

（3）炼苗与剪苗阶段

苗高 25 cm 左右时，应转为炼苗，停止浇水，揭开薄膜等覆盖物，使薯苗充分见光，经 3～4 d 锻炼后可剪苗栽插；剪苗后，转为催苗为主，促使小苗快长，应再升高床温和适当增加浇水量，并追施氮肥，视幼苗生长情况，一般每 10 m² 施尿素不超过 150～250 g；当苗高达到采苗要求时，再转为降温炼苗。

5.4.2.7　建立苗圃

苗圃应选择靠近水源、土壤肥沃的旱地，施足基肥。肥料使用应符合相关规定，一般每亩施腐熟优质农家肥 2 000～3 000 kg、尿素 4～5 kg、过磷酸钙 20～25 kg、硫酸钾 15～20 kg。开沟作畦（宽 1.3 m），或作小垄（宽 40～50 cm，株距 17～20 cm）。每亩栽 10 000 株左右。活棵后，勤中耕除草，多施速效氮肥，促苗快发，一般每亩施尿素 8～10 kg；还可通过摘心，增加薯苗产量。

5.4.2.8　壮苗标准

壮苗标准为：苗龄 30～35 d，叶片舒展肥厚、大小适中、色泽浓绿，百株苗重 0.75～1 kg，苗长 20～25 cm，茎粗约 5 mm，苗茎上没有气生根、没有病斑，苗株健壮结实。

5.4.3　大田栽培

5.4.3.1　深耕作垄

耕翻深度以 25～30 cm 为宜，打碎土块，整平田面。垄作方式常有以下 3 种。

①大垄单行。垄距带沟 1 m 左右，高 33～40 cm，每垄插 1 行。在雨水多或易涝地普遍应用。

②大垄双行。规格与大垄单行相似，但每垄交叉插苗 2 行，适用栽插密度较大、产量较高的薯田。

③小垄单行。垄距带沟 70～85 cm，高 20～26 cm。

5.4.3.2　施足基肥

每亩施腐熟有机肥 2 500～4 000 kg、过磷酸钙 16～20 kg、草木灰 70～150 kg、硫酸铵 8～12 kg（或尿素 4～5 kg）。结合起垄，集中条施基肥。

5.4.3.3　规范栽插

（1）剪苗

离床土 3 cm 以上处剪苗，剪口要平，随剪随栽插，保持薯苗新鲜，有利于活棵和早发。

（2）栽插期

春薯为 4 月中、下旬至 5 月上旬，夏薯为 6 月，秋薯为 7 月下旬至 8 月上旬。

（3）栽插方法

①斜插。薯苗长 23 cm 左右，斜插入土中 3～4 个节，露出土表 2～3 个节。

②水平插。薯苗较长，平插入土中 3～5 个节，外露约 3 个节。

③"埋叶"插。天旱时，采用此法，即苗尖露 3 个叶片，其余叶片连同苗蔓埋入土中，能减少叶面蒸腾，有明显抗旱保苗的效果。

（4）栽插密度

一般每亩大田春、夏薯为 3 000～4 000 株，秋薯为 3 500～4 500 株。

5.4.3.4　大田管理

（1）查苗补苗

栽插后，应及时查苗补栽，保证全苗。补栽宜在栽插后 10 d 内完成，越早越好。补苗时应选用壮苗，栽后浇透水，活棵后追施"偏心肥"，促使晚苗快发，赶上大苗。

（2）中耕除草

中耕除草在生长前期封垄前进行，一般 2～3 次。第 1 次中耕在活棵后结合施苗肥进行，10～15 d 后再中耕 1 次，末次中耕在封垄前结合促薯肥进行，中耕深度由深到浅，株旁宜浅，垄脚深锄。

（3）合理追肥

①促苗肥。在栽插后 1 周至半月内，薯苗活棵时追施速效氮肥，每亩用尿素 3～4 kg 或硫酸铵 7～8 kg。

②壮株肥。栽后 1 个月左右进行穴施，每亩追施尿素 3～4 kg 或硫酸铵 8～10 kg。

③促薯肥。栽插 50～60 d 时进行，以氮钾肥为主。每亩追施尿素 3～4 kg 或硫酸铵 3～4 kg。也可采用根外喷施的方法，用 0.5％的尿素、2％～3％的过磷酸钙、5％的草木灰、0.2％的磷酸二氢钾溶液等，每 7 d 喷 1 次，连续 2～3 次，每亩每次喷液（100～120 kg）。

（4）灌溉排水

适宜的土壤水分为田间持水量的 60％～80％。薯苗栽插后，晴天应浇水护苗，连续进行 2～3 d，直至成活；分枝结薯期，干旱时灌浅水，有利分枝及结薯；生育后期薯块盛长阶段，遇干旱应及时灌水，每 10 d 灌 1 次，直至旱情解除为止，灌水深度为垄高的 1/3，会收获前 15 d 应停止灌水。生育后期，及时排涝降渍，否则会影响薯块膨大，造成田间烂薯。

（5）防止徒长

生长前期要注意打顶，抠断薯拐周围的根系，防止徒长。当薯田肥水过猛，特别是氮素过多时，常造成茎叶旺长，影响块根的膨大，降低产量，可喷洒多效唑等植物生长抑制剂，起到控上促下的作用。一般 7 月初雨季来临前第 1 次喷施，以后每隔 10～15 d 喷 1 次，连喷 3～4 次。每次亩用多效唑 50～100 g，兑水 50～75 kg 均匀喷洒。喷洒时根据茎叶长势、品种特性、土壤肥力等灵活采用药量。也可采用打顶摘心控旺，可控制主茎长度和长势，促进侧芽滋生，使分枝生长更快。具体做法是在红薯定植后，主茎长度在 12 节时，将主茎顶端生长点摘去，促进分枝发生，待分枝长至 12 节时，再将分枝生长点摘去，这样可协调地上部和地下部的矛盾，有利于块根膨大。

5.4.3.5　病虫害防治

（1）主要病虫害

甘薯的主要病虫害有甘薯黑斑病、根腐病、病毒病、地下害虫等。

（2）防治原则

按照"预防为主、综合防治"方针，坚持"农业防治、物理防治、生物防治为主，化学防治为辅"的无害化控制原则。

（3）农业防治

建立无病留种地，培育壮苗，适时早栽，深翻改土，施用充分腐熟肥料；实行轮作换茬。

（4）药剂防治

使用药剂防治严格按照《农药安全使用规范总则》（NY/T 1276—2007）、《农药合理使用准则》（所有部分）规定执行，严格控制农药用量和安全间隔期。

①黑斑病。主要采用药剂浸种，将种薯放在25％多菌灵可湿性粉剂500倍液或50％甲基托布津可湿性粉剂400倍液中浸10～12 min。

②根腐病。可用77％氢氧化铜可湿性粉剂500倍液喷雾防治，安全间隔期为10 d。

③茎线虫病。可用40.7％毒死蜱乳油或40％辛硫磷乳油600倍液喷施，安全间隔期为14 d。

④地下害虫。地下害虫主要有地老虎、蛴螬等，可用辛硫磷50％乳油150～200 g拌土15～20 kg，结合后期施肥一同施下。

5.4.3.6 适时收获

食用甘薯应根据市场需求，待薯块长到适宜大小时分批收获上市，或收获贮藏；加工甘薯宜在寒露至霜降、薯块充分膨大、淀粉积累充分后收获。在适期收获范围内，先收春薯，便于抢时加工切晒，后收夏、秋薯；先收留种薯，后收加工薯。收获时应轻刨、轻装、轻运、轻放，避免薯块受损（图5-7）。

图5-7 机械收获甘薯

第6章 大豆高产栽培技术

6.1 概述

大豆（*Glycine max*）又叫黄豆和毛豆，是豆科大豆属的1年生草本植物，原产于中国，在中国各地均有栽培，同时在世界各地也广泛栽培。植株高30～90 cm，茎粗壮，直立，密被褐色长硬毛；叶通常具3小叶，托叶具脉纹，被黄色柔毛，叶柄长2～20 cm，小叶宽卵形，纸质；总花梗通常有5～8朵无柄、紧挤的花，苞片披针形，被糙伏毛，小苞片披针形，被伏贴的刚毛，花萼披针形，花紫色、淡紫色或白色，基部具瓣柄，翼瓣蓖状；荚果肥大，稍弯，下垂，黄绿色，密被褐黄色长毛；种子2～5颗，椭圆形、近球形，种皮光滑，有淡绿、黄、褐和黑色等。花期6—7月，果期7—9月。

大豆是一种理想的优质植物蛋白食物，蛋白质含量为35％～40％，多吃大豆及豆制品，有利于人体生长发育和健康。大豆的营养成分非常丰富，其蛋白质含量高于谷类和薯类食物2.5～8倍，除糖类较少外，其他营养成分如脂肪、钙、磷、铁和维生素 B_1、维生素 B_2 等人体必需的营养物质，都高于谷类和薯类食物。大豆中含有多种对人体健康非常有益的生理活性物质，如大豆异黄酮、大豆卵磷脂、大豆多肽、大豆膳食纤维等。大豆异黄酮的类似雌激素作用有益于动脉健康，能有效防止骨质丢失。大豆粉能使蛋白营养功效放大，能够增加膳食中优质植物蛋白的摄入量。大豆中含有丰富的维生素 E，维生素 E 在人体中不仅能破坏自由基的化学活性，抑制皮肤衰老，更能防止色素沉着于皮肤。2022年商洛市种植大豆 22 200 hm^2，其中大豆玉米带状复合种植 11 733 hm^2，大豆年总产量9.8万 t。

6.2 大豆生物学特性

6.2.1 土壤

大豆的适应能力较强，对土壤的要求不高，大部分土壤都可以正常生长。但是高产优质的大豆需要选择土层较厚、排灌方便、有机质含量高、保水保肥性强的土壤，土壤 pH6.5～7.0。种植前要在土壤中施入适量的肥料，提高土壤肥力。

6.2.2　温度

大豆是喜温作物，在温暖的环境中生长良好，发芽最低温度 6～8 ℃，最适温度 10～12 ℃；生育期间 15～25 ℃最为适宜，低于 15 ℃时，其花芽分化会受到很大的阻碍，降低授粉结实率；如果生长后期温度低于 12 ℃，灌浆会受到一定影响；大豆全生育期要求 1 700～2 900 ℃的有效积温。

6.2.3　光照

大豆是喜光作物，对光照的变化比较敏感，因为大豆的豆荚分布在植株的上、下部，所以整棵植株都要保证有充足的光照，以促进叶片的光合作用，提高营养积累。在种植过程中要提高植株的通透性，保证植株叶片可全面均匀地接收阳光。

6.2.4　水分

大豆在不同的生长阶段对水分需求不同，在播种至出苗前的这段时间内，要保证土壤含水量在 60％左右，增强种子的吸水能力，促进发芽出苗。开花期的时候，大豆的生长速度加快，水分的需求量也会急剧上升，但是又不能浇水过多，以防止沤根烂花，因此浇水过多或者是遇到阴雨天的时候要及时排水。

6.3　大豆生育期划分

大豆一生总共划分为萌发期、幼苗期、花芽分化期、开花期、结荚鼓粒期、成熟期 6 个阶段。

6.3.1　萌发期

从种子萌发至幼苗出土的这段时间为萌发期。春大豆出苗萌发时温度较低，出苗时间较长，一般为 10～15 d，夏大豆则一般需要 4～6 d。

6.3.2　幼苗期

从幼苗出土到花芽分化这段时间为幼苗期。幼苗期主要是根系生长，地上部分则发育较为迟缓，一般需要 20～30 d。大豆出苗后 3～4 d，第 1 对单叶展开，称单叶期。随着茎的生长出现第 1 复叶，称 3 叶期；当第 3 复叶平展时，大豆进入花芽分化期。

6.3.3 花芽分化期

花芽分化期是花芽从分化到开始开花的阶段。一般出苗后 20～30 d，开始花芽分化，是大豆生长发育最旺盛时期，主要标志是 2～3 片复叶平展、主茎 1～2 节先有枝芽分化、形成分枝至初花出现（图 6-1）。

图 6-1 大豆花芽分化期

6.3.4 开花期

从花开到花落为开花期。这一时期植株以开花、授粉、受精为主，是营养生长与生殖生长共进的时期，是养分需求的高峰阶段，要有充足的养分供应。有限生长型的大豆一般需要 20 d 左右，无限生长型的大豆一般为 30～40 d。

6.3.5 结荚鼓粒期

从终花至黄叶为结荚鼓粒期。这一时期主要是生殖生长，营养物开始转入籽粒和荚皮，一般为 35～45 d。

6.3.6 成熟期

从黄叶开始到完全成熟为成熟期。这个时期大豆生长延缓，直到最后停止，一般为 10 d 左右。

6.4 主要栽培技术

6.4.1 合理轮作，精细整地

大豆不宜连作，应与其他作物合理间隔轮作倒茬，避免营养过度消耗和病虫害发生，选择前茬有施肥基础的玉米、马铃薯地块最好。土壤应选择土层较厚、土壤肥沃、灌溉方便的田块。春播应在冬前深翻整地、灭茬冻融保墒，播种时再翻耕1次，然后整平耙细；夏播抢茬抢墒硬茬播种。播前结合整地，处理地下害虫，地下害虫虫口密度大于每亩2 000头的田块，整地时每亩用3%辛硫磷颗粒剂或5%毒辛颗粒剂2.5～3 kg，结合深翻均匀施入土壤。

6.4.2　选用良种，种子处理

6.4.2.1　品种选择

根据气候、土壤肥力、种植方式等综合因素选择优质高产、适应性广、抗逆性和抗病能力强、纯度高、不带病虫害、成熟期适宜的大豆品种。对于纯种田块，春播选用陕豆125、中黄13、冀豆17号、齐黄34、秦豆8号等；夏播选用陕豆125、金豆228、秦豆2014、秦豆10号等。对于套种田块，春播选用陕豆125、中黄13、中黄35、冀豆17号、齐黄34、秦豆8号等；夏播选用陕豆125、金豆228、秦豆2018、秦豆2014、秦豆10号等。

6.4.2.2　齐黄34

齐黄34大豆是由山东省农业科学院作物研究所进行有性杂交、系谱选育而成的高产、双优、抗病、耐涝、广适大豆品种。株型收敛，有限结荚习性；株高87.6 cm，主茎17.1节，有效分枝1.3个，底荚高度23.4 cm；单株有效荚数38.0个，单株粒数89.3粒，单株粒重23.1 g，百粒重28.6 g；卵圆叶、白花、棕毛；籽粒椭圆形，种皮黄色、无光，种脐黑色。籽粒粗蛋白含量达43.07%，粗脂肪含量达19.71%。高抗花叶病毒病3号株系，抗花叶病毒病7号株系。

6.4.2.3　中黄13

中黄13大豆是由中国农业科学院作物科学研究所以豫豆8号为母本、中作90052-76为父本进行有性杂交，采用系谱法选育而成的半矮秆型品种。生育期夏播100～105 d，结荚习性为亚有限型。紫花、灰茸毛、椭圆形叶片，有效分枝3～5个，百粒重24～26 g；籽粒椭圆形，黄色，褐脐；成熟时全部落叶，不裂荚；结荚密且荚大，属于高产、蛋白质含量较高、抗病品种，增产潜力很大，籽粒商品性好。蛋白质含量为42.72%，脂肪含量为19.11%。抗倒伏，抗涝，抗大豆花叶病毒病，中抗大豆孢囊线虫病。

6.4.2.4　秦豆2018

秦豆2018大豆由陕西省杂交油菜研究中心选育。株型直立、收敛、圆叶、紫花、灰茸，亚有限结荚习性；平均株高85 cm，有效分枝1～2个，单株结荚40个左右，每荚粒数2.5～2.8个，百粒重23～25 g；籽粒圆形，种皮黄色，浅褐脐，商品性好，成熟时落叶彻底，不裂荚，适合机械化收获。粗蛋白含量为 43.77％，粗脂肪含量为 18.63％。该品种耐热性强，抗病性强，抗褐斑病、病毒病（图 6-2）。

图 6-2　秦豆 2018 田间长势

6.4.2.5　陕豆 125

陕豆 125 大豆是由西北农林科技大学选育的中早熟大豆新品种，夏播生育期为 90～100 d，有限结荚习性。直立型，株型紧凑，株高 60～70 cm，主茎 11～12 节，有效分枝 4～5 个，成株呈纺锤形；白花，圆形叶，灰色茸毛；单株结荚 55～60 荚，以 2 粒荚居多，籽粒为浅黄色近圆形，有光泽，脐色淡褐，荚色褐黑，不裂荚，百粒重 22～24 g。粗蛋白含量为 43.9％，粗脂肪含量为 20.5％。高抗大豆灰斑病、病毒病。

6.4.2.6　金豆 228

金豆 228 大豆由陕西高农种业有限公司选育，平均生育期 110.5 d。有限结荚，茎秆坚硬直立，节间长度 2～5 cm，在常规密度条件下单株分枝 1～3 个，主茎 16～18 节，株高 60～70 cm；叶形椭圆，叶色绿，白花，成熟荚色黄褐；单株结荚 40 个，每荚 2～3 粒，单株 90 粒，粒形扁圆，粒色淡黄，脐色浅褐，百粒重 20～25 g，品质较好。抗病性好，稳产性好，高抗倒伏，耐密性好。经抗病性鉴定：抗褐斑病，高抗病毒病。经品质检测：粗蛋白含量为 48.72％，粗脂肪含量为 17.74％。

6.4.2.7　种子处理

播种前应做好种子处理工作，大豆播前晒种2～3 d，然后采用药剂拌种或种子包衣。药剂拌种时，用50%多菌灵按种子重量的0.4%拌种，或每千克种子用钼酸铵1～2 g加温水30 g溶解后拌种，以防治根腐病等病害。

6.4.3　适期播种，合理密植

6.4.3.1　播种时期

大豆春播适宜播期是土壤5～10 cm深处的地温稳定在8～10 ℃，商洛市一般4月下旬至5月初为高产播期；大豆夏播在5月下旬至6月下旬，低热川道区宜在夏至以后夏播大豆，避免播种过早大豆开花结荚期易遭遇7～8月份高温干旱影响，导致花荚脱落、不结荚。采用人工或机械播种，每穴2～3粒，播种后覆土深度3～5 cm。

6.4.3.2　种植密度

纯种大豆的种植密度保持在，早熟品种亩留苗1.5万～1.8万株，中晚熟品种亩留苗1.2万～1.3万株；套种大豆的种植密度要根据不同的套种模式来合理确定株行距和亩密度，一般每亩为0.6万～0.9万株（图6-3）。

图6-3　大豆与玉米套种

6.4.4　科学合理施肥

6.4.4.1　增施有机肥

冬前结合深翻整地，亩施优质腐熟农家肥1 000～2 000 kg，或在播种前亩施商品有机肥200 kg左右，有机肥能有效改善土壤微生物菌落，提高耕地质量，提高产量 15%～20%。

6.4.4.2 合理选用化学肥料

大豆底肥或种肥宜选用缓释平衡复合肥（氮、磷、钾的比例为 14∶15∶14），
亩施用 10～20 kg，或亩施用磷酸氢二铵 13～15 kg、钾肥 4～6 kg，也可选用市、
县农技部门与肥料企业联合研发的氮、磷、钾比例为 12∶16∶8 的低氮高磷型复混
肥、低氮量大豆专用肥（图 6-4），亩用量 20～25 kg。合理选用化学肥料有
利于蛋白质合成，种肥深施有明显的增产效果，施用中避免种、肥接触，以免
烧种、烧苗。后期视长势补施或叶面追施少量氮、磷、钾和微肥。

图 6-4　大豆专用肥

6.4.5　加强田间管理

6.4.5.1　及时间苗

在非精量播种地块，在大豆两个对生单叶展开至第 1 片复叶展开前，进行
人工间苗。间去弱苗、病苗、杂苗，留大苗、壮苗、纯苗，保证合理密度。

6.4.5.2　适时中耕

在大豆苗高 10 cm 左右，进行中耕除草，10 d 之后，再次进行中耕除草，
在中耕除草过程中尽量避免伤苗，丰垄后不再中耕，大豆生育后期人工拔除田
间较大的杂草。

6.4.5.3　科学化除

根据杂草种类合理选用药剂，防除禾本科杂草可选用精喹禾灵或精吡氟禾草灵；防除阔叶杂草可用灭草松水剂或三氟羧草醚；难防杂草刺儿菜、苣荬菜可用异恶草松加48%灭草松防治。杂草的防治应注意防治时期，大豆真叶期到1片复叶期为最佳防治时期，刺儿菜、苣荬菜要在6叶以前施药。禁用长残效除草剂，农药使用量根据使用说明科学、精准施用，以上除草剂可因地块和杂草种类不同单用或混合使用。

6.4.5.4　适时控旺

根据大豆长势，对苗期较旺或预测后期雨水较多时在分枝期与初花期每亩用5%的烯效唑可湿性粉剂25～50 g，兑水40～50 kg喷施茎叶，或用矮壮素、多效唑实施控旺防倒。

6.4.6　病虫害防治

6.4.6.1　农业防治

选用抗病抗逆性强、颗粒饱满且无病虫害、株高合适的高产优质良种；加强田间管理，合理密植，增施磷肥，降低田间湿度；要与非豆科作物合理轮作倒茬；中耕过程减少植株伤口，减少病菌传播途径。

6.4.6.2　物理防控

田间布设智能LED集成波段杀虫灯，诱杀玉米螟、桃柱螟、斜纹夜蛾、蜡科、金龟科害虫的成虫，降低产卵量；设置可降解双色诱虫板诱杀蚜虫、蓟马、灰飞虱、跳甲等低飞害虫，一般每亩20张；用性诱剂诱杀斜纹夜蛾、桃蛀螟、金龟科害虫。

6.4.6.3　化学防治

大豆灰斑病和花叶病可用种衣剂拌种预防；提早防治蚜虫、红蜘蛛，减少病毒传播途径；霜霉病发病初期可用霜脲锰锌可湿性粉剂、安克锰锌可湿性粉剂或甲霜灵可湿性粉剂喷施，严重时可连喷2次，间隔15 d；蚜虫在发生初期可用毒死蜱、吡虫啉、啶虫脒防治；豆荚螟可用毒死蜱、苦参碱防治。要严格按照各种农药使用说明，科学、合理、精准防治，在确保防治效果的同时不造成大豆产品和土壤污染。

6.4.7　适时收获

当田间大豆叶片大部分黄枯脱落、茎荚枯黄、籽粒与荚壁分离、手摇有响声、籽粒半干硬并呈现本品种色泽时可收获（图6-5），早收或晚收都会影响大豆产量和品质；人工收获应在黄熟末期，机械收获应在晚熟期，宜在上午或阴天收割，可减少炸荚造成的损失。要做到随割、随捡、随运、随晒，大豆含水量达 12% 时，及时入仓。

图 6-5　成熟大豆

第7章 冬油菜抗寒栽培技术

7.1 概述

油菜（*Brassica rapa* var. *oleifera*）是十字花科芸薹属的植物，1年生草本，高30~90 cm，直立。基生叶大头羽状深裂，顶裂片圆形或卵形，侧裂片一至数对，卵形；上部茎生叶长圆状倒卵形、长圆形或披针形。总状花序在花期呈伞房状，花鲜黄色，卵形，花期3—4月。长角果线形，长3~8 cm，宽2~4 mm，果瓣有中脉及网纹，萼直立，长9~24 mm，果梗长5~15 mm。种子球形，直径约1.5 mm，紫褐色，果期5月。油菜为主要油料植物之一，种子含油量40%左右，油供食用；嫩茎叶和总花梗可作蔬菜；种子也可药用，有行血散结消肿作用；叶可外敷痈肿；根药用，有凉血散血，解毒消肿的功效，用于血痢、丹毒、热毒疮肿、乳痈、风疹、吐血等症状。

油菜作为商洛市传统的油料作物，常年种植面积超过6 600 hm²，长期以来多以农户自发零星种植为主。近年来，洛南县、商州区、丹凤县等地加快转变农业发展方式，积极将油菜与休闲观光农业相结合，在一些旅游景区周边和主要公路沿线集中连片种植油菜，达到了"一油多用"的效果，油菜种植面积不断扩大。

7.2 油菜对热量的基本要求及不利气象条件

7.2.1 热量要求

苗前期（出苗—花芽分化）：种子发芽的最佳温度是16~20 ℃，发芽的最低温度为2~3。冬油菜冬前有7~10片叶为冬前壮苗，只有壮苗方可安全越冬。油菜平均每生长1片叶需大于0 ℃、积温50 ℃，从播种到越冬需大于0 ℃的积温，随品种不同而不同，一般为600~1 000 ℃或1 100~1 300 ℃。

苗后期（花芽分化—现蕾）：气温稳定在5 ℃以上开始现蕾，此期适宜温度10~20 ℃，下限温度0 ℃；油菜开花的适宜温度为日平均气温14~18 ℃，油菜开花的上限温度为日平均气温22 ℃，10 ℃以下开花数少，36 ℃以上不开花或结实不良。

7.2.2　不利农业气象条件

7.2.2.1 苗期低温冻害

气温在−5～−3 ℃时，叶片开始受冻，−8～−7 ℃时受害较重；冬性强的品种能抗−10 ℃以下的低温。冬季低温加上大风易加重冻害。

7.2.2.2　开花期对温度敏感

春季油菜开花时，如果气温骤降至5 ℃，将停止开花；若遇0 ℃以下的低温或春雪，可受冻致死，甚至整个花序、花蕾枯萎脱落（图7-1）。气温低于10 ℃或高于22 ℃对开花均不利，开花数显著减少。

图7-1　春雪后油菜倒伏

7.2.2.3　高温逼热

高温使花器官发育不正常，蕾荚脱落率增大。冬油菜灌浆成熟期日最高气温常常超过适宜温度。日最高气温大于30 ℃易造成高温逼热以致减产。

7.3　油菜生育期划分

油菜从播种到成熟，一般划分为5个时期，即发芽出苗期、苗期、蕾薹期、开花期、角果发育成熟期。

7.3.1　发芽出苗期

发芽出苗期一般指油菜从播种到出苗这一阶段。油菜种子无休眠期，具有发芽能力的种子遇适宜的条件就会发芽。发芽时先从脐部突出白色的幼根，随即胚轴伸长，胚芽向上延伸呈弯曲状；幼根上密生根毛，种壳脱落后幼茎伸出土面，变为直立，2 片子叶由黄色转为绿色，同时逐渐展开为水平状，即为出苗。

7.3.2　苗期

油菜从出苗到现蕾这一阶段叫苗期。苗期占全生育期的一半左右。商洛市油菜一般 9 月下旬播种，5～7 d 出苗，到次年 3 月中旬现蕾，苗期长达130～140 d。根据苗期生长特点，苗期又可分为花芽分化以前的苗前期和花芽分化开始以后的苗后期。苗前期主要生长叶片、根系等营养器官，苗后期生殖生长（花芽分化）开始，但仍以营养生长为主（图 7-2）。

图 7-2　冬油菜苗期

7.3.3　蕾薹期

油菜从现蕾到初花期这一阶段叫蕾薹期。中熟甘蓝型品种一般 2 月中、下旬现蕾，3 月下旬初花，蕾薹期 1 个月。春季当气温上升到 10 ℃左右（主茎叶片达 14 片左右），开始现蕾。当主茎顶端伸长到距离子叶节达10 cm以上，并且有蕾时，即为抽薹。蕾薹期的生育特点是营养生长和生殖生长并进，而且都很旺盛，但营养生长仍占优势。营养生长的主要表现是主茎伸长、分枝形成、叶面积增大；生殖生长主要表现为花序及花芽的分化形成（图 7-3）。

图 7 - 3　油菜蕾薹期

7.3.4　开花期

　　油菜从初花到终花这一阶段为开花期。一般 3 月中、下旬为初花期，到 4 月上、中旬为终花期，约 25 d。油菜开花期的生育特点是营养生长相对减弱，生殖生长逐渐占优势，主要表现为花序的伸长、大量开花、授粉、受精，并形成角果（图 7 - 4、图 7 - 5）。

图 7 - 4　油菜初花期

图 7 - 5　油菜盛花期

7.3.5　角果发育成熟期

从终花到成熟为角果发育成熟期。中熟甘蓝型品种一般 4 月中、下旬终花，5 月中、下旬成熟，历时 30 d 左右。在这一时期内要经历角果的发育、种子的形成、体内营养物质向角果种子运输和积累。加强角果发育成熟期管理，是促进种子正常灌浆，提高粒重、油分，保证丰收的最后一环（图 7 - 6）。

图 7 - 6　油菜角果发育成熟期

7.4 主要栽培技术

7.4.1 选用耐寒品种

中温川道区以秦优 7 号为主，搭配种植秦优 11004、秦优 10 号；高寒山区、两山之间狭窄地带等光照不足和阴冷地块统一种植秦优 17、天油 14。

7.4.2 科学施肥

结合整地亩施油菜专用肥 50 kg，或尿素 10 kg、磷酸二铵 15～20 kg、钾肥 5 kg、硼肥 1 kg 作底肥。来年如遇春雨或春灌，每亩再追施尿素 6～8 kg。在盛花结荚期用 0.2％的硼肥叶面喷施，以提高结实率。连年种植油菜的田块极易缺硼而减产，因此尤其要重视硼肥施用。

7.4.3 适期播种

7.4.3.1 播种时间

直播：前茬秋作物能及时收获并能及时腾地整地的地块以直播为主。中温川道区、低热区 9 月 10—20 日播种，最迟 9 月 25 日播种结束。高寒山区及阴冷背阴地宜 9 月 5—15 日播种，最迟 9 月 20 日播种结束。适宜播种期内，播种越早，越能形成壮苗安全越冬。

育苗移栽：针对前茬作物不能及时收获、在适宜播期内未能及时腾地整地的田块，采用育苗移栽。育苗时间一般在白露前后 5 d 左右，即 9 月 3—13 日，或比当地直播时间适当提前 7～10 d 进行，苗龄 35 d 左右，于 10 月中旬移栽，最迟不超过 10 月 25 日。

7.4.3.2 播种方式

直播：采用"明沟深种浅覆土"的沟播方法，即种在沟里、长在垄上，便于后期壅根培土，起到抗旱、防冻的效果。播种时将种子与干细土按 1∶10 比例拌匀，等行距开沟溜种，沟深 10 cm，种子浅覆土，覆土厚度 1～2 cm，行距 40 cm，株距 12～15 cm，亩用种量 200 g，亩留苗 11 000～14 000 株。

育苗移栽：移栽时按 50 cm 等行距开沟，株距 16 cm，每亩定植 8 000 株左右。

7.4.4 育苗技术

7.4.4.1 苗床选择

选择没有种过油菜或十字花科作物的地块，要求土壤肥沃、土质疏松、地势平坦、灌溉方便。按1∶5比例建立育苗床。

7.4.4.2　施肥

每亩苗床用腐熟农家肥1 000 kg、45％复合肥10 kg、磷肥50 kg、硼肥0.5 kg混匀撒在畦面上，并锄入土中。

7.4.4.3　播种

每亩苗床用种500 g，床宽1.2 m，长依地形、移栽面积而定。

7.4.4.4　管理及移栽

出苗后1叶1心间苗，3叶1心定苗，每平方米均匀留苗100～120株。6～7叶壮苗时适龄移栽，不栽高脚苗、瘦弱病害苗。移栽前浇足起苗水，带土移栽，边移栽边浇定根水，栽后及时覆土，移栽后3 d，查缺补苗。

7.4.5　田间管理

7.4.5.1　苗期管理

（1）间苗定苗

直播油菜播种量较大、密度较高，往往造成菜苗拥挤，出现线苗、弱苗，因此应及时间苗、定苗。为减轻田间劳动强度，在油菜5叶期，一次性完成间、定苗。株距10 cm左右，定苗后叶不搭叶，定苗时将行内土壤锄细、锄松，清除杂草。

（2）培育壮苗

只有壮苗才能安全越冬，因此管理的目标是培育冬前壮苗（图7-7）。油

图7-7　油菜冬前壮苗

菜冬前壮苗标准为苗高 16～20 cm，有 6～8 片叶、茎粗 0.5～0.8 cm、根茎粗细均匀。栽培措施上，结合定苗，早施提苗肥，每亩轻施稀粪水 20～30 担，或者顺沟施入土杂粪、草木灰、复合肥，加强幼苗生长所需营养。促生矮壮苗，防止高脚苗。同时对播种过早、冬前有旺长趋势的田块，每亩用 15% 多效唑 50～75 g 兑水 50 kg 喷施，预防油菜越冬期早薹早花。

（3）壅根培土防冻害

培土是确保油菜能否顺利越冬的关键，尤其是弱小苗，一定要高度重视，管理到位，避免管理措施不到位出现大面积冻死苗现象。培土一般分两次进行，第 1 次于 11 月上、中旬中耕定苗时进行，中耕时把土围在根茎周围填平播种沟，但注意不要埋住叶片，以免影响生长；第 2 次在 12 月中旬大冻来临之前进行，俗称"围脖子、戴帽子"，把油菜两边的土翻到油菜苗周围，并盖住心叶 2 cm 厚左右，形成拱形的垄，严防漏风冻伤根茎和心叶。

（4）适时冬灌

冬灌能稳定地温，改变田间小气候，防止干冻漏风死苗，同时能杀死一定的地下害虫，且能蓄水保墒，减轻春旱。有灌溉条件的地方，一定要在土壤封冻之前（11 月下旬至 12 月上旬）灌好越冬水。灌水一般在晴天上午进行，保证当天下渗完全，不能因为田间有积水而造成冻害。

7.4.5.2　蕾薹期管理

（1）中耕清杂草

雨水过后，油菜陆续返青（图 7-8），也是田间管理的关键时期，要尽早

图 7-8　返青期油菜

中耕，破除土壤板结，清除死苗、黄叶、杂草，使菜苗根茎干净，增强植株通风透光，减轻虫源，促进油菜健壮生长。

（2）追施薹肥

薹肥是在油菜抽薹前或刚开始抽薹时施用，可使油菜春发稳长，薹壮枝多。趁雨雪天后土壤墒情较好的情况下，每亩追施尿素 5～8 kg、氯化钾 2～3 kg。

（3）防治病虫害

连年种植油菜的田块土壤病虫害基数逐年上升，尤其是油菜茎象甲危害比较严重，必须抓住关键时期认真防治。

①油菜茎象甲。必须抓住越冬成虫出土活动交配的关键时期（2月中、下旬至3月上旬，油菜薹高 5～10 cm）喷药防治，一般选用氧乐菊酯或乐本斯乳油 1 000～15 000 倍液，亩喷药液 30 kg，7d 1 次，连喷 2 次。

②蚜虫。用 10％的吡虫啉 1 000 倍液喷雾防治，亩喷药液 25～30 kg。

③小菜蛾。用阿维菌素 1 000～1 500 倍液喷雾防治，亩喷药液 30 kg。

7.4.5.3 开花期管理

（1）喷施硼肥

油菜对硼素需求量高，缺硼素会造成"花而不实"，对产量和品质影响很大，因此应加大优质硼肥的使用量。在油菜蕾薹期至初花期，亩用硼砂 0.15 kg，兑水 30 kg 进行茎叶喷施 2 次。

（2）防治菌核病、霉霜病

在油菜开花期预防菌核病，亩用 40％菌核净可湿性粉剂 1 000 倍于晴天上午喷药，初花期和终花期各喷一次。霜霉病可用 50％多菌灵可湿性粉剂或 75％的百菌清可湿性粉剂兑水喷雾防治。

7.4.6 适时收获

油菜终花后 30 d 左右，当全株 2/3 角果呈枇杷黄色、全田 80％角果皮呈现淡黄色、主轴大部分角果籽呈现品种色泽时（图 7 - 9），即可收获。人工收割后堆垛 4～5 d 促后熟，选择晴天脱粒，并及时晾晒防止霉变。切忌割青，以免降低产量和含油量。

图 7-9　成熟的油菜

第8章　花生高产栽培技术

8.1　概述

花生（*Arachis hypogaea*）又名落花生、长生果，属豆科落花生属，1年生草本植物。原产于南美洲一带。世界上栽培花生的国家有100多个，亚洲最为普遍，据中国有关花生的文献记载，花生的栽培史早于欧洲100多年。花生被人们誉为"植物肉"，含油量高达50%，品质优良，气味清香；除供食用外，还用于印染、造纸工业；花生也是一味中药，适用营养不良、脾胃失调、咳嗽痰喘、乳汁缺少等症。

花生的果实为荚果，通常分为大、中、小3种，形状有蚕茧形、串珠形、曲棍形，蚕茧形的荚果多具有2粒种子，串珠形和曲棍形的荚果一般都具有3粒以上的种子。果壳的颜色多为黄白色，也有黄褐色、褐色或黄色，这与花生的品种及土质有关。花生种子壳内的种子通称为花生米或花生仁，由种皮和胚3部分组成；种皮的颜色为淡褐色或浅红色，种皮内为两片子叶，呈乳白色或象牙色。花生果具有很高的营养价值，内含丰富的脂肪和蛋白质，据测定种子脂肪含量为44%～45%，蛋白质含量为24%～36%，含糖量为20%左右。花生还含有丰富的维生素 B_2、PP、A、D、E 等以及矿物质，特别是含有人体必需的氨基酸，有促进脑细胞发育，增强记忆的功能。花生种子富含油脂，从中提取的油脂呈淡黄色、透明、芳香宜人，是优质的食用油。

花生是商洛市传统的油料作物，种植历史悠久，全市常年种植花生3 400 hm²，其中商南县2 000 hm² 左右，主要种植区域分布在312国道沿线的清油河镇、试马镇、城关街道办、富水镇和丹江沿线的金丝峡镇、过风楼镇、湘河镇，其他县区多以农户分散种植为主。商洛市花生平均亩产200 kg左右，年总产量10 000 t，产值9 000多万元。

8.2　花生生物学特性

8.2.1　光照

花生为短日照农作物，一般要求每天日照长度在 8～10 h，充足的日照是保证花早、花朵的必要条件。对于花生植株的遮光会造成减产，光照不足会促使株高增加、开花期延迟、单株花量降低。但花生在果针入土后 25 d 内，不能暴露在光下，否则花生无法形成完整的胚。

8.2.2　水分

花生是一种较耐旱植物，但是在某些特定的生理时期，缺水仍会影响花生的产量和收成。干旱对幼苗期、饱果成熟期影响较小，开花下针期、结荚期对水分需求量较大，花生结荚期除根系外，果针处缺水也会严重影响果实的发育。

8.2.3　温度

果针发育对温度有较高的要求，温度为 23～27 ℃，花生果针可以得到良好的发育；温度在 15 ℃以下、39 ℃以上时，花生果针不发育。

8.3　花生生长周期划分

8.3.1　发芽出苗期

从花生播种到 50% 的幼苗出土，并展开第 1 朵花，为发芽出苗期。发芽出苗期需要 5～15 d，具体出苗时间跟气温有关，春播花生发芽出苗期长，可能需要8～15 d；夏播花生发芽出苗期则较短，一般 5～10 d 即可出苗。

8.3.2　幼苗期

从 50% 种子出苗到 50% 植株第 1 朵花开放为幼苗期。幼苗期一般在 20～35 d，具体时间因品种和种植季节差异比较大，春播幼苗期一般在 25～35 d，夏播幼苗期在 20～25 d，一些夏播早熟品种甚至只需要 20 d（图 8-1）。

8.3.3　开花下针期

自 50% 植株开花到 50% 植株出现鸡头状幼果为开花下针期，简称花针期。一般开花下针期为 15～35 d，但根据种植季节和品种不同，差异很大。春播花生的开花下针期为 25～35 d，夏播的则为 15～20 d。

图 8-1　花生幼苗期

8.3.4　结荚期

从 50％植株出现鸡头状幼果到 50％植株出现饱果为结荚期。结荚期一般为 20～40 d，春播结荚期为 30～40 d，夏播结荚期为 20～30 d（图 8-2）。

图 8-2　花生结荚期

8.3.5 饱果成熟期

从 50％植株出现饱果到大多数荚果饱满成熟为饱果成熟期，简称饱果期。春播花生饱果期在 40～50 d，夏播则在 30～40 d。

8.4 主要栽培技术

8.4.1 选用良种

花生大田生产应选用增产潜力大、抗病、适应性强、商品价值高的中早熟品种，在商洛市表现较好的品种有鲁花 14 号、花育 22 号、花育 35 号、潍花 8 号、潍花 11 号等（图 8-3）。

图 8-3 花生品种筛选试验

8.4.1.1 鲁花 14 号

鲁花 14 号由山东省花生研究所选育，属早熟直立大花生品种，春播生育期 130 d 左右，夏播 100 d 左右。疏枝型，株高 35 cm 左右，株丛紧凑，节间短；结果集中，结实率高，双仁果率一般占 70％以上；果柄短，不易落果，双仁饱果多。百果重 274 g，百仁重 116 g，出米率 75.2％，种子含油率 52.2％、含蛋白质 26.7％。抗旱性特强，高抗早斑病、病毒病、晚斑病，中抗网斑病和黑斑病。生育后期绿叶保持时间长，不早衰。

8.4.1.2 花育 22 号

花育 22 号是由山东省花生研究所经系谱法选育的早熟出口大花生新品种，生育期 130 d 左右。株型直立，株高 40 cm 左右，单株分枝 7～8 条；结果集中，荚果普通型，籽仁椭圆形，种皮粉红色，内种皮金黄色。百果重 250 g 左右，百仁重 110 g 左右，出米率 73％左右，脂肪含量 49.2％，蛋白质含量 24.3％、油酸含量 51.73％，亚油酸含量 30.25％，O/L 比值（油酸与亚油酸的比值）为 1.71。抗病性、抗旱性、耐涝性中等，较抗网斑病。

8.4.1.3 潍花8号

潍花 8 号由山东省潍坊市农业科学院花生研究室育成，属普通型早熟大花生，春播生育期 125～130 d，夏播 100 d 左右。株高适中，分枝粗壮，抗倒性强，叶色深绿；出苗快，苗势强，开花早；结实性好，结果集中，整齐饱满，双仁饱果率高，果柄短，易收刨；荚果普通型，籽仁椭圆形、粉红色。百果重 230 g，百仁重 96 g 左右，出米率 77％～80.6％，脂肪含量 52.7％，O/L 比值为 1.71，含糖量 7.4％，口味佳，符合食品加工和大花生出口要求。抗叶斑病，高抗病毒病，抗旱，耐涝，适应范围广，稳产性好。

8.4.2 种子处理

8.4.2.1 晒种

播种前要对种子进行晒果，目的在于增加种子后熟、打破休眠、促进酶活动、提高种子生活力；同时使种子干燥、增强种皮透性、提高种子渗透压、增强吸水能力、促进种子萌发，可提前出苗 1～2 d；也可杀死种子表面细菌，减少病害发生。晒果在播种前 2～3 d 进行，带壳晒，一般在晴天上午 10 时左右，把种子放在土场上摊晒，下午 4 时收起。

8.4.2.2 剥壳

晒种后进行剥壳，主要采取人工剥壳，避免机械损伤。剥壳后去掉表皮破损、瘦小的颗粒，选用粒大饱满、均匀一致、没有损伤的大粒作种。

8.4.2.3 药剂拌种

每 100 kg 花生种子用 50％多菌灵可湿性粉剂 500～1 000 g 拌种，可预防花生根腐病。

8.4.3 精细整地

花生是地上开花、地下结果的作物，根系发达，喜光怕涝。生产上应选择地势较平、土壤疏松、排水良好、耕层深厚、肥力中等、保水保肥的沙质壤土地块种植。实行 2～3 年合理轮作倒茬，避免重茬。一般在冬前深翻，深度 25～30 cm，翻后不耙耢，充分冻晒土壤，杀死病菌虫卵，降低病虫基数。待播前 1 周左右精细整地，打碎土块，捡净石头、根茬等杂物，耙耢整平。结合整地，每亩撒入 3％辛硫磷颗粒剂 2 kg，防治地下害虫。

8.4.4 配方施肥

施肥原则：重磷、钾轻氮，重有机、轻化肥，控制氮肥总量，氮肥分次施用，调整氮、磷、钾比例，严格掌握施肥时期，施足底肥。在亩施腐熟有机肥2 000 kg基础上，目标产量每亩300 kg左右的标准下，亩施氮肥6～7 kg、磷肥3～5 kg、钾肥3～6 kg；相当于亩施尿素13 kg、磷酸二铵9 kg、硫酸钾8 kg；或亩施尿素5 kg、45％复混肥（氮、磷、钾比例为15∶15∶15）28 kg；或亩施花生专用肥40 kg。同时，亩施硼肥1～1.5 kg。

8.4.5 规范种植

生产过程中，有露地栽培和地膜覆盖栽培两种方式（图8-4、图8-5）。地膜覆盖栽培是一项抗灾增产的有效措施，具有保温、保墒、保肥、早播、早成熟、早上市、防旱、防涝、防草、高产、高效等优点，一般亩净增产花生100～150 kg，亩增产40％左右，有条件的地方应采用地膜覆盖栽培。

图8-4 地膜覆盖栽培花生　　　　　　图8-5 露地栽培花生

8.4.5.1 起垄

种前7～10 d起垄，按80 cm宽拉线起垄，垄做成瓦背状，垄宽60 cm，垄高10～12 cm。地膜覆盖要求底墒充足，如果遇到春旱，底墒不足，要提前灌水造墒，趁墒起垄覆膜，严禁干土覆膜。垄起好后，亩用50％乙草胺乳油130 mL兑水50 kg喷施垄面，预防杂草。

8.4.5.2 覆膜

地膜选用厚度大于0.01 mm、耐候期大于12个月且符合国家标准的农用地膜。将垄面整细、拍实，无疙瘩、石头、根茬等杂物后覆膜，覆膜时一定要拉直拉紧，四周用土压严实。如果膜有破洞，用土压严，并间隔2～3 m打一土带，以防大风揭膜。

8.4.6 适期播种

8.4.6.1 播种时间

春播花生应在5 cm土层的地温稳定在12 ℃时播种，一般在4月中、下旬播种为宜，过早易受晚霜危害，过晚影响产量；地膜覆盖栽培的可比正常露地栽培的提前 7～10 d 播种。夏播花生在麦收后抢时早播。

8.4.6.2　播种方法

春播花生采用 1 垄 2 行种植，可垄上开沟，也可穴播，按行距 40 cm、株距 20～23 cm，亩播 7 000～8 000 株。地膜覆盖栽培时，在盖好膜的垄上按垄上行距 30 cm、株距 20～23 cm 打孔播种，每穴播 2 粒，播种后将播种孔用土封严，亩种 7 000～8 000 穴（图 8-6）。夏播花生露地栽培的起垄播种方法同春播，株距 18～20 cm，亩播 8 000～9 000 株。

图 8-6　花生地膜覆盖栽培播种

8.4.7　田间管理

8.4.7.1　苗期管理

苗期管理应注意：一是破膜放苗，查苗补种。地膜覆盖栽培花生需要及时放苗，当幼苗破膜拱土，开始露出真叶时，扒去膜上的土放苗出膜，放苗最好在早上 9—10 时或下午 4 时以后，出苗后将膜孔用土封严。如发现有缺苗断垄的，将花生种子浸泡后及时补种。二是清棵蹲苗。齐苗后将植株根部的土扒除，使子叶平地外露。清棵时一定不要损坏或碰掉子叶，膜下局部出现杂草，可在膜上压一些土，经 2～3 d 后小草就会窒息而死。三是防治虫害。在花生生长期间，如果发现蚜虫危害，要及时打药防虫，亩用 10% 吡虫啉可湿性粉剂 1 000 倍液喷施防治。

8.4.7.2　中期管理

中期营养生长显著加快，叶片数和叶面积迅速增加，是提高产量的关键时期，抓好田间管理是夺取花生高产的重要手段。主要措施，一是抗旱防涝。如果花生开花结果时正值雨季，田间有积水时要及时排除；若遇持续干旱天气，应在垄间引水浇灌，以增加有效花数。二是控制旺长。当出现植株旺长现象时，亩用15％多效唑75 g兑水50 kg喷雾防控。三是防治病虫害。针对叶斑病，亩用70％甲基托布津100 g兑水40 kg喷雾，或亩用70％代森锰锌可湿性粉剂70 g兑水40 kg喷雾，同时亩用100 g磷酸二氢钾加水40 kg喷雾，增强植株抗性。针对花生锈病，发病初期，亩用75％百菌清可湿性粉剂100～125 g兑水60～75 kg，或亩喷施15％三唑酮可湿性粉剂2 000倍液，或亩喷施70％代森锰锌可湿性粉剂400倍液。针对红蜘蛛，在6—7月的发生盛期，可用1.8％的阿维菌乳油3 000倍液或15％扫螨净乳油3 000倍液喷雾防治。喷药时要均匀，同时要喷到叶背面。

8.4.7.3 后期管理

生长后期管理的主要任务是防止早衰，主要措施是抗旱防涝、防治病虫害、叶面追肥。叶面追肥可亩用磷酸二氢钾100 g兑水50 kg喷施。

8.4.8 适时收获

适时收获、及时干燥是花生丰产丰收的最后一环（图8-7）。花生生长后期，上部叶片失绿，植株停止生长，中下部叶片转黄脱落，70％以上的荚果变

图8-7　花生收获

硬、网纹清晰，果壳内皮呈现青褐色斑片，荚果饱满，种皮粉红色，此时收获产量高、品质好。收后要及时晒果，防止霉变，提高商品率。晒干后的花生装入麻袋等通风透气的包装物，然后放在阴凉通风处进行保存。

8.4.9　清除残膜

花生收获后要彻底清除残留地膜，带出田间，集中回收再利用，以净化土壤，保护农田生态环境，防止农田污染和影响下茬作物正常生长。

第 9 章　大豆玉米带状复合种植技术

9.1　概述

大豆玉米带状复合种植技术就是玉米带状间套大豆的种植模式，重点通过扩间增光、缩株保密的方法，充分发挥边行效应和大豆固氮养地作用，有利于改善土壤条件和提升土壤地力。大豆玉米带状复合种植技术是实现玉米基本不减产、增收一茬大豆的一项稳粮增收、提升地力的种植技术。2019 年该技术被遴选为国家大豆振兴重点推广技术，2022 年被明确写入中央 1 号文件，并在黄淮海、西北、西南地区大力推广。近年来，商洛市在借鉴外地经验的基础上，结合商洛市气候、土壤等农业生产实际情况，在反复试验示范的基础上，制定并完善了《商洛市大豆玉米带状复合种植技术》，为全市粮油作物增产增收提供技术支撑。2022 年，全市推广大豆玉米带状复合种植 11 733 hm²，带动大豆种植 25 760 hm²。

9.2　主要栽培技术

9.2.1　选用高产优质良种

结合多年的品种试验和示范结果，并依据商洛市春、夏播在高寒山区、中温区、低热区的土壤气候条件，大豆应选用植株收敛、直立、耐荫、高产、抗病、抗倒伏、宜机收、商品价值高的中早熟良种，春播选用齐黄 34、中黄 13；夏播选用中黄 13、秦豆 2018、东豆 339、金豆 228、当地农户自留串换的优良品种。玉米应选用株型紧凑（或半紧凑）、中矮秆、边际效应强、适宜机械化播种、中早熟高产杂交良种，春播选用万瑞 6 号、农大 367、潞玉 6 号；夏播选用万瑞 6 号、五单 2 号、正大 659。大豆播前晒种 2～3 d 后，每千克种子用钼酸铵 1～2 g 加温水 30 g 溶解后拌种或根瘤菌拌种，阴干后播种。

9.2.1.1　齐黄 34

齐黄 34 是山东省农业科学院作物研究所经有性杂交、系谱选育而成的高产、双优、抗病、耐涝、广适大豆品种。株型收敛，有限结荚习性。株高

87.6 cm，主茎 17.1 节，有效分枝 1.3 个，底荚高度 23.4 cm，单株有效荚数 38.0 个，单株粒数 89.3 粒，单株粒重 23.1 g，百粒重 28.6 g。卵圆叶，白花，棕毛。籽粒椭圆形，种皮黄色、无光，种脐黑色。籽粒粗蛋白含量 43.07%，粗脂肪含量 19.71%。高抗花叶病毒病 3 号株系，抗花叶病毒病 7 号株系。

9.2.1.2　中黄 13

中黄 13 是由中国农业科学院作物所以豫豆 8 号为母本、中作 90052 - 76 为父本进行有性杂交，采用系谱法选育而成的半矮秆型品种。属于高产、蛋白较高、抗病品种，增产潜力很大，籽粒商品性好。生育期夏播 100～105 d，结荚习性为亚有限型，结荚密且荚大；具紫花、灰茸毛、椭圆形叶片，有效分枝 3～5 个；籽粒椭圆形，粒色为黄色，褐脐，百粒重 24～26 g；成熟时全部落叶，不裂荚；蛋白质含量为 42.72%，脂肪含量为 19.11%。抗倒伏，抗涝，抗大豆花叶病毒病，中抗大豆孢囊线虫病（图 9-1）。

图 9-1　中黄 13 大豆

9.2.1.3　秦豆 2018

秦豆 2018 由陕西省杂交油菜研究中心选育，该品种株型直立、收敛，具圆叶、紫花、灰茸，为亚有限结荚习性；平均株高 85 cm，有效分枝 1～2 个，单株结荚 40 个左右，每荚粒数 2.5～2.8 个，百粒重 23～25 g；籽粒圆形，种皮黄色、浅褐脐，商品性好，成熟时落叶彻底，不裂荚，适合机械化收获。粗蛋白含量为 43.77%，粗脂肪含量为 18.63%，蛋脂之和达 62.4%。耐热性强，抗病性强，抗褐斑病、病毒病。

9.2.1.4 万瑞6号

万瑞6号的生育期为127 d，株高250 cm，穗位高85 cm，穗长22～26 cm，穗粗6 cm，果穗锥型，穗轴粉红色，穗行数18～20行，行粒数40～45粒，籽粒橘红色，硬粒，籽深；出籽率89％，千粒重418 g。全株叶片19片左右，叶较紧凑，叶色深绿。雄穗分枝多、粉量大，花药紫红色，花丝红色。长势强壮，根系发达，茎秆粗壮，活秆成熟，结实性强。抗病性突出，抗倒，耐旱，抗丝黑穗病、穗腐病、小斑病，中抗茎腐病和大斑病（图9-2）。

图9-2 万瑞6号田间长势

9.2.1.5 潞玉6号

潞玉6号由山西省长治市潞玉种业有限责任公司选育。该品种株型紧凑，生育期112 d，株高270 cm，穗位高110 cm，穗长22.5 cm，穗粗5.8 cm，秃尖长1.5 cm，白轴，穗行数16～18行，行粒数42粒，千粒重350 g，籽粒硬粒型，出籽率85.6％。该品种活秆成熟，抗大斑病、灰斑病、穗腐病，轻感锈病、小斑病。

9.2.1.6 正大659

正大659由正大种业公司选育，生育期113 d左右。株型半紧凑型，株高259.9 cm，穗位高104.5 cm，果穗长筒型，穗长22～25 cm，穗粗5.2 cm，穗轴白色，穗行数16～18行，行粒数37.8粒；籽粒半马齿型，黄色，百粒重34.0 g；成株叶片20～21片。

9.2.2　主推优化技术模式

商洛市大豆玉米带状复合种植模式和带型上应走多元化的路子，主推传统的 167 cm、200 cm 套种带型；有农机作业条件的地方，可适当示范 220 cm 带型"2＋3"技术模式，同时也可采用 1 m 带型种植 1 行玉米、1 行大豆，马铃薯 2 边各种 1 行大豆等模式。积极推广幼龄果园、茶园等套种大豆（图 9-3），新建高标准农田种植大豆，扩大大豆种植面积。在耕地宽度大于选择模式单元宽度时，种植走向以南北向为主，以最大限度减少玉米对大豆的遮阴。

图 9-3　核桃园套种大豆

9.2.2.1　模式一：167 cm 带"2＋2"模式

167 cm 带型（2 行玉米、2 行大豆"2＋2"带状复合种植技术模式）适宜于低山丘陵、中温区春播马铃薯—春玉米—夏大豆种植区域。实行宽、窄行种植，窄行种植玉米 2 行，行距 40 cm，株距 28～30 cm，亩密度 2 660～2 850 株。春播马铃薯收获后空带行宽 127 cm；夏播大豆（带状种植）2 行，大豆行距 25 cm、株距 20 cm；人工播种每穴 2～3 粒，机播每穴 2 粒，亩播种密度 0.8 万～1.2 万粒，亩有效株数 0.68 万～1.02 万株（按 85％计，下同），大豆与玉米间距 51 cm。推行使用适宜山区耕作的微耕机、播种使用的小型手推式鸭嘴播种器或手持式点播器、收获农机具。人工拉犁开沟播种，操作时保证玉米大豆株距、行距、播深规范（图 9-4、图 9-5）。

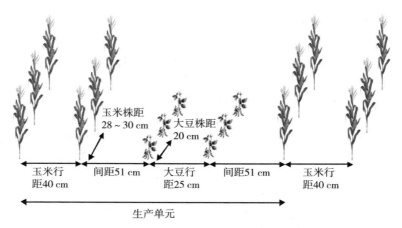

图 9-4　167 cm 带"2＋2"模式田间配置示意图

图 9-5　167 cm 带"2＋2"模式田间生长图

9.2.2.2　模式二：200 cm 带"2＋2"模式

200 cm 带型（2 行春播玉米、2 行夏大豆"2＋2"带状复合种植技术模式）适宜于中低山丘陵、中温区小麦—春玉米—夏大豆种植区域、春播马铃薯—春玉米—夏大豆种植区域。宽、窄行种植，窄行种植春玉米 2 行，行距 40 cm，株距 24～26 cm，亩密度 2 560～2 800 株。小麦收获后，利用空带行宽 160 cm，夏播大豆（带状种植）2 行，大豆行距 40 cm、株距 22 cm，人工播种每穴 2～3 粒，机播每穴 2 粒，亩播种密度 0.61 万～0.91 万粒，有效株数 0.52 万～0.77 万株，大豆与玉米间距 60 cm。推行使用适宜山区耕作的微耕机、小型手推式播种机、收获农机具（图 9-6、图 9-7）。

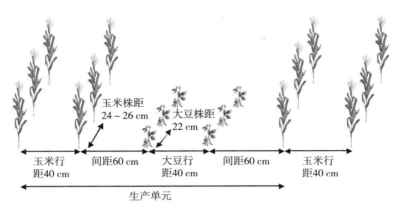

玉米株距
24～26 cm

大豆株距
22 cm

玉米行
距40 cm

间距60 cm

大豆行
距40 cm

间距60 cm

玉米行
距40 cm

生产单元

图 9-6　200 cm 带 "2＋2" 模式田间配置示意图

图 9-7　200 cm 带 "2＋2" 模式田间生长图

9.2.2.3　模式三：220 cm 带 "2＋3" 模式

220 cm 带型（2 行玉米、3 行大豆 "2＋3" 带状复合种植技术模式）适宜于地势平坦的川道低热区，部分中温区，便于大豆、玉米农业机械整地、播种、收获作业的区域。一般玉米和大豆非同期播种，实行宽、窄行种植，窄行种植 2 行玉米，行距 40 cm，株距 22～24 cm，亩密度 2 530～2 800 株；宽行 180 cm，大豆带状条播 3 行，行距 30 cm，株距 22～24 cm，每穴 2～3 粒，亩播种密度 0.76 万～1.24 万粒，有效株数 0.65 万～1.05 万株，大豆与玉米间距 60 cm（图 9-8、图 9-9）。

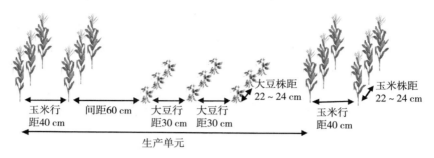

玉米行
距40 cm　　间距60 cm　　大豆行
距30 cm　　大豆行
距30 cm　　大豆株距
22～24 cm　　玉米行
距40 cm　　玉米株距
22～24 cm

生产单元

图 9-8　220 cm 带 "2＋3" 模式田间配置示意图

图 9-9　220 cm 带 "2＋3" 模式田间生长图

9.2.2.4　模式四：110 cm 带 "2＋1＋2" 模式

按 110 cm 带型（春播 2 行马铃薯套种 1 行玉米），玉米窄带 30 cm，种植玉米 1 行，株距 25 cm，亩密度 2 400～2 500 株；马铃薯行宽 80 cm，可地膜覆盖栽培马铃薯 2 行，马铃薯收获后，行间套种夏播大豆 1 行或 2 行，如果夏播大豆 1 行，株距为 20～25 cm，人工播种每穴 2～3 粒，机播每穴 2 粒，亩播种密度 0.5 万～0.91 万粒，有效株数 0.43 万～0.78 万株，大豆与玉米间距 55 cm；如果夏播大豆 2 行，大豆行距为 25 cm、株距为 25 cm，人工播种每穴 2～3 粒，机播每穴 2 粒，亩播种密度 0.97 万～1.46 万粒，有效株数 0.83 万～1.24 万株，大豆与玉米间距 42.5 cm。

9.2.2.5 模式五：90 cm 带"2＋1＋1"模式

在 90 cm 带型，冬播地膜马铃薯 2 行，马铃薯收获后复种夏玉米 1 行，套种大豆 1 行。夏玉米窄行 30 cm，株距 25 cm，亩密度 3 000 株，大豆株距 25 cm，人工播种每穴 2～3 粒，机播每穴 2 粒，亩播种密度 0.6 万～0.9 万粒，有效株数 0.51 万～0.77 万株，大豆与玉米间距 45 cm。

9.2.2.6 模式六：100 cm 带"1＋1"模式

以 100 cm 带型种植 1 行玉米、1 行大豆，实际是 200 cm 带型的演变。窄行 30 cm，种植玉米 1 行，株距 25 cm，亩密度 2 600～2 700 株；宽行 70 cm，大豆带状条播 1 行，株距 22～24 cm，每穴 2～3 粒，亩播种密度 0.56 万～0.91 万粒，有效株数 0.48 万～0.77 万株，大豆与玉米间距 50 cm。

9.2.2.7 模式七：80 cm 带"1＋1"模式

采用 80 cm 带型种植 1 行玉米套种 1 行马铃薯，马铃薯收获后种植 1 行大豆，玉米带 30 cm，株距 28～30 cm，亩密度 2 800～3 000 株；大豆株距 25 cm，每穴 2～3 粒，亩播种密度 0.67 万～1.0 万粒，有效株数 0.57 万～0.85 万株，大豆与玉米间距 40 cm。

9.2.2.8 模式八：167 cm 带"2＋1＋2"模式

采用 167 cm 带型种植 2 行玉米套种 1 行马铃薯，马铃薯两边各种 1 行大豆。实行宽窄行种植，窄行种植玉米 2 行，行距 40 cm，株距 28～30 cm，亩密度 2 660～2 850 株；1 行马铃薯行宽 40 cm，在垄的两侧各种 1 行大豆，株距 20 cm，人工播种每穴 2～3 粒，亩播种密度 0.8 万～1.2 万粒，有效株数为每亩 0.68 万～1.02 万株（按 85% 计，下同），大豆与玉米间距 43.5 cm。

9.2.3 合理轮作精细整地

大豆不宜连作，应与其他作物合理间隔轮作倒茬，避免营养过度消耗和病虫害发生。要选择土层较厚、土壤肥沃、灌溉方便的田块，春播应在冬前机械深翻整地、灭茬冻融保墒，夏播抢茬抢墒硬茬播种。

9.2.4 适期适时播种

近年来气候变化，异常天气发生概率增大，干旱、高温天气对玉米，特别是对大豆生产影响很大。大豆性喜温暖，但不耐高温，出苗至花芽分化开始，15～18 ℃生长正常，最适温度 20～22 ℃，低于 15 ℃生长受阻。大豆花芽分化期温度最高不宜超过 22～24 ℃，不低于 16～17 ℃，最适温度 18～19 ℃。大豆开花和结荚要求温度较高，最适温度 22～25 ℃，低于 17～18 ℃对开花和结荚有影响，13 ℃以下停止开花，开花期 33 ℃以上高温不利开花，花荚脱落率增加，造成不结荚、空荚不结籽问题。大豆始花到盛花期，生长快，受旱后，开花少，小花脱落多。夏季平均气温在 24～26 ℃时适宜大豆生长发育，若温度低，会延迟开花和成熟，降低坐荚率。大豆籽粒形成和成熟过程中要求爽朗的气候条件，鼓粒期最适温度为 21～23 ℃，低于 13～14 ℃不利于鼓粒，成熟期最适温度 19～20 ℃。结荚鼓粒期，干旱造成花荚脱落和秕荚秕粒，对大豆产量影响很大。

一般情况下，商洛市大豆玉米带状复合种植为非同期播种。大豆春播的适宜播期是土壤 5～10 cm 地温稳定在 8～10 ℃后，一般 4 月下旬至 5 月初为高产播期，播种早，地温低，种子发芽迟缓易烂种；大豆夏播在 5 月下旬至 6 月下旬，低热川道区宜在夏至以后夏播大豆，避免因播种过早大豆在开花结荚期易遭遇 7—8 月份高温、干旱的影响，导致花荚脱落、不结荚。大豆播种深度 3～5 cm，亩播种量 3.5～4 kg。玉米春播在 4 月上、中旬，夏播在前茬收获后硬茬抢墒播种。

9.2.5　合理确定种植密度

商洛市耕地大多数土层比较薄，不耐旱、不保肥，产量水平不高，应根据不同地力条件合理确定大豆玉米种植密度。土层厚度在 30 cm 以下的低肥力田块，玉米亩密度较常规平展型品种增加 200～300 株，半紧凑型品种亩密度 2 400～2 600 株，紧凑型品种亩密度 2 500～2 700 株；土层厚度在 30 cm 以上的高肥力田块，玉米亩密度较常规平展型品种增加 300～500 株，半紧凑型品种亩密度 2 600～2 800 株，紧凑型品种亩密度 2 800～3 000 株。

9.2.6　科学生态施肥

基施腐熟农家肥 1 000～2 000 kg，选用生物有机肥、微生物菌剂，菌肥接种，改善土壤微生物菌落，提高耕地质量。无磷不种豆、需磷量多是大豆的需肥特点，选用商洛市农技部门与肥料企业联合研发的氮、磷、钾比例为 12：16：8 的低氮高磷型复混肥、低氮量大豆专用肥作种肥（图 9-10），亩用量 20～25 kg，有利于蛋白质合成、脂肪代谢、根瘤菌生长。在大豆开花至鼓粒期，结合病虫害防治，可用 0.2%～0.3% 的磷酸二氢钾叶面喷施。大豆根系根瘤菌具有固氮作用，下茬作物可减少氮肥施用量 5%～10%。玉米选用氮、磷、钾比例为 26：8：6 的专用配方肥、缓控释肥、高氮复混肥作种肥，亩用量 40～50 kg，苗期结合中耕亩追施尿素 5 kg，大喇叭口期结合中耕培土追施孕穗肥 10～15 kg。在土壤缺锌区域，玉米亩用硫酸锌 1～2 kg，作基肥或苗期至拔节期追肥，拌干细土 10～15 kg，撒施或条施、穴施；或苗期至拔节期用 0.1%～0.2% 的硫酸锌溶液叶面喷施 2 次。

图 9 - 10　大豆专用肥

9.2.7　适时控旺排水

根据大豆长势，对苗期生长较旺的大豆或预测后期雨水较多时，在分枝期与初花期每亩用 5％的烯效唑可湿性粉剂 25～50 g，兑水 40～50 kg 喷施茎叶，或用矮壮素、多效唑，实施控旺防倒。如果在玉米生长偏旺、对大豆遮阴严重的田块选用乙烯利、玉米健壮素、含胺鲜酯等生长调节剂，在玉米 6～9 片全展叶期喷施。大豆、玉米生长后期雨水过多，应及时排除田间积水。

9.2.8　大力推广机播机收

对于 167 cm 或 200 cm 大豆、玉米带状复合种植技术模式，选择适宜山区带状种植的小型播种、收获机械（图 9 - 11）。对于适宜机械化作业的 220 cm 带型，若玉米、大豆分期播种，利用 2.2 m 宽幅玉米播种机或大豆玉米复合播种机（图 9 - 12），先播 2 行玉米，并完成大豆整地施肥，再用 3 行大豆精量播种机，在大豆适播期播种 3 行大豆；或采用机械整地，使用小型 3 行玉米大豆施肥播种机，按农艺要求先播 2 行玉米，播种时施种肥，大豆适播期在空带再播种 3 行大豆。玉米大豆同期播种的，选用西安亚澳 2BYF - 2（3）型或河北农哈哈 2BYFSF - 2（3）型玉米大豆施肥播种一体机，可一次完成 2 行玉米和 3 行大豆一个复式条带的施肥和播种。大豆用 GY4D - 2 联合收获机收获脱粒、秸秆还田，或用整机宽度 180～200 cm 的大豆联合收割机收获，玉米利用当地现有配套机型。

图 9-11　小型大豆播种机

图 9-12　大豆玉米复合播种机

　　大豆适时收获，在叶片大部黄枯脱落、茎荚枯黄、籽粒与荚壁分离、手摇有响声、籽粒半干硬、呈现本品种色泽时收获，早收或晚收都会影响大豆产量和品质，宜上午收获，防止炸荚造成损失。玉米在苞叶干枯松散、籽粒变硬发亮的完熟期收获，也可在蜡熟末期收获，腾出土地，使籽粒后熟。

9.2.9 病虫害绿色防控

　　坚持"预防为主、综合防治"的原则，综合运用农业防治、理化诱控、生物防治、高效低残留的化学防治措施，充分发挥翻耕旋耕除草、有色膜覆盖除草等技术措施，降低田间杂草发生基数。播前结合整地，处理地下害虫，地下害虫虫口密度每亩大于 2 000 头的田块，整地时每亩用 3％辛硫磷颗粒剂或 5％毒辛颗粒剂 2.5～3 kg，结合深翻均匀施入土壤。

　　大豆播后芽前，每亩用 96％精异丙甲草胺乳油（金都尔）80～100 mL 除草，大豆出苗后不使用除草剂，结合中耕，人工除草或拔除。对大豆根腐病，可选用 50％多菌灵可湿性粉剂加 50％福美双可湿性粉剂，按种子量的 0.3％～0.5％拌种处理预防；大豆锈病可选用三唑类杀菌剂防治，灰斑病、炭疽病亩用 70％甲基托布津或 10％苯醚甲环唑 1 000～1 500 倍液喷防。选用可降解双色诱虫板诱杀蚜虫、蓟马等，用性诱剂诱杀斜纹夜蛾、桃蛀螟、金龟科害虫。对大豆点蜂缘蝽、造桥虫、豆荚螟、食心虫、蚜虫等可亩用 10％吡虫啉可湿性粉剂 30 g 或 4.5％高效氯氰菊酯乳油 25 mL，兑水 40 kg 在花荚期喷雾防治。

　　在玉米黏虫、草地贪夜蛾、玉米螟的低龄幼虫期，选用苏云金杆菌、球孢白僵菌等生物农药（或氯虫苯甲酰胺、甲维盐等杀虫剂）喷雾防治；玉米叶斑类病害可选用枯草芽孢杆菌、苯醚甲环唑、吡唑醚菌酯等杀菌剂喷雾防治。

第10章 小麦大豆轮作轻简化栽培技术

小麦大豆轮作轻简化栽培是在小麦大豆轮作基础上，小麦适时晚播、大豆抢时旋耕直播、实现主要技术集成、农机农艺深度融合、提高耕作效益、全程机械化生产的技术模式。

10.1 小麦大豆轮作主要集成技术

10.1.1 小麦

主要集成推广优良品种、旱作施肥、宽幅沟播、绿色防控、机收减损 5 项技术。

10.1.2 大豆

主要集成推广优良品种、减量施肥、抢时旋播、绿色防控、机收减损 5 项技术。

10.2 种植效益与茬口安排

10.2.1 种植效益

小麦大豆轮作，小麦平均亩产 370 kg，亩均增产 50 kg，每亩减少 3 个劳动用工；大豆平均亩产 160 kg，亩均增产 40 kg，每亩减少 2 个劳动用工。小麦大豆轮作平均每亩增产增收 360 元，节省 5 个用工，每个工日开支 80 元，每亩节效 400 元，平均每亩节效增资总共 760 元，减去每亩机播、机收增加费用 320 元，平均亩净增收 440 元。

10.2.2 茬口安排

小麦适期晚播，播种期在 10 月 15—25 日，收获期 6 月 17—23 日。大豆在小麦收获后抢时播种，大豆播种不能晚于 6 月 25 日。小麦大豆轮作适宜在中温区进行。

10.3　小麦轻简化栽培

10.3.1　优良品种

选择中早熟、广适多抗、高产稳产、优质强劲的小麦品种。经过多年试验示范，小麦品种可选小偃 22、伟隆 169、西农 979、郑麦 1860。

10.3.2　旱作施肥

每亩选择 40％养分配方肥（氮、磷、钾比例为 20∶12∶8）40kg 作底肥，小麦拔节前亩施 7.5～10kg 尿素作追肥，或一次性亩使用小麦缓释肥 40～50 kg。在施肥同时亩施 1.5 kg 抗旱保水剂起到抗旱保水作用。根据生产实际建议使用小麦缓释肥，亩产 500 kg 以上高水肥田亩施 50 kg，300～500 kg 中水肥田亩施 35～45 kg。

10.3.3　宽幅沟播

选用等行距（22～26 cm）宽幅播种机播种，一次作业实现灭茬、深松、播种、施肥、镇压五联作。作业标准深松不低于 30 cm；宽幅播种苗带宽 8～12 cm，空带宽不超过 20 cm；播种量每亩 12.5 kg，播种深度 3～4 cm。作业速度不宜过快，以 4～5 km/h 为宜。

10.3.4　绿色防控

绿色防控包括合理控旺、化学除草、"一喷三防"等措施。

10.3.4.1　合理控旺
对旺长田块，可在返青初期进行碾压，或每亩用 5％稀效唑可湿性粉剂 30～40 g 兑水 40 kg 喷洒，控制旺长，防倒伏和春季冻害。

10.3.4.2　化学除草
在小麦返青至拔节前，杂草 3～5 叶期时，亩用 3.6％二磺·甲碘隆水分散粒剂 20 g 兑水 30 kg 喷雾，防治禾本科杂草和阔叶杂草。

10.3.4.3　一喷三防
在小麦扬花期选用 4.5％高效氯氰菊酯乳油 30 mL 加 30％己唑醇悬浮剂 8 g 加 99％磷酸二氢钾 100 g 混配兑水 40 kg 喷雾，使用无人机开展小麦病虫害综合防治。

10.3.5　机收减损

在小麦完熟初期，植株变黄，仅叶鞘茎部略带绿色，茎秆仍有弹性，籽粒变硬、呈品种本色，使用收割机收割。

10.4 大豆轻简化栽培

10.4.1 优良品种

选择的大豆品种具有以下特点：生育期 103～105 d；植株直立，株型收敛，株高 50～60 cm；高油，高蛋白；高抗病、耐高温、抗倒伏、不裂荚，成熟度整齐；适宜机收的高产、稳产品种。经过多年试验，示范大豆品种可选秦豆 8 号、齐黄 34、秦豆 2018。在播种前用种子重量 0.5％的 50％福美双可湿性粉剂拌种，可有效预防大豆霜霉病。

10.4.2 减量施肥

大豆有共生固氮的根瘤菌，通过根瘤菌的作用，能够固定空气中的气态氮；氮肥过量或不足均会抑制大豆根瘤菌的固氮作用，故施肥时应氮、磷、钾配合使用。夏播大豆生育期较短，选择 36％养分大豆配方肥（氮、磷、钾比例为 12：16：8）20 kg 作底肥 1 次施用。

10.4.3 抢时旋播

近几年小麦夏收夏播抢时的问题日益严重，小麦收后高温多雨极易造成土壤板结。选用旋播一体机实现一次性完成灭茬、松土、播种、施肥、镇压等程序，既省时省工，又有效解决了播种过慢、土壤结坂等问题。大豆种植密度遵循高水肥田块稀植为主、中低水肥田块密植为主，每亩播种密度控制在15 000～18 000株，每亩实际留苗密度12 000～15 000株，每亩播种量4～5 kg，行距 30 cm，株距 12～15 cm，播种深度 3～4 cm，播种速度 3～5 km/h 为宜。

10.4.4 绿色防控

由于后期高温多雨，杂草生长快，夏播大豆易徒长，落花落蕾严重，病虫害多发。绿色防控以播后封闭化除、化学控高、保花促荚、病虫害防治为主。

10.4.4.1 封闭化除

大豆播种后 1～2 d 内，选用 96％精异丙甲草胺乳油加 80％唑嘧磺草胺水分散粒剂（或 75％噻吩磺隆水分散粒剂）兑水喷雾。

10.4.4.2 化学控高

在大豆初花期，如果遇连续多日降雨，造成大豆徒长，每亩可选用 5％的烯效唑可湿性粉剂 20～50 g 兑水 30～40 kg 叶面喷施。植株正常生长田块不进行化学控高。

10.4.4.3　保花促荚和病虫害防治

夏播大豆受气候和生育期影响，花期、结荚期交加同步。花而不实、落花落荚是制约大豆高产的主要因素，保花促荚是夏播大豆高产的关键措施。大豆后期管理以预防灰斑病、霜霉病、点蜂缘蝽、大豆食心虫、蚜虫为主。在大豆盛花期选用 99％磷酸二氢钾 100 g 加 75％百菌清可湿性粉 100 g 加虫螨腈 20 mL 混配兑水 40 kg 喷雾。

10.4.5　机收减损

当大豆叶片全部脱落、茎秆变黄、豆荚表现出本品种特有的颜色、豆粒饱满、摇动大豆植株会听到清脆响声时，及时进行机械收获，一般选择上午进行收获。

第 11 章　地膜马铃薯春玉米秋菜间套技术

11.1　适宜区域

在海拔 700～1 150 m 的区域主推春播地膜马铃薯玉米蔬菜高产高效间套模式；在海拔 400～700 m 的区域主推冬播地膜马铃薯玉米蔬菜高产高效间套模式。选择交通方便、有灌溉条件、光照充足、土质为壤土或沙壤土、土壤肥力中等以上地块，不宜选用黄泥巴、石渣多的田块。在农户种植地膜马铃薯积极性较高的区域推广此项种植为好。

11.2　带型及茬口安排

采用 167 cm 对开带型。马铃薯、玉米种植方式为 2∶2，隔带播种，83.5 cm 起垄种植 2 行地膜马铃薯，83.5 cm 种植 2 行玉米，马铃薯收获后种植 2 行蔬菜。马铃薯选用中早熟品种，冬播一般在上年 12 月底至 1 月初播种；春播在 2 月上、中旬至 3 月中旬播种，6 月中旬至 7 月上旬收获。玉米选用生育期较短的中熟品种，4 月上、中旬播种，8 月上旬至 9 月中旬后收获。蔬菜选用喜冷凉品种，如大白菜、胡萝卜、白萝卜或甘蓝，7 月下旬至 8 月上旬种植，11 月上、中旬上冻前收获（图 11-1）。

图 11-1　玉米甘蓝间套

11.3 主要栽培技术

11.3.1 马铃薯栽培技术

11.3.1.1 精细整地

在冬季深耕地的基础上，播前再深翻一遍，打碎土块，耙糖平整。若遇干旱，可先灌水增墒，然后再整地。为了防治地下害虫（金针虫、蛴螬）的危害，每亩用 3% 辛硫磷颗粒剂或 5% 毒辛颗粒剂 2.5～3 kg，结合深翻整地均匀施入土壤。

11.3.1.2 配方施肥

根据土壤肥力情况和马铃薯产量水平，在亩施优质农家肥 2 000～2 500 kg 的基础上，同时亩施磷酸氢二铵 10～15 kg、碳酸氢铵 50 kg、硫酸钾 6～8 kg，或亩施马铃薯专用肥 40～50 kg。马铃薯采用开沟播种施肥，农家肥可盖于种薯之上，化肥施于两个种薯之间。

11.3.1.3 种薯选择

可选择紫花白、早大白、荷兰 15 号等优质、高产、抗逆性强的中早熟脱毒种薯。播种前 20～30 d，淘汰薯形不规整、表面粗糙老化、牙眼凸出、皮色暗淡等不良性状的薯块，选用薯形整齐、大小适中、表皮光滑细嫩、芽眼鲜明、薯块完整、无病虫害、无冻伤的幼龄和壮龄块茎作种薯，种薯质量应符合《马铃薯种薯》（GB 18133—2012）中二级种标准要求。

11.3.1.4 种薯处理

提倡采用小整薯播种。大的种薯应进行切块，每块带 1～2 个芽眼，每块重量 25～30 g。切块前切刀用 3% 来苏水或 75% 的酒精消毒。切块要纵切，以发挥顶芽优势。薯块切后晾干，用草木灰加入 4%～8% 甲基托布津或多菌灵均匀拌种，促进切口愈合并消毒。

11.3.1.5 适期播种

一般晚霜前 20～25 d、10 cm 土层地温稳定在 5～7 ℃是商洛市地膜马铃薯的适宜播期，播期不能迟于 3 月中旬。按定距开双沟，呈"品"字形播种施肥，播种时芽眼向上，每亩用种薯 120 kg 左右。一般垄高 10～15 cm，垄面宽 60～65 cm，播深 8～12 cm；冬播宜深些，行距 30～35 cm，株距 20～25 cm，每亩 3 000～4 000 株。垄上播种行与垄边距 10～15 cm，播种后将两边的土搂向中间起垄，捡净石块、根茬等杂物，整平垄面，使垄面呈瓦背状。

11.3.1.6 规格覆膜

选用幅宽 80 cm，厚度 0.01 mm 以上的地膜，每亩用量为 4～6 kg。播种后及时覆膜，使膜紧贴垄面，用细土压实地膜边缘，压入土中 5～8 cm。在垄面上每隔 3～5 m 压一"土腰带"，以防大风揭膜，影响保温效果。覆膜要求达到"平、直、紧、匀"的标准，四周严实。

11.3.1.7 及时放苗

马铃薯出土后，要及时破膜放苗，防止烧苗。当幼苗长出 1～2 片叶，无寒潮来临时，即可放苗。放苗时应坚持"放大不放小，放绿不放黄"的原则。一般放苗应选晴天上午 10 时以前或下午 4 时以后，阴天可全天放苗。方法是用小刀（或香头）对准出苗的地方将地膜划（或烫）一小孔，把幼苗引出膜外，放苗后及时用细土封严孔口，以利保温保墒，防止杂草滋生。放苗后若遇霜冻，采取烟熏、灌水或撒草木灰等方法预防冻害。

11.3.1.8 田间管理

随着气温升高，马铃薯生长发育速度加快，田间管理的主要任务是追肥、病虫害防治、控制徒长。对缺肥田块用 0.4%～0.8%尿素溶液或 0.1%～0.3%磷酸二氢钾溶液叶面喷施 1～2 次，也可在距植株 5～8 cm 处打孔每亩追施尿素 4～5 kg。对于有青枯病、晚疫病发生的田块，及时拔除发病植株，必要时亩用 25%的多菌灵 0.15 kg 兑水 50 kg 喷防。对二十八星瓢虫，每亩用 20%灭扫利或敌杀死 100 g 兑水喷防。对徒长田块，在蕾期亩用 15%多效唑粉剂 40～50 g 兑水 40～50 kg 喷雾，同时摘除花蕾，控上促下，促进块茎膨大。

11.3.1.9 适时采收

为了实现地膜马铃薯增产增收，要针对不同用途，适时收获。作为蔬菜销售用的马铃薯，要抓住上市早、价值高的时机，及早收获出售。用作其他用途的，待马铃薯完全成熟后收获，这样能获得最高产量。马铃薯收获后放于阴凉处摊开 2～3 d，防止暴晒、雨淋。收获后及时捡净残膜，防止污染土壤。

11.3.2 玉米栽培技术

11.3.2.1 品种选择

宜选用正大 999、中金 368、农科大 8 号、陕单 2001、潞玉 6 号、万瑞 6 号等生育期适中的中早熟品种，为后茬蔬菜生长留足时间，减少对后茬蔬菜阳光的遮挡。

11.3.2.2 适期播种

4 月上旬至中旬，土壤表层 5～10 cm 深处地温稳定在 10～12 ℃时适宜播种。在马铃薯垄沟间种 2 行玉米，一般在谷雨前播种结束。亩施农家肥 1 000～2 000 kg、磷酸氢二铵 10 kg、硫酸钾 8～10 kg。施肥方法宜采用稀人粪尿点窝，化肥施于窝内，每窝点 2～3 粒种子；挖窝需稍大，种子不能与化肥接触。为发挥玉米的边行优势，缩短株距，增加株数，一般行距 40 cm，株距 30～33 cm，每亩密度 2 500 株左右。

11.3.2.3　田间管理

苗齐后及时间苗、定苗。前期适当控制肥水，促根系生长，缩短下部节间间距，拔节期至小喇叭口期应中耕一次。拔节期可每亩追施尿素 10～15 kg，大喇叭口期每亩追施尿素 20～25 kg。田间注意排水，防止涝灾。小喇叭口期至大喇叭口期若遇干旱，应及时开沟浇水 1～2 次。

11.3.2.4　病虫害防治

若有大斑病或小斑病发生，可亩用 50％多菌灵可湿性粉剂或 70％甲基托布津可湿性粉剂 500 倍液 50～75 kg 喷雾。对黏虫用 2.5％敌杀死 30 mL 兑水 40～50 kg 喷雾。对玉米螟，用甲敌粉 2 kg 拌细土 20～30 kg，均匀撒在玉米心内防治，或在心叶末期喇叭口内投放 1.5％辛硫磷颗粒剂，每亩用量 0.5 kg；在玉米生长中期，可用 0.5％阿维菌素乳油（虫螨克）1 000 倍液于 6 月下旬（1 代幼虫孵化盛期）和 8 月上、中旬（2 代幼虫孵化盛期）茎叶喷雾，在蛀茎之前把幼虫消灭。

11.3.2.5　及时收获

8 月下旬至 9 月上旬，当苞叶变黄，籽粒变硬时，应及时收获。清除玉米根茬和秸秆，避免对后茬蔬菜遮阴的影响，以利蔬菜早发快长，获得高产。

11.3.3　蔬菜栽培技术

蔬菜需水肥量较大，应及时备足肥料。马铃薯收获后，施足基肥，精细整地，结合整地每亩施腐熟农家肥 3 000 kg、磷酸氢二铵 25 kg，及时耕翻土地 10～15 cm，翻后耙平。

11.3.3.1　大白菜栽培技术

（1）品种选择

大白菜选用秦白 2 号、丰抗 90、山东 4 号、80 - 7 等优良品种，生育期 80～90 d。

（2）及时播种

大白菜一般在立秋前后播种，常采用双行浅穴直播栽培方法，行距 65 cm，株距为 60～65 cm，亩留苗 1 200 株左右。每穴播种子 5～6 粒，播后覆土 0.5 cm，以防止下雨后土壤板结糊苗，并起到保湿作用。

（3）田间管理

大白菜定苗不宜 1 次定苗，常采用 2～3 次定苗。大白菜的肥水管理应注意幼苗期施发棵肥 1 次，一般亩施碳酸氢铵 10～15 kg，并应注重浇水，保持土壤湿润。莲座期应重施 1 次肥，以氮肥为主，施适量磷、钾肥，亩施尿素 10～13 kg、草木灰 30～50 kg（或三元复合肥 15 kg），追肥时尽量不伤根，土壤尽量保持湿润，追肥后沟灌透水。进入结球期后，应大肥大水，追肥 1～2

次，亩施尿素 15～20 kg、三元复合肥 20 kg，拌匀后穴施于距植株 10～15 cm 处，施后覆土。

（4）病虫害防治

大白菜主要病害有软腐病、霜霉病、病毒病三大病害。软腐病常用 98％ 农用链霉素 2 000 倍液等防治；霜霉病用 75％百菌清 600 倍液喷防；病毒病发病初期喷洒病毒 A、5％菌毒清等药剂防治。蚜虫、钻心虫、跳甲、菜青虫、小菜蛾等，一般采用辛硫磷、灭杀毙等化学农药防治。

11.3.3.2　胡萝卜栽培技术

（1）品种选择

胡萝卜选用岐山透心红、汉中七寸参等优良品种，生育期 110 d 左右。

（2）播种

在 7 月下旬至 8 月上旬播种，多采用撒播的方法，一般亩用种量 0.5 kg，播完后搂耙畦面并用脚压实，以小水浇透，用麦糠覆盖，防晒保湿，以利出苗。

（3）间苗、中耕锄草

1～2 片真叶时第 1 次间苗，株距 3 cm，浅锄，除草保墒，促使幼苗生长。在 3～4 片真叶时第 2 次间苗，4～5 片叶时定苗，按 10～15 cm 见方间距定苗，亩留苗 1.5 万～2 万株，并进行第 2 次中耕。

（4）灌溉与施肥

幼苗期前促后控，若遇干旱应及时浇水，使土壤经常保持湿润，收获前半月停水。胡萝卜一般追肥 2 次，第 1 次追肥在出苗后 20～25 d、有 3～4 片真叶时进行，一般亩施尿素 8 kg、硫酸钾 3 kg；第 2 次追肥应在出苗后 40～50 d 定苗时进行，一般亩施尿素 10～13 kg、硫酸钾 4 kg。

（5）病虫防治

胡萝卜病害主要有菌核病、软腐病。菌核病可用 50％速克灵可湿性粉剂 1 500倍稀释液，7～10 d 喷 1 次，连续 2～3 次；软腐病可用 72％的农用链霉素 3 000～4 000 倍稀释液灌根或茎基部喷雾。虫害主要有胡萝卜微管蚜和茴香凤蝶等。发现虫害时，及时用 2.5％功夫菊酯乳油、20％灭扫利乳油（或 20％氰戊菊酯乳油）各 3 000～4 000 倍稀释液喷雾防治。

（6）收获

11 月中旬至上冻前收获。

11.3.3.3　白萝卜栽培技术

（1）品种选择

白萝卜选用丰光、露头青等优良品种，生育期 70～80 d。

（2）播种

8月上旬播种，采用起双垄点播栽培，亩用种量0.1 kg，行距30～35 cm，株距为40～45 cm，亩留苗2 000株左右。

（3）田间管理

白萝卜常采用2～3次间苗后定苗。白萝卜追肥一般分3～4次进行，幼苗2片真叶时，可适施稀人粪尿，定苗后进行第2次追肥，大破肚时进行第3次追肥，亩施尿素10～15 kg和硫酸钾7 kg。白萝卜可视苗情进行第4次追肥，一般亩施尿素8 kg左右。

（4）病虫害防治

针对霜霉病、灰霉病，可以使用三乙磷酸铝稀释600倍液或异菌脲稀释900倍液防治。针对菜青虫、小菜蛾，前期使用氧戊菊酯稀释1 500～2 000倍液防治，后期可以使用苏云金杆菌稀释400倍液防治。针对黄曲跳甲、蚜虫，前期结合防治菜青虫、小菜蛾，使用氧戊菊酯稀释1 500～2 000倍液进行防治。

（5）适时采收

当叶色转黄褐色时，肉质根充分膨大、基部圆钝，达到商品标准，此时即可收获。

第 12 章　主要粮油作物品种引进与主要集成技术

洛南县作为商洛市唯一的省级粮食生产主产县，全县平均每年主要粮油作物播种面积 36 667hm² 左右，其中小麦 7 333 hm²、玉米 18 667 hm²、马铃薯 3 333 hm²、油菜 2 000 hm²，大豆 5 333 hm²（春播大豆 2 000 hm²、夏播大豆 3 333 hm²）。为了提升粮油作物单产，洛南县近年来积极引进试验示范推广粮油作物新品种和优质高产集成栽培技术，取得了较好的效果，为全县乃至全市的粮食安全作出了重要贡献。洛南县共引进适宜县内各生态区域种植的伟隆 169 等小麦品种 4 个、ND367 等玉米品种 13 个、荷兰 15 等马铃薯品种 3 个、秦优 7 号等油菜品种 4 个、齐黄 34 等大豆品种 5 个。结合品种主要特征特性，洛南县农业技术推方中心总结出小麦、玉米、马铃薯、油菜、大豆等作物高产集成技术，实现了良种良方有机结合。

12.1　主要粮油作物品种现状

12.1.1　小麦品种

洛南县小麦区域属于陕南小麦区域，陕南小麦品种审定缓慢，近年来种子企业的主要精力集中在关中灌区和渭北旱塬，造成无种子企业生产陕南小麦审定品种。陕南小麦审定品种以汉中、安康选育为主，在洛南县越冬困难，春季倒春寒灾害严重。小麦品种单一，以新洛 8 号、小偃 15 为主，品种为农户自留种，无种子企业生产，品种混杂，退化严重，小麦品种更新换代节奏缓慢，严重制约小麦生产。

12.1.2　玉米品种

市场的常销品多达 90 多个，品种"多、乱、杂"现象严重。玉米品种以稀植大穗型品种为主，种植密度为每亩 2 500～2 800 株，易受自然灾害影响。主推品种不明晰，缺少骨干品种。

12.1.3　马铃薯品种

洛南县长期以克新 1 号为主，品种单一，布局不合理，商品性差，经济效益低下。

12.1.4　油菜品种

洛南县的大豆品种长期以农家品种、延油 2 号为主，易倒伏，抗病性差，含油量低，产量低下，经济效益差。

12.1.5　大豆品种

洛南县的大豆品种以农家品种和秦豆 8 号为主，品种退化严重，市场经销品种适应性差，易受气候环境影响，年际间产量波动差异大。

12.2　主要粮油作物品种引进情况

12.2.1　小麦品种

2013 年至今，结合实际生态条件，洛南县先后引进黄淮区南片和陕南区小麦品种 19 个（图 12 - 1），引种以中低杆、短顶芒、白粒、优质、抗倒、抗病、中早熟品种为主，筛选出小偃 22、伟隆 169、西农 226、西农 585、郑麦

图 12 - 1　小麦品种引进试验

1860 这 5 个优质换代小麦品种。高水肥田块以伟隆 169、郑麦 1860 为主栽品种，搭配种植西农 585；坡塬地以西农 226 为主栽品种，搭配种植伟隆 169；高寒山区以小偃 22 为主栽品种，搭配种植西农 585。实现了小麦新品种由高产型（小偃 22）向优质强筋、广适多抗（伟隆 169、郑麦 1860、西农 226、西农 585）等方向均衡发展（图 12-2）。

图 12-2　伟隆 169 田间长势

12.2.2　玉米品种

洛南县引进玉米品种 90 多个，筛选出中金 368 等 13 个品种（图 12-3）。

图 12-3　玉米品种引进试验

春播玉米在川坪地以中金 368、农科大 8 号、先玉 1171 为主栽品种，搭配种植 ND367、陕科 9 号等品种；在坡塬地以秦奥 23 为主栽品种，搭配种植万瑞 6 号、五单 2 号等品种；在高寒山区以正大 659 等为主栽品种，搭配种植汉都 99、渭玉 369 等品种。夏播玉米以郑单 958 为主栽品种，搭配种植金科 2 号等品种。采用大豆玉米带状复合种植时，春播以 ND367、万瑞 6 号为主栽品种；夏播以郑单 958、汉都 99 为主栽品种。实现了玉米引种以株型紧凑、中秆中穗位、高密度、脱水快、优质、多抗广适品种为主，制止了品种多、乱、杂现象。

12.2.3　马铃薯品种

洛南县引进马铃薯品种 16 个，引种以高产稳产、商品性好、早中熟品种为主，筛选出荷兰 15、希森 6 号、冀张薯 12 这 3 个品种（图 12-4）。城区、集镇周边以荷兰 15 为主栽品种，边远山区以克新 1 号为主栽品种，搭配种植希森 6 号、冀张薯 12 等品种，形成了合理的品种布局，实现了从单一、高产、鲜食型品种向鲜食、加工兼容的多用途方向转变。

图 12-4　马铃薯品种试验

12.2.4　油菜品种

洛南县引进油菜品种 22 个，引种以抗寒性强、成熟度整齐、密植稳产型、机收品种为主，筛选出秦优 7 号、秦优 17、秦优 1104、天油 14 这 4 个品种。

川道区以秦优 7 号为主栽品种，搭配种植秦优 1104；高寒山区以秦优 17 为主栽品种，搭配种植天油 14，逐步实现由普通双低油菜品种向轻简化栽培品种的转变（图 12-5、图 12-6）。

图 12-5　秦优 1104

图 12-6　天油 14

12.2.5　大豆品种

洛南县引进大豆品种 23 个，引种方向以株型收敛、有限或亚有限结荚

习性、高产稳产、广适多抗、机械化收获、中早熟品种为主，筛选出齐黄
34、中黄13、中黄35、冀豆17、秦豆2018这5个大豆品种。春播以齐黄
34、中黄13、中黄35、冀豆17为主栽品种，夏播以齐黄34、秦豆2018、
秦豆8号为主栽品种；采用大豆玉米复合种植时，春播以齐黄34、中黄13
为主栽品种，夏播以齐黄34、秦豆2018为主栽品种；林下种植以中黄35
为主栽品种。大豆品种由高蛋白型大豆向高蛋白、高脂肪和兼用型综合发展
（图12-7）。

图12-7 大豆玉米带状种植的大豆品种试验

12.3 粮油作物主要集成技术

12.3.1 小麦主要集成技术

集成推广"优良品种、旱作施肥、宽幅沟播、绿色防控、机收减损"5项
技术。以布局品种为主推品种，适当增加播量，加强田间管理促分蘖、促转
壮、促大穗，实现亩基本苗20万、有效穗37万~40万、亩产量370 kg的目
标。与传统种植相比，亩增产达50 kg以上，亩均节本增效超过200元
（图12-8）。

图 12-8　小麦高产示范田

12.3.1.1　优良品种

选用小偃 22、伟隆 169、西农 226、西农 585、郑麦 1860。

12.3.1.2　旱作施肥

亩施 40％养分配方肥（氮、磷、钾比例为 20：12：8）40 kg 作底肥；小麦拔节前亩施 7.5～10 kg 尿素作追肥，或亩施小麦缓释肥 40～50 kg。在施肥同时，亩施 1.5 kg 抗旱保水剂起到抗旱保水的作用。

12.3.1.3　宽幅沟播

选用宽幅播种机播种，宽幅播种苗带宽 8～12 cm、空带宽不超过 20 cm。播种期为 10 月 10—20 日，播种量每亩 12.5 kg，播种深度 3～4 cm，作业速度 3～5 km/h 为宜。

12.3.1.4　绿色防控

播种后出苗前使用封闭除草剂进行化除；小麦返青至拔节前，选用小麦田专用除草剂茎叶喷雾化学除草。返青初期视苗情促弱转壮或者合理控旺。小麦病害以条锈病、赤霉病、白粉病为主，小麦扬花期及时进行"一喷三防"，防病、防虫、防早衰，增加粒重，提高产量。

12.3.1.5　机收减损

在小麦完熟初期，植株变黄，仅叶鞘茎部略带绿色，茎秆仍有弹性，籽粒变硬、呈品种本色，使用收割机收割。

12.3.2　玉米集成技术

集成"适期早播、缓释施肥、缩株增密、化学除草、病虫害综合防治"5项技术。在布局品种基础上，通过调整播期与品种，增加密度，减少耕作程序，达到提密增效。与传统种植相比，实现亩产 600～630 kg，亩增产玉米 50～80 kg，每亩减少 1～2 个劳动用工，降低成本 5%～10%，亩节本增收 200 元左右。

12.3.2.1　适期早播

在适宜播种期内适当早播，有效避开玉米花期高温干旱气候，达到玉米雌、雄花期协调相遇，促进玉米正常授粉，避免不结实和花粒秃顶现象。一般 5～10 cm 土层地温稳定在 8～10 ℃ 即可播种。春播玉米在 4 月 10—15 日播种，夏播玉米在 6 月 20—25 日播种。

12.3.2.2　缓释施肥

春播使用 40% 养分高氮玉米缓控释肥（氮、磷、钾比例为 28∶6∶6），亩施 50～60 kg。夏播玉米使用 40% 养分玉米配方肥（氮、钾、钾比例为 30∶5∶5），亩施 40～50 kg。播种时作底肥一次性施入。

12.3.2.3　缩株增密

玉米选用中低秆、高密品种，亩增加密度 500 株。选用单粒播种玉米种子，春播密度每亩 3 500 株，夏播密度每亩 4 000 株。人工播种采取"1+2+1 形式"播种，出苗后不间苗（图 12-9）。

图 12-9　玉米规范化套种示范田

12.3.2.4 化学除草

播种后及时打封闭性除草剂，玉米3～5叶期打苗期专用除草剂。

12.3.2.5 病虫害综合防治

玉米出苗后，全生育期加强茎腐病、青枯病、玉米螟、草地贪夜蛾等病虫害的防控。

12.3.3 马铃薯集成技术

集成"脱毒种薯、规范间套、配方施肥、垄沟覆膜、合理密植、病虫害防治"6项技术。通过集成技术综合使用，马铃薯亩产2 000 kg，亩增产300 kg，早上市7～10 d。

12.3.3.1 脱毒种薯

脱毒种薯选用专业马铃薯种公司扩繁的马铃薯原种。品种选用荷兰15、克新1号、希森6号、冀张薯12等。

12.3.3.2 规范间套

玉米、马铃薯间套，采用167 cm对开带，玉米、马铃薯各半，2行玉米、2行马铃薯。2行玉米行距40 cm，2行马铃薯行距30 cm。

12.3.3.3 配方施肥

玉米选用40%养分高氮玉米缓控释肥（氮、磷、钾比例为28∶6∶6），亩施50～60 kg；马铃薯选用35%养分马铃薯配方肥（氮、磷、钾比例14∶6∶15），亩施50 kg。播种时作底肥一次性施入。

12.3.3.4 垄沟覆膜

先起垄，一般垄幅宽80 cm，垄高30～40 cm，垄面宽40 cm左右。选用80 cm宽、0.05 mm厚的地膜覆盖，耕翻、整垄、播种马铃薯及覆膜同时进行。垄面要求平整、顺直、高低一致。覆膜要求整平、贴紧、压严。

12.3.3.5 合理密植

玉米密度每亩3 000株，马铃薯密度每亩3 000株。在垄面上种2行马铃薯，行距30 cm，株距27 cm。在垄沟种2行玉米，行距40 cm，株距27 cm。玉米与马铃薯行距48 cm。

12.3.3.6 病虫害防治

马铃薯现蕾开花期开展"一喷三防"。将杀菌剂（烯酰吗啉、甲霜灵锰锌）、杀虫剂（吡虫啉）、植物生长调节剂（多效唑）（或微肥）进行混合喷雾，防病虫，防早衰，增薯重，促进高产。

12.3.4 油菜集成技术

集成"合理密植、适期播种、减氮增磷（防冻害）、病虫草综防、机收减损"5 项技术。集成技术是在油菜直播基础上通过选用机收品种、增加油菜直播密度，实现亩产 200 kg，达到像种小麦一样种油菜的轻简化栽培技术。

12.3.4.1　合理密植

选用抗冻性强、适宜机收品种，中温川道区选用秦优 1104，高寒山区选用天油 14，亩种植密度 2.5 万～3 万株。增加密度，以减少油菜分枝、促进主茎结实、提高成熟整齐度，便于机收。

12.3.4.2　适期播种

高寒山区适宜播期 9 月 15—20 日，中温川道区为 9 月 20—25 日，亩播种量 200～250 g，播种行距 30 cm 为宜。

12.3.4.3　减氮增磷（防冻害）

亩施油菜专用肥（氮、磷、钾比例为 15∶20∶5）30 kg，切忌过量施用氮肥，施肥过多易导致生长过旺、贪青晚熟、病害加大、倒伏减产等损失，适当加大磷肥用量可以有效预防冻害。在冻害严重区，入冬时喷施多效唑调控，冬至喷施新美洲星等提高抗寒性。

12.3.4.4　病虫草综防

播后 24 h 内使用金都尔进行封闭除草。2 月中、下旬防治茎象甲。在油菜初花期，开展"一喷多促"，防花而不实、早衰、蚜虫、菌核病，增加角果数和粒重。

12.3.4.5　机收减损

枯熟期（95％以上籽粒褐色）机械收获，若过早机收，植株含水量高，籽、草分离不清，机收损失大。

12.3.5　大豆集成技术

在春播大豆亩成株 10 000 株、夏播亩成株 15 000 株基础上，通过"合理轮作、适期播种、减量施肥、化除化控、两保一促两防、适时收获"6 项技术，实现春播大豆亩产 200 kg，夏播大豆 150 kg。

12.3.5.1　合理轮作

大豆连作会造成土壤板结，抑制大豆根系发育，土壤中的病虫害加重，土壤中的营养成分降低。连作大豆生长迟缓，矮小，叶片发黄，易感病，大豆荚小，产量低，减产 20％。大豆轮作以大豆玉米、小麦大豆为宜（图 12-10）。

12.3.5.2　适期播种

春播大豆播种期主要根据地温和墒情确定，应以抢墒情、保全苗、夺高产为中心。一般 5 cm 地温稳定在 15 ℃为播种适期。夏播大豆抢时播种，生育后

图 12-10　大豆玉米套种示范田

期不受霜冻危害，大豆能完全成熟。春播大豆 5 月 5—10 日，夏播大豆 6 月
20—25 日。春播大豆行距 40 cm，夏播大豆行距 30 cm。春播用种量 3.5 kg，
夏播播种量 5 kg，播深 3～4 cm。

12.3.5.3　减量施肥

氮、磷、钾配合，选择养分 36％的大豆配方肥（氮、磷、钾比例为 12：
16：8）作底肥 1 次施用，春播大豆亩施 25 kg，夏播大豆亩施 20 kg。

12.3.5.4　化除化控

大豆播种后 1～2 d 内，选用 96％精异丙甲草胺乳油加 80％唑嘧磺草胺水
分散粒剂封闭除草。大豆分枝后期，选用 5％的烯效唑可湿性粉剂进行化控。

12.3.5.5　两保一促两防

在大豆初花期，叶面喷施磷酸二氢钾七钼酸铵，起到保花保荚、促进粒重
的作用。在大豆盛花期，叶面喷施百菌清可湿性粉剂、高效氯氟氰菊酯乳油，
防治病虫害（灰斑病、霜霉病、点蜂缘蝽、大豆食心虫）。

12.3.5.6　适时收获

当大豆豆叶全部脱落、茎秆变黄、豆荚表现出本品种特有的颜色、豆粒归
圆、摇动大豆植株会听到清脆响声时，及时收获。

第 2 篇　特色作物

第13章 商州区菊芋优质高产栽培技术

13.1 概述

菊芋（*Helianthus tuberosus*）又名洋姜、鬼子姜，是多年宿根性草本植物。高1～3 m，茎直立，有分枝，被白色短糙毛或刚毛。叶通常对生，有叶柄，但上部叶互生，下部叶卵圆形或卵状椭圆形。花期8—9月，头状花序较大，少数或多数，单生于枝端，有1～2个线状披针形的苞叶，直立；舌状花通常12～20个，舌片黄色，开展，长椭圆形；管状花花冠黄色，长6 mm。瘦果小，楔形，上端有2～4个有毛的锥状扁芒。菊芋根系发达，深入土中，根茎处长出许多匍匐茎，其先端肥大成块茎，块茎扁圆形，呈犁状或不规则瘤状，有不规则突起；地下块茎是不规则的多球形、纺锤形，皮呈红、黄或白色；块茎一般重50～80 g，较大的150 g以上，每株有块茎15～30个，多的可达50～60个，一般亩产块茎2 000 kg，高产的可达4 000 kg。

菊芋原产北美洲，17世纪传入欧洲，后传入中国。其地下块茎富含淀粉、菊糖等果糖多聚物，可以食用，用来煮食、熬粥、腌制咸菜、晒制菊芋干，还可作制取淀粉和酒精原料。菊芋具有抗旱耐寒、适应性广、抗逆性强等特性，根系发达、茎叶致密，是保持水土的优良作物；茎中含有丰富的菊芋多糖和防治癌症的物质，是生产保健食品和全新多功能食品的优质原料；在医药上可用来合成纤维素，提高人体免疫力，降"三高"，是糖尿病、高血脂人群的理想食品；宅舍附近种植菊芋兼有美化作用。菊芋被联合国粮食及农业组织官员称为"21世纪人畜共用作物"。

2018年以来，商洛市商州区按照"区域化布局，规模化种植"的原则，围绕307省道沿线的腰市镇、大荆镇，丹江主流域沿线的牧护关镇、三岔河镇、麻街镇、沙河子镇、北宽坪镇、夜村镇，实现整流域推进，引导企业、合作社、村集体、专业大户通过土地流转、土地托管、合作共建等模式，实行规模化、集约化经营，全区15个镇（街道），年均种植菊芋超过3 000 hm²，亩均产量2 000 kg以上，实现菊芋产业总产值12.3亿元，带动233个村近3.1万农户，户均增收3 000元左右。

13.2　菊芋生物学特性

菊芋喜稍清凉而干燥的气候，耐寒，块茎在 0～6 ℃时萌动，8～10 ℃出苗，其幼苗能耐 1～2 ℃的低温，早春幼苗能忍受轻霜，秋季成叶能忍受短期 −5～4 ℃。在 18～22 ℃，日照 12 h 的条件下，有利于块茎的形成，块茎能在 −30～25 ℃的冻土层内安全越冬。菊芋对土壤的适应性很强，在肥沃疏松的土壤中栽培能取得很高的产量；耐瘠薄，对土壤要求不严，除酸性土壤、沼泽、盐碱地带不宜种植外，一些不宜种植其他作物的土地，例如，在废墟、宅边、路旁都可生长。菊芋抗逆性强，在年积温 2 000 ℃以上、年降水 150 mm以上、−50～−40 ℃的高寒沙荒地，只要块茎不裸露均能生长。菊芋抗旱性强，菊芋块茎在土下 30 cm 内均可利用本身的养分、水分及强大的根须正常萌发，块茎、根系储存水分能力强，待干旱期维持生长所需。菊芋再生性极强，1 次种植可永续繁衍，大旱时，地上茎叶全部枯死，但一旦有水，地下茎又重新萌发，每一复生块茎都能分蘖发芽，年增殖速度可达 20 倍，菊芋籽落地扎根，四处繁衍。

13.3　主要栽培技术

13.3.1　品种

菊芋在生产中一般用块茎进行无性繁殖，品种主要有紫皮、红皮、白皮 3种，中低海拔地区宜选用红皮或白皮品种，高海拔地区宜选用紫皮品种。一般选择无腐烂、无病虫、单重 30～50 g 的菊芋块茎作种子。2017 年陕西森弗公司经引进青芋 2 号、定芋 1 号、青芋 3 号，在商州区发展菊芋试种，同时在腰市镇、大荆镇流转土地 67 hm²，建立菊芋良种培育基地，对接青海菊芋研究院、陕西省农科院，经过 2 年时间发展，培育出了适合商州区地理气候环境的"秦芋一号"品种，其特点是耐旱、早熟、产量高。在商州区早春少雨期，该品种相比其他品种出苗率更高、保水功能更加有优势；该品种在 10 月初成熟即可采挖，相比引进的其他品种可早收 20～30 d，每亩最高产量可达3 500 kg，区域性测试显示：平均亩产可达 2 800 kg，大田种植平均亩产在2 500 kg 以上。

13.3.1.1　青芋 2 号

青芋 2 号品种由青海省农林科学院园艺所经系统选育而成，于 2004 年 1月 10 日通过青海省农作物品种审定委员会审定。该品种地上茎直立、绿色，植株高 270～300 cm，茎粗 2～2.5 cm，节间长 6～7 cm。叶长卵圆形，叶面粗糙，叶面及叶背均有茸毛，叶边缘有锯齿，叶长 20～23 cm，叶宽 11～14 cm，叶柄长 7～8 cm，基部多分枝，植株开展度 50～60 cm。块茎呈不规则瘤形，块茎表皮浅红色，肉白色、致密，芽眼外突，地下块茎着生集中，块茎长 6～11 cm，块茎宽 3～4 cm。单株块茎个数 10～15 个，单株块茎重 900～1 250 g，单个块茎重 80～110 g。块茎粗蛋白含量为 1.62%，可溶性糖含量为 12.72%，粗纤维含量为 5.11%，粗脂肪含量为 1.29%。块茎休眠期 150 d 左右，属中晚熟品种，全生育期 210～225 d。抗逆性强，抗旱性强，抗寒，耐瘠薄，耐盐碱。中抗菌核病，金针虫、蛴螬危害较轻。

13.3.1.2　青芋 3 号

青芋 3 号品种是青海省农林科学院园艺所经系统选育出的加工型菊芋新品种，2009 年 12 月 10 日青海省第七届农作物品种审定委员会第四次会议通过审定。植株生长势强，株高（268.30±11.05）cm，开展度（83.15±3.75）cm，侧枝分枝数（11.20±2.12）个，分枝性强。茎直立，节间长度（7.06±1.13）cm，茎粗（2.47±0.31）cm，茎色前期浅绿，后期上部呈紫色，茎面着生刺毛和紫色针点。下部叶对生，上部叶呈螺旋状排列，叶卵圆形，叶长（25.14±2.84）cm、宽（16.17±1.69）cm，叶柄长（5.69±0.66）cm，叶色绿，叶面粗糙，叶面、叶背均有茸毛，叶边缘有锯齿。该品种属晚熟品种，全生育期（171±4）d。芋块较大，表皮白色，须根少，结芋集中，平均伸展幅宽 31.8 cm，便于采收。品质优良，含粗蛋白 1.79%、粗纤维 1.52%、粗脂肪 0.11%、糖 18.28%、水分 77.80%。丰产性好，川道平地和山坡旱地产量分别可达到 40.4 t/hm² 和 33.3 t/hm²。抗性较强，基本无虫害发生，偶有菌核病零星发生。

13.3.1.3　定芋 1 号

定芋 1 号品种由甘肃省定西市鑫地农业新技术示范开发中心、甘肃省定西市旱作农业科研推广中心从地方野生资源紫红皮的变异单株中选育而成。生育期 160 d 左右，茎直立，浅绿带紫，株高 210～220 cm，主茎 1～4 个，分枝 18～20 个；叶片互生、卵圆形，多具茸毛，叶色苗期浅绿，后期为深绿；块茎短梭形和瘤形，外皮浅紫色、肉白色，芽眼外突，结芋集中较浅，单株块茎 20～30 个，单个重 60～80 g，单株产量 1.6～2.7 kg。粗蛋白含量为 12.44%，总糖含量为 36.73%，粗脂肪含量为 0.70%，粗纤维含量为 2.45%。

13.3.2　选地

菊芋对土壤要求不严格，但更适宜在疏松、肥沃的沙壤土中生长，宜选择在地势平坦、灌溉方便、耕层深厚、肥力较好、海拔 2 500 m 以下、中性或微碱性的土壤种植。前茬作物以小麦、豆类、玉米、蔬菜为好，避免与菊科或薯芋类作物连作，若因耕地条件限制，无法避免连作的，最好不超过4～5年，否则会因土壤中缺乏一些菊芋生长发育所需的营养元素而影响产量。

13.3.3 播种

13.3.3.1 播种时间

菊芋播种宜在每年春季3—4月，当平均地温稳定在10～15 ℃时即可进行播种，菊芋播种后，外界气温相对较低，苗出齐需40～60 d，菊芋幼苗不怕晚霜危害。

13.3.3.2 播种密度

亩用种50～60 kg，单个块茎30～50 g，较大的可用洁净利刀将块茎切成若干块，每块保留1～2个饱满芽眼。平地株距50 cm，行距70 cm，坡地株距40 cm，行距60 cm，播种深度7～15 cm，亩留苗2 000～2 800株。

13.3.3.3 播种方法

菊芋在播前须深耕土壤和施足基肥，每亩施优质农家肥1 000 kg、草木灰100 kg、复合肥30 kg。播种按行距60 cm开挖播种沟，沟深8 cm左右，按株距40～50 cm，将芋种点播于两施肥点中间，每点播1个菊芋种。大的种芋可切块播种，块茎可用0.8%的高锰酸钾水溶液浸泡5 min消毒，随后捞出晾干播种，每块种芋不少于30 g且留1～2个芽眼，播后盖好土、浇透水等待出苗。

13.3.4 田间管理

13.3.4.1 苗期管理

菊芋出苗后，要及时补苗，苗齐后进行中耕除草松土，松土深度在5 cm以上。幼苗长到20～30 cm时，结合中耕除草，对分枝过多的菊芋幼苗，保留1～2个健壮主茎，其余的全部除去（图13-1）。

图13-1 菊芋苗期

13. 3. 4. 2　生长期管理

（1）浇水

菊芋较抗旱，但在块茎膨大期需要充足的土壤水分供应，若此时土壤水分充足，能大幅度提高菊芋块茎的产量，一般应在 9 月上、中旬根据天气情况浇 1 次块茎膨大水。

（2）追肥

在施足基肥的基础上，当株高达到 10 cm 时，结合中耕除草，亩施尿素 5 kg；9 月上、中旬，在块茎膨大期用 0.3%～0.5%磷酸二氢钾溶液再进行 1 次叶面追肥，并及时摘除植株中下部抽出的侧枝，以达到通风、透光的目的。

（3）摘花蕾

在菊芋开花期（图 13 - 2），及时打偏杈、摘花蕾，可以节省养分，促使块茎迅速膨大。菊芋生长过旺时，在株高达 60 cm 左右时摘心，防止徒长；7 月中旬打偏杈，防止遮阴和浪费养分使地下茎生长缓慢；8 月中旬，随时摘除花蕾，节省养分以利于块茎膨大和充实。

图 13 - 2　菊芋开花期

（4）成熟期管理

在菊芋生长后期，应减少浇水量，并将植株中下部发黄过密的老枝叶去除，以利通风、透光。如果雨后菊芋植株出现歪斜、倒伏现象，要及时扶正、培土，田间积水的要开沟排水。菊芋偶有菌核病发生，发现菌核病中心病株应及时拔除，并用石灰或高效、低毒、低残留药剂在病株周围喷洒消毒。

13.3.5 病虫防治

13.3.5.1 菊芋锈病

防治的方法，一是与非菊科作物进行 2～3 年以上的轮作。二是合理密植，及时排水，降低田间湿度，减少病菌入侵机会，及时清理病株残叶，深埋或烧毁。三是发病初期用 25％粉锈宁可湿性粉剂 2 000 倍液（或 50％萎锈灵可湿性粉剂 1 000 倍液，或 50％多菌灵可湿性粉剂 800～1 000 倍液，或 65％代森锌可湿性粉剂 500 倍液）喷施，每 7 d 喷 1 次，连喷 2～3 次。

13.3.5.2 菊芋斑枯病

防治的方法，一是秋季收获后及时清洁地块，清除病枝残叶，运到田外集中烧毁或深埋。二是在发病初期摘除病叶，必要时喷洒 30％碱式硫酸铜（绿得宝）胶悬剂 400～500 倍液，或 1∶1∶60 倍式波尔多液，或 50％苯菌灵可湿性粉剂1 500 倍液，10～15 d 喷防 1 次，连喷 2 次。

13.3.5.3 金针虫

防治的方法，一是秋季或春季深翻地块，多施腐熟有机肥，改良土壤结构，改善通透性状，促进根系健壮发育，增强菊芋抗虫性。二是在成虫盛发期，用 90％敌百虫 800～1 000 倍液喷雾；已发生为害且虫量较大时，用 90％敌百虫 500 倍液（或 50％辛硫磷乳油 800 倍液，或 25％西维因可湿性粉剂 800 倍液，或 10％吡虫啉 500 倍液）灌根，每株灌 150～250 g，可杀死根际幼虫。

13.3.5.4 蚜虫

防治的方法，一是选用抗病虫品种。二是及时清除田间杂草，减少虫源。三是坚持早防的原则进行药剂防治，可用 50％辟蚜雾可湿性粉剂 2 000～3 000 倍液（或水分散粒剂 2 000～3 000 倍液，或 70％来蚜松可湿性粉剂 2 500 倍液）喷雾。

13.3.6 收获储藏

13.3.6.1 收获

10 月初开始控制浇水，以利于菊芋采挖；11 月中旬，当田间菊芋植株 80％以上茎叶干枯时，及时割除地上的茎叶，然后采用人工或机械等方法挖取块茎，并按大小分拣，小块茎可作母种（图 13－3）。

13.3.6.2 储藏

采用塑料编织袋包装菊芋，放置阴凉通风处，温度控制在 0～4 ℃，相对湿度为 80%～90%，可保存 20～30 d（图 13-4）。

图 13-3　菊芋块茎

图 13-4　包装待售菊芋

第14章　洛南县小白黄瓜高产高效栽培技术

14.1　概述

14.1.1　品种特性

小白黄瓜是商洛市洛南县地方品种（图14-1），以产量高、品质优、口感好、耐储运等优点深受农户喜爱。该品种生长势强，耐低温、弱光，多分枝，主、侧蔓均可结瓜，叶深绿色，叶片较厚，第1雌花着生在3~4节，连续坐果多，丰产性好。瓜柄短，果皮黄绿色，瓜长20~25 cm，横径约3.9 cm，肉厚约1.8 cm，单瓜重200 g左右，有光泽，白刺，刺瘤大且稀疏，无棱，肉厚质脆，味清香，品质好。抗白粉病、枯萎病，中抗霜霉病。每亩栽3 200株左右，产量达4 500 kg左右。该品种早熟，在洛南县从早春播种到始收需65 d左右，5月中旬上市，适合秦巴山区早春露地栽培，搭架、地爬均可（图14-2、图14-3）。

图14-1　洛南县小白黄瓜

图 14 - 2　搭架栽培

图 14 - 3　地爬栽培

14.1.2　生长习性

小白黄瓜较耐低温，生育适温为 10～32 ℃，一般白天 20～32 ℃、夜间 15～18 ℃生长最好，最适宜温度为 20～25 ℃，最低可耐 4～5 ℃，可耐短时

125

间 1 ℃。最适宜的昼夜温差 10～15 ℃。小白黄瓜在 35 ℃高温下光合作用不良，45 ℃出现高温障碍。小白黄瓜因其侧枝较多且侧枝结瓜，因此可不搭架栽培。小白黄瓜产量高，需水量大，适宜的相对土壤湿度为 60%～90%；幼苗期水分不宜过多，土壤相对湿度 60%～70%；盛果期必须供给充足的水分，土壤相对湿度 80%～90%。小白黄瓜适宜的空气相对湿度为 60%～80%，空气相对湿度过大很容易发病，造成减产。小白黄瓜喜湿而不耐涝、喜肥而不耐肥，宜选择富含有机质的肥沃土壤。土壤适宜 pH5.5～7.2，但以 pH6.5 为最佳。

14.2 高产栽培技术

14.2.1 育苗

14.2.1.1 育苗时间
一般 3 月中旬播种，4 月中、下旬定植，苗龄 30～35 d。

14.2.1.2 育苗方法
根据定植时间采用温室、大棚、小拱棚或阳畦育苗都可以（图 14-4）。

图 14-4 黄瓜温室育苗

14.2.1.3 苗床准备
选择背风向阳、地势平坦、土层深厚肥沃、前茬没有种过瓜类蔬菜的肥沃地块，做成宽 1 m 的长方形育苗畦。

14.2.1.4　种子处理

播种前晒种 2～3 d，用 30 ℃清水浸种 2～4 h，然后置于 50～55 ℃的温水中（2 份开水兑 1 份冷水）浸泡 15 min，并搅动使受热均匀，去除浮子，并搓去种子表面的蜡层膜，捞出后用清水洗净，种子吸涨后置于 25 ℃条件下恒温催芽，约 36 h 后种子露白即可进行播种。

14.2.1.5　播种

播种前将过筛后的牛粪铺平约 6 cm，然后浇透水（以手握成团，指缝有水而不下滴为宜），出苗前一般不浇水或少浇水，待水渗下后播种。选无风晴朗中午，把露白的种子胚根向下平放在育苗畦里，按 5～6 cm 株行距点播。然后盖 2 cm 左右的过筛牛粪，播种结束后立即做拱架覆膜保温。

14.2.1.6　苗床管理

经过催芽的种子，播种后 7 d 左右就可出苗。黄瓜幼苗娇嫩，对温湿度敏感，如果温度高、湿度大、放风不及时，幼苗容易徒长；如果温度低、湿度大，特别是遇连阴天时，幼苗容易烂根并诱发猝倒病。

（1）温度管理

幼苗出土前，不能通风降温，播种后出土前到第 1 片真叶出现，中午床温维持在 25～30 ℃，夜间床温控制在 14 ℃左右。温度过高时要注意通风换气，防止幼苗徒长，并尽量延长见光时间，切勿长期覆盖。遇到低温霜冻天气时，提前做好覆盖防寒。

（2）水分管理

播种后至幼苗出土前不宜浇水，原则是"宁干勿湿"，若明显缺水，可以通过喷洒方式补水，保持见干见湿。定植前 1 天苗床要灌水，以便于起苗。

（3）除草、松土

选择在无风的晴天除草，人工拔除杂草，结合拔草给瓜苗根部培土 1 cm。

（4）炼苗

当幼苗长出第 3 片真叶时，应开始炼苗，白天加大放风量，延长放风时间。定植前 3～4 d 在没有霜冻的天气条件下，使幼苗于露天下锻炼。

14.2.2　定植

14.2.2.1　整地

定植前，每亩施入农家肥 3 000～5 000 kg、复合肥 50 kg，其中一半的肥料撒施，剩余的肥料定植时施入定植穴内。然后做宽 1.2 m 的畦，每畦定植 2 行。

14.2.2.2　定植指标

定植指标为：子叶完好，有 3～4 片真叶，节间较短，叶柄与主蔓的夹角为 45°，叶色深绿，叶片肥厚，茎粗壮，根系发达，无病虫害。

14.2.2.3　定植方法

当 0～10 cm 处土壤温度高于 12 ℃时，开始定植，定植距、株距为（55～60）cm×（30～35）cm。为防止幼苗缺水萎蔫，一般边栽苗边浇足底水，然后覆盖细土。为了防止春季寒冷和促进小白黄瓜苗早发，定植后用小拱覆薄膜，确保定植后不受冻（图 14-5）。

图 14-5　小白黄瓜大田规范栽培

14.2.3　田间管理

小白黄瓜定植缓苗后，随浇水追施 1 次尿素。晴天高温时小拱棚两头揭起放风。落膜后根据天气、土壤、苗情等情况适当在膜下浇水。当瓜苗长到 15～20 cm 时，进行搭架绑蔓，地爬的可以不绑蔓。小白黄瓜追肥的原则是前轻后重、少量多次，催瓜肥在根瓜坐住后追施，盛瓜肥在根瓜采收后进行，小白黄瓜结瓜期开始之后，随水追施 2～3 次三元复合肥。

14.2.4　病虫害防控

小白黄瓜栽培期间易发生霜霉病等，除了需要采用栽培措施进行控制之外，还需要及时喷洒药物。对于霜霉病，可以采用杜邦克露 600～700 倍液，每周喷洒 1 次，连续喷 2～3 周即可。

14.2.5 采摘

露地栽培的，5 月中、下旬采摘第 1 茬瓜，采摘期约持续 2 个月，采摘的时候需要注意，当小白黄瓜的顶端开始由尖变圆时采摘，这个时候小白黄瓜已经足够大，是最为适宜的采摘期（图 14-6）。如果采摘过早，则小白黄瓜产量较低；如果采摘过晚，则小白黄瓜皮较厚，口味也较差，还妨碍其他小白黄瓜的生长。采摘的周期根据小白黄瓜生长的时期而定，在生产的旺期，每天都需要进行采摘，应在早上采摘，这个时候黄瓜的品质较好。

图 14-6 成熟的小白黄瓜

第15章 洛南县辣椒优质高产栽培技术

15.1 概述

辣椒（*Capsicum annuum*）是茄科辣椒属的1年生草本植物。根系不发达，茎直立；单叶互生，卵圆形，叶面光滑；花单生或簇生，多为白色；果面平滑或皱褶，具光泽，果实呈扁圆、圆球、圆锥或线形，种子为淡黄色的扁肾形；花果期5—11月。辣椒含有多种维生素，其中维生素C的含量在蔬菜中居首位，辣椒既可作鲜菜用，也可作为调料。辣椒是喜温作物，不耐霜冻，叶片较小，适宜丛植和密植，对土壤的适应性较广，既不耐旱也不耐涝，喜欢比较干爽的空气条件。辣椒忌连作，不能与茄子、番茄、马铃薯、烟草等同科作物连作。

2018年以来，商洛市洛南县将辣椒作为主导农业产业进行大力发展，依托陕西辣上天农业发展有限公司、洛南何文辣椒种植专业合作社、洛南惠丰辣椒种植合作社等新型经营组织，采取"公司＋合作社＋基地＋农户"种植模式，在景村镇、古城镇、三要镇、寺耳镇、石坡镇、灵口镇等镇街道年发展辣椒种植2 333 hm²，年产值1.4亿元。

15.2 主要栽培技术

15.2.1 地块选择

应选择土层深厚、土壤肥沃、灌排方便的地块。禁止在前茬种植过辣椒、茄子、西红柿等茄科蔬菜和低洼、易积水地块种植辣椒。

15.2.2 选择优良品种

应选择高产、优质、抗性强、市场前景好的朝天椒或线椒品种。

15.2.3　培育壮苗

15.2.3.1　常规育苗

（1）选择苗床

育苗床应选择在地势平坦、土壤肥沃、不易积水、背风向阳、交通方便的地方。苗床最好建在温室、大棚、小拱棚内（图 15 - 1），要配备相应的加温设施，以预防低温、寒流天气。苗床宽度 1.2 m，长度按地形和育苗量确定。

图 15 - 1　小拱棚育苗

（2）营养土配置

将肥沃优质园土与充分腐熟发酵的农家肥按 5∶5 的比例混匀打细过筛，每立方米混合培养土中加入过磷酸钙 2～3 kg、磷酸氢二铵 3～5 kg、草木灰 4～5 kg，搅拌均匀备用。

（3）种子处理

种子处理方法，一是晒种。选择晴天晾晒 2～3 d。二是温汤浸种。将辣椒种子倒入 55 ℃热水中，浸泡 20～30 min，捞出沥干水分后进行催芽或播种。三是药剂浸种。用 10%～20%磷酸钠或 20%氢氧化钠溶液浸种 15～20 min，也可用 1‰高锰酸钾浸种 10 min。药液浸种后，用清水清洗 2～3 遍，然后再进行浸种催芽或直接播种。

（4）适期播种

3 月上、中旬，气温回升并稳定后，待催芽种子 70%开始露白后即可播种，最好选择晴天上午进行播种。

（5）播种方式

辣椒常规育苗播种方式一般有3种。一是撒播。每平方米苗床用种15～20 g，先将苗床灌足水，等水分下渗后，铺上1层培养土后再播种，然后盖1层细土。为了播种均匀，可在种子中掺入细沙或细土，混合均匀后撒播。撒播苗出土后，在2叶1心时进行间苗，保持合适密度，防止密度过大造成高脚苗、纤细苗。二是摆播，也叫穴播。将苗床浇足水，待水充分下渗后，按照8～10 cm见方的距离，在苗床上扎小孔，每孔播2～3粒种子，然后盖土。三是营养盘播种。将配制好的营养土装进营养盘，然后用水浇透营养土，待水分下渗后，每穴放1～2粒种子，播种完毕后，用准备好的培养土覆盖，厚度1 cm左右（图15 - 2）。

图15 - 2　营养盘育苗

15.2.3.2　漂浮育苗

（1）漂浮池建造

根据育苗大棚实际情况和漂浮盘尺寸确定漂浮池的长度与宽度，可用砖砌或直接挖土坑，用较厚的新膜铺在苗床底层和四周，最好用黑色薄膜，以防滋生绿藻。漂浮池建好后用200倍的漂白粉溶液或0.1%高锰酸钾溶液或生石灰水对场地周围、漂浮池拱架进行消毒，播种前1周灌水，盖上薄膜以提高水温，并检查是否有漏水现象发生（图15 - 3）。

图 15 - 3　漂浮池

（2）漂浮盘选择

辣椒漂浮育苗盘规格 68 cm×34 cm，育苗孔径为 2.5 cm×2.5 cm，孔深 0.8 cm，向下呈 V 形，盘底部有一圆孔，单盘 200 穴。

（3）漂浮盘消毒

第 1 次使用的漂浮盘不带病菌，使用前不必消毒。使用过的漂浮盘可能带有病菌，使用前必须用 0.1%高锰酸钾或 1：100 倍漂白粉溶液浸泡消毒。方法是将漂浮盘放入装有上述消毒液的容器中浸泡 10 min 以上，取出后集中覆盖薄膜熏蒸 1～2 d，揭膜晾干后即可。

（4）基质选择

可选用配制好的专用育苗基质，也可自行配置基质。自行配制基质的成分为草炭、珍珠岩、蛭石，三者体积比例约为 2：1：1，配好后往基质中添加 50%多菌灵可湿性粉剂。

（5）装盘和播种

首先给基质喷水，使基质湿润到手握成团，碰之即散时装盘，边装边轻敲浮盘边缘使孔内基质松紧适度，注意不能用手向下压，以免基质过实。装盘后用压穴板压出整齐一致的小穴，每穴播 1～2 粒辣椒种子，覆盖基质后去除穴盘上多余基质，播种后将盘放入水面让其自然吸水。

（6）营养液添加

可直接购买营养全面的育苗专用营养液肥，也可自行配制。自行配置时选用氮、磷、钾比例约为 15∶15∶15 的复合肥，浓度 100 mg/kg，使用时需根据苗床中水的容量确定施入肥料的量。幼苗真叶展开时添加营养液，先充分溶解肥料，再将育苗板取出，将营养液倒入育苗池搅拌均匀后，再将育苗板放入池中。以后可根据幼苗的生长情况判断是否缺肥，适当添加营养液，保证幼苗健壮。

15.2.4　苗期管理

苗期管理以保温、控湿、补光为主，注意防治猝倒病、立枯病等病害。辣椒育苗期最重要的是温度管理，辣椒种子发芽的适宜温度为 20～30 ℃，高于 35 ℃或低于 10 ℃均不能正常发芽；辣椒生长温度范围为 15～34 ℃，白天最适温度 23～28 ℃，夜间最适温度 16～20 ℃，地温 20～28 ℃。播种后要常看天气预报，预防早春低温、寒流的影响，防止晴天正午时期高温烧苗。经常观察苗床，检查有无病虫发生，是否缺水、缺肥，精心管理，培育壮苗，一般苗龄 55～60 d，选择晴天上午及时起苗移栽（图 15-4）。

图 15-4　辣椒漂浮育苗

15.2.5　移栽前的准备

4 月中、下旬每亩施入优质农家肥 2 000～2 500 kg，同时施入复合肥、辣椒专用肥等，结合土壤墒情及时深翻整地，并进行起垄覆膜。垄面宽 60 cm，垄高 15～20 cm，垄距 50～60 cm，一般用 80 cm 宽薄膜覆盖，辣椒移栽时间一般在 4 月底到 5 月上旬进行。

15.2.6　移栽方法

移栽前 1 周进行通风炼苗，起苗前向辣椒苗喷药或移栽时根系蘸药定植，可用药剂为多菌灵或代森锰锌等。每垄 2 行，穴距一般 40～55 cm，每穴 2 株，栽苗深度 6～8 cm（图 15-5）。移栽最好在下午进行，移栽后及时浇水。

图 15-5　规范化辣椒种植田

15.2.7　田间管理

15.2.7.1　及时查苗补苗

移栽后 1 周内及时查看，对未成活的幼苗及时拔除补栽，确保苗齐、苗全。

15.2.7.2　中耕除草

移栽 1 周，辣椒就可缓苗，缓苗后应深锄两垄中间的空地，消灭杂草，提高地温。

15.2.7.3　整枝打杈

当田间辣椒普遍长出侧枝时，就可打掉下部的侧枝。

15.2.7.4　追肥

门椒以上茎叶长出 3～5 节时，亩施氮、磷、钾复合肥 5～10 kg；每亩可同时增施 5 kg 硼肥，以提高坐果率；当田间有 50% 的植株现蕾、20% 的植株开花时，每亩追施尿素 3～8 kg；当 50% 植株结果时，亩追施硫酸钾复合肥

6 kg 左右。辣椒在开始采收后，每隔 10～20 d 追一次肥，每亩追施磷酸氢二铵 10 kg、硫酸钾 5 kg、尿素 1kg，也可在整个生育期多次喷施 0.3%磷酸二氢钾溶液。

15.2.8 病虫害防治

15.2.8.1 辣椒疫病
苗床用 10%多菌灵可湿性粉剂消毒；大田用 68%精甲霜·锰锌（金雷）水分散粒剂 350 倍液喷雾防治。

15.2.8.2 辣椒细菌性叶斑病
用 77%可杀得可湿性粉剂 400～500 倍液或 50%琥珀肥酸铜 500 倍液，每隔 7～10 d 喷 1 次，连续 2～3 次。

15.2.8.3 辣椒软腐病
用 50%的代森铵 600～800 倍液或 70%琥铜·乙膦铝 2 500 倍液喷雾防治。7～10 d 喷 1 次，连续 2～3 次。

15.2.8.4 辣椒病毒病
定植前喷 0.1～0.3%硫酸锌，定植后半月开始喷 20%病毒 A 药液 500 倍液或 1.5%的植病灵 600 倍液或 20%吗胍·乙酸铜 500 倍液或 7.5%克毒灵水剂 600 倍液，10 d 喷 1 次，连续 3 次。

15.2.8.5 辣椒叶枯病
用 80%的代森锰锌 800 倍液或 75%百菌清可湿性粉剂 600 倍液喷雾防治，每隔 10～15 d 喷 1 次，连喷 2～3 次。

15.2.8.6 猝倒病
猝倒病常出现于辣椒的幼苗期，辣椒幼苗发病后，地下茎处会有黄色的水迹，中后期变褐、变枯、变萎缩，严重时幼苗倒苗。发病后及时喷洒铜氨合剂来控制病情蔓延，同时用 75%代森锰锌或 72.2%普击败液剂喷洒防治。

15.2.8.7 烟青虫和棉铃虫
烟青虫和棉铃虫对辣椒的花朵、茎、果实危害性较大，防治可用 20%消灭菊酯类的封闭液开展喷杀。

15.2.8.8 蚜虫
可用银灰色薄膜覆盖驱避蚜虫，用黄板粘蚜虫。药剂防治用 50%抗蚜威可湿性粉剂 2 000～3 000 倍液，或 10%吡虫啉 1 500 倍液，或 3%辟蚜雾 3 000 倍液，或 30%氰戊菊酯-乐果乳油，或 2.5%敌杀死啶虫脒喷雾防治。

15.2.9 采收

鲜食辣椒（图 15-6），每 4～5 d 采收 1 次；加工型辣椒，红熟一批采收一批；作泡椒加工的，果实刚刚转色时采收；制酱加工的，果蒂转红时采收；干制加工的，果实全红变软时采收。采收时注意不要扯断茎秆和侧枝。

图 15-6　鲜食辣椒

第 16 章 洛南县黄花菜优质 高产栽培技术

16.1 概述

黄花菜（*Hemerocallis citrina*）为百合科萱草属宿根多年生的草本植物，又名柠檬萱草、金针菜。根的中下部常有纺锤状膨大；叶绿色；花葶基部呈三棱形，上部呈圆柱形，苞片为披针形，花梗较短，花被淡黄色，花蕾顶端有时黑紫色，花期 5—9 月。黄花菜因其花蕾色泽金黄而得名。以花为食用部分，可以鲜炒，也可以制成干制品，用温水浸泡后炒食、做汤或水焯后凉拌，风味独特，营养丰富，并具有安神、定惊、催眠、清热、消炎之功效。但黄花菜鲜花含有多种生物碱，不宜多食，否则会引起腹泻等中毒现象。黄花菜耐寒、耐干旱、耐半阴；对土壤要求不严，地缘或山坡均可生长，沙土、黏土、平川、山地均可种植，忌土壤过湿或积水。黄花菜对光照适应范围较广，地上部不耐寒，地下部可耐 −10 ℃低温；叶片生长适温为 15~20 ℃；开花期要求较高温度，20~25 ℃较为适宜。

近年来，洛南县将黄花菜作为特色产业进行大力发展，依托陕西德盛农业科技有限公司、洛南春满园黄花菜专业合作社、洛南桑梓黄花菜专业合作社、洛南盛农黄花菜专业合作社等生产主体，按照"公司＋合作社＋基地＋种植户"发展模式，在麻坪镇、永丰镇、保安镇、古城镇、柏峪寺镇等地发展黄花菜种植 800 hm²，平均亩收入 5 000 元左右（图 16-1）。

图 16-1 黄花菜基地

16.2　主要栽培技术

16.2.1　选择地块

黄花菜对土壤要求不严格，耐瘠薄，适应性强，无论坡地、平地都可以种植。黄花菜是多年生作物，规模化种植应选择土层深厚、土壤肥沃、不易积水的沙壤土地块。

16.2.2　整地施肥

栽植前深翻土壤，拣净前茬作物根茬和石块，按行距 150 cm 划行，在行中间开挖宽 50 cm、深 40 cm 的栽植沟，在栽植沟内施入充分腐熟的优质农家肥、尿素、过磷酸钙，亩用农家肥 2 500～3 000 kg、尿素 20～30 kg、过磷酸钙 40～50 kg，然后将开挖出的沟槽土还原。

16.2.3　种苗准备

黄花菜繁殖可分为分株繁殖和种子繁殖 2 种，目前生产中多以分株繁殖为主。选用 5 年以上的健壮黄花菜种根，挖起母株，除去老根老叶，剔除病虫母株，将株丛逐个分开，剥除朽箨、黑蒂、枯根，剪除"萝卜根"，栽断过长的肉质根，然后对修剪后的种苗按大小进行分类。定植前将备好的种苗用 50％甲基硫菌灵可湿性粉剂或 50％多菌灵可湿性粉剂 500 倍液浸泡 10 min 后取出栽植。

16.2.4　适时移栽

从花采摘结束至翌年 2 月均可移栽，但以在白露和立春 2 个节气移栽较好。尤其在白露左右移栽，气温适宜，栽后成活率高，植株能够进入 2 次长叶期，当年就可长出 3～5 个新芽，翌年即可有一定的产量。栽植深度以 10～15 cm 为宜，过深分蘖慢，进入盛产期要推迟 1～2 年；过浅则植株矮小、分蘖细弱、容易早衰。移栽后应及时浇水，移栽期保持土壤含水量 70％～80％。

16.2.5　合理密植

一般采用宽窄行栽植，宽行行距 80～100 cm，窄行行距 60～70 cm，丛距 35～40 cm，每丛栽 2～4 株苗。也可分散零星种植在田坎边，丛距为 30～40 cm。

16.2.6　适时追肥

在春季萌发第 1 轮新叶时，结合中耕培土施春苗肥，亩用腐熟的人粪尿 400～500 kg 加复合肥 4～5 kg 加水稀释后浇栽植穴，使幼苗生长旺盛整齐；4 月中、下旬施抽薹肥，每亩施尿素 8～10 kg；5 月中、下旬结合中耕施催蕾肥，每亩施尿素 10 kg 左右，促使现蕾开花；采摘完后及时割叶、施冬苗肥，亩施人粪尿 200～250 kg、速效化肥 8～10 kg。各时期施肥时根据植株生长情况和地力状况合理调整施肥量。

16.2.7　堆蔸培肥

有句农谚说："黄花菜不要粪，只要培土三四寸。"因为黄花菜的短缩茎有不断往上抬高的生长特性，黄花菜根系每年从新生的基节上发生，发根部位逐年上移。在进入盛产期后，根系生长非常发达，如果不进行客土培蔸，则根系会显露在土面，将大大减弱根部的吸收功能，使黄花菜的产量显著下降。因此在秋苗凋萎后，先把凋萎的秋苗齐土割掉，按计划施足冬肥，再用肥沃的塘泥、河泥等堆施于株丛和铺施于行间，加厚土层。到春苗萌发之前，再打散株丛顶部客土，培土于株丛周围。

16.2.8　病虫害防治

在洛南县，需要重点防治黄花菜的叶枯病、锈病、地下害虫、蚜虫、红蜘蛛。

16.2.8.1　农业防治

栽植时除掉腐烂的根和叶片，做好苗株药剂处理（把修剪好的苗子在 50％甲基托布津或多菌灵可湿性粉剂的稀释液中浸泡 10 min）。合理密植，每亩约 1 600 穴，加强通风透光。做好施足底肥、加强中耕除草、科学施肥、及时摘除病叶、老叶等田间管理工作，通过农业措施提高植株的抗逆性、减少病虫基数。

16.2.8.2　物理防治

在黄花菜集中连片种植区域，推广应用杀虫灯诱杀地下害虫及夜蛾类害虫，杀虫灯每 1～1.3 hm² 使用 1 盏灯，离地面高度 1.5～1.8 m。对蚜虫较多地块，每亩悬挂 40 cm×40 cm 规格的黄板 30～50 个，距植株顶端 10～15 cm，可以有效诱杀蚜虫。

16.2.8.3　化学防治

（1）叶枯病

叶枯病一般在 4 月下旬多雨、高湿环境发病严重，在发病初期要及时喷药，药剂选用 75％百菌清可湿性粉剂 600 倍液或 50％多菌灵可湿性粉剂 500 倍液喷施。每隔 7～10 d 喷 1 次，连续防治 3～4 次。

（2）锈病

在气温 25～28 ℃、相对湿度 85％以上，黄花菜锈病容易发生蔓延。在发病初期可尽早用 15％三唑酮可湿性粉剂 2 000 倍液或 70％代森锰锌可湿性粉剂 1 000 倍液喷施予以防治，发现一片防治一片，防止蔓延危害。

（3）蚜虫

蚜虫是危害黄花菜的主要害虫，应在抽薹前田间蚜虫点片发生阶段就及时施药防治，前期可亩用 10％吡虫啉 3 000 倍液或 4.5％高效氯氰菊酯乳油 2 000 倍液喷雾防治，7～10 d 喷 1 次，共施药 1～2 次。若到抽薹开花期蚜虫发生量大，可选用藜芦碱、鱼藤酮、苦参碱等生物制剂进行防治，以防农药残留危害。

（4）红蜘蛛

红蜘蛛发生严重时可选用 1.8％阿维菌素 1 500 倍液喷雾，或 20％哒螨·单甲脒悬浮剂 1 500～1 800 倍液喷雾，或 73％灭螨净 2 000 倍液喷雾防治。

（5）地下害虫

移栽前做好土壤药剂处理，亩用 3％辛硫磷颗粒剂 2～3 kg 与细沙土制成 20～25 kg 毒土均匀施入栽植行内防治地下害虫。生长期间每亩可用 10％阿维高氯乳油 15～20 mL 或 3％阿维菌素 24～40 mL 喷雾或者灌根，也可每亩用 1.5％辛硫磷颗粒剂 4～5 kg 拌细沙土 10～15 kg，顺黄花菜行在植株根部撒施，并结合中耕除草杀灭虫害。

16.2.9 采摘与加工

16.2.9.1 采摘

整个采收期间，应每天深入田间查看，在开花前 2 h，花蕾充分肥大、呈黄绿色、花蕾上纵沟明显、含苞待放时及时采收，早成熟的先采，迟成熟的后采。若采收过早，花蕾未充分膨大，产量低；若采收过迟，花蕾裂嘴或开放会影响产量和品质。一般在上午 7—11 时进行采收，此时采收的花蕾条长、产量高、商品价值好。采摘时要避免损伤其他正在生长的小花蕾，采摘后做到轻拿轻放（图 16-2）。

16.2.9.2 加工

采摘后应及时进行蒸制，将采收的黄花菜整齐放入蒸筛内蒸制，装花高度不超过 5 cm。一般将黄花菜高温蒸制 5～8 min，颜色由黄绿色变淡绿时即可。若蒸制不足，则干制后的黄花菜颜色淡黄，品质差；若蒸制过度，则黄花菜出花率低，且干燥后呈黑黄色，品质也较差。蒸制的作用是迅速杀死花蕾内部细

141

图 16-2　鲜黄花菜

胞活性，便于干燥。将蒸制好的花分散放到通风清洁处晒干，阴雨天应采取措施烘干（图 16-3）。

图 16-3　干黄花菜

16.2.10　清洁田园

11月上旬拔出干枯的花薹，割除枯黄叶片，运出田外集中深埋或烧毁，以减少病源传播。

第 17 章 商南县供港高山优质蔬菜栽培技术

17.1 概述

为深入扎实推进陕西省蔬菜产业高质量发展，按照香港骊山有限公司在陕西省建设供港蔬菜基地工作方案要求，结合商南县高山生态环境条件优势，陕西好璟佳原实业有限公司计划分三期在商南县十里坪镇、富水镇、赵川镇、试马镇、城关街道办共建设供港蔬菜基地 692.7 hm²。其中一期计划在十里坪镇十里坪社区、李家湾、红岩村、黑沟村、马王沟村、碾子坪村、宽坪村、西坪村、中棚村等地建立以白萝卜、甘蓝、马铃薯为主的高山供港蔬菜基地 200 hm²。待 2025 年 3 期全部建成后，十里坪镇等地的 13 个村共种植高山蔬菜 733 hm²，每年将向粤港澳地区销售蔬菜 4 万 t 以上，预计年产值 1 亿元以上。

17.2 主要栽培技术

17.2.1 高山秋甘蓝栽培技术

17.2.1.1 品种选择
应选用耐热、抗病、耐贮藏、耐运输的中晚熟品种，如翡翠、钻石等。

17.2.1.2 播种育苗
（1）播种时期

海拔 1 100～1 300 m 的碾子坪村、梁家坟村、宽坪村在 5 月下旬播种秋甘蓝为宜；海拔 700 m 左右的红岩村应在 6 月 15 日左右播种育苗。

（2）苗床准备

苗床应选择地势较高、排水方便、沙壤土地块。畦宽 1.2 m，长度依据地块和育苗量而定。苗床营养土采用土肥比例 1∶1 的优质园土和充分腐熟的圈肥混匀、整细。如果床土过干，应在整地前浇透水之后再整地做畦，以保证底墒充足，有利于种子出苗。

（3）播种育苗

每亩需种子25～30 g，采用撒播方式。播前先用水将苗床淋透，播后及时覆1层细土，然后覆盖青草或遮阳网，保持床土湿润，出苗后及时揭掉覆盖物，搭小拱棚覆盖遮阳网，防止阳光直射。并用敌杀死防虫保苗，及时间苗，幼苗密度不可过大，防止形成高脚苗，中晚熟品种苗龄控制在30～40 d、早熟品种控制在20～25 d，防止秧苗老化。苗期有菜青虫、小菜蛾、斜纹夜蛾、黄条跳甲等害虫为害时，应及时采取有机蔬菜生产允许采用的物理、生物措施防治。

17.2.1.3　规范定植

当秋甘蓝幼苗长到40 d左右，具有7～8片真叶时即可定植。碾子坪村、梁家坟村、宽坪村中晚熟品种在7月上旬定植，早熟品种7月中旬定植；红岩村中晚熟品种6月中旬定植，早熟品种7月中、下旬定植。前茬作物收获后，及时清洁田园，集中销毁，深翻土地，深度以20～25 cm为宜，要充分暴晒，以减少病菌，消灭杂草。整地的同时施入基肥。定植前深耕平整土地并起垄，垄宽70 cm，垄高15～20 cm，沟宽15 cm，每垄2行，行距50～60 cm，株距45～50 cm，亩定植3 500～4 000株。结合起垄每亩施腐熟有机肥2 000～2 500 kg、复合肥20 kg。秋甘蓝定植时正值气温高、土壤湿度小、蒸发量大的季节，应选阴天或晴天傍晚进行。定植前1天，苗床浇透水，起苗时尽量多带土、少伤根，定植时适当浅栽，有利于发根。定植水要浇足，缓苗水要早浇，并做好补苗工作，以保全苗。若定植时遇干旱天气，需将定植穴浇透水后再移栽，栽植后每天早晚淋水，以保证秧苗成活（图17-1）。

图17-1　高山甘蓝基地

17.2.1.4　田间管理

（1）科学施肥

严格按照无公害绿色食品标准生产，坚持科学施肥，在施足底肥的基础上，追肥的重点放在莲座叶生长盛期和结球期，做到小肥提苗、中肥促叶、大肥攻球。定植成活后，每隔 5～7 d 追 1 次清粪水或沼液，提苗促长。在莲座叶生长初期，亩施尿素 10 kg，同时用 0.2% 硼砂溶液叶面喷施 1 次。在莲座叶生长盛期，亩施三元复合肥 15 kg。在结球前期和中期再追肥 2 次，每次亩施三元复合肥 10 kg。为防止干烧心，结球期可用 0.7% 氯化钙喷雾 2～3 次，结球后期停止追肥。

（2）中耕除草

秋甘蓝在生长前期和中期应中耕 2～3 次，中耕宜深，以利保墒和促根生长，进入莲座期宜浅中耕，培土以促外茎多生根，以利于养分和水分的吸收。

（3）水分管理

甘蓝在结球期间，要保证充足的水分才能高产。但结球时遇到大雨或者田间有积水，会造成叶球开裂，因此应及时排水。在浇水时要适当，莲座期可适当控水蹲苗，结球期地面稍干时就要及时浇水。收获前半个月控制浇水，以利收储。

（4）防病治虫

定植后注意防治病虫，应以预防为主，物理生物防治为辅，禁止使用化学药剂和基因工程制品。重点抓好黑腐病、软腐病、蚜虫、菜青虫、小菜蛾、夜蛾防治。

在农业防治方面，一是种子用 50 ℃温水浸种 20 min，进行种子消毒，可防治黑腐病；二是加强苗期管理，适期间苗、分苗，培育适龄壮苗；三是及时清除残株败叶，改善田间通风、透光条件，摘除有卵块或初卵幼虫为害的叶片，可消灭大量卵块及初孵虫，减少田间虫源基数；四是增施腐熟有机肥，小水勤灌，防止大水漫灌，雨后及时排水，控制土壤湿度；五是轮作倒茬，与非十字花科蔬菜轮作，加强田间水肥管理，减少伤口，及时清除病株，病穴撒石灰粉消毒等预防软腐病和黑腐病。

在生物防治方面，一是用 1% 苦参碱水剂 600 倍液喷雾防治蚜虫；二是防治菜青虫、小菜蛾、甜菜夜蛾，每亩用苏云金杆菌粉剂 50 g 兑水喷雾。

在物理防治方面，一是采用黑光灯及糖醋液诱杀甘蓝夜蛾、菜青虫、蚜虫；二是设置黄板诱杀蚜虫，将黄板挂在行间或株间，高出植株顶部20 cm 左右。

（5）适时收获

一般在10月初至10月下旬，当甘蓝叶球紧实时，根据市场需求和价格及时采收，防止收获过晚叶球发生破裂，影响产量和品质。

17.2.2　高山白萝卜栽培技术

17.2.2.1　选地整地

选择灌排方便、光照充足、土层深厚、富含有机质的沙壤土地块。前茬作物收获后及时清除田间残枝杂草，每亩撒施复合肥 50 kg 和腐熟的农家肥 1 500～2 000 kg 作基肥，然后深翻、整地、耙平、耙细，确保土壤松软、肥沃。最后起垄，垄距 60～80 cm，垄高 15～20 cm，垄顶宽 20 cm。

17.2.2.2　选用良种

可选用 791、大青、板叶青萝卜等品种，要求种子颗粒饱满、新鲜，以保证出苗率。播种前将干瘪、有虫眼的种子挑出，同时将种子放在温水中浸泡，让种子吸足水分，浸泡之后将种子捞出晾干，并混合适量的细沙或细沙土，这样可保证播种更加均匀。

17.2.2.3　适时播种

根据市场需求从 7 月中、下旬至 8 月初均可播种，不宜过早播种。大型萝卜品种采用穴播，每亩用种量 0.5 kg，每垄双行，保持株距 20 cm、行距 20～25 cm，每穴 3～4 粒种子。中型萝卜品种可开沟条播，开沟深度 2～3 cm，每亩用种量 0.75～1.0 kg，播后覆盖 2 cm 厚的过筛细土，并保证土壤湿润。播种前为预防地下害虫应采用药土或药剂拌种。

17.2.2.4　加强田间管理

（1）间苗定苗

幼苗出土后，当长出 2～3 片真叶之后就要进行第 1 次间苗，及时将弱苗、病苗、小苗剔除掉；当长出 3～4 片真叶后进行第 2 次间苗；当幼苗具有 5～6 片叶、萝卜的肉质根破肚时开始定苗，每穴只保留 1 株健壮的幼苗。

（2）中耕除草

幼苗生长期间按照先浅后深进行 2～3 次中耕除草，保证土壤疏松透气，促进幼苗生长，注意不要伤到幼苗的根系，同时应把畦沟里的土培于畦面，防止倒苗。

（3）适时灌溉

萝卜生长期间对水分的需求量大，要勤浇水，保证土壤微湿。若遇到连续雨天，一定要及时排水，避免地块中有积水。在幼苗期，根系浅，需水量小，要掌握"少浇勤浇"的原则；在叶部生长盛期，要掌握"适量浇灌"的原则，不能浇水过多；在肉质根膨大期，要掌握"充分均匀供水"的原则，保持土壤湿度在 70%～80%，浇水最好在傍晚进行。

（4）合理施肥

萝卜在生长期间对钾肥的需求量最大，其次是氮肥、磷肥，要勤施肥，满足其对养分的需求。定苗后结合浇水每亩追施尿素 8～12 kg，以促进叶的生长；在肉质根膨大前期，即露肩后，每亩可随水追施尿素 15～20 kg、硫酸钾 10～15 kg，叶面喷肥 2～3 次，以促进肉质根膨大。

（5）病虫害防治

萝卜生长期间病虫害较少，主要有菜青虫、蚜虫、小菜蛾、黄条跳甲等，可选乐斯本、吡虫啉、BT 乳油等杀虫剂防治或粘虫板诱杀；对于黑腐病、软腐病、病毒病等病害，可分别选用农用链霉素、新植霉素、吗啉胍等杀菌剂来防治。

17.2.2.5　及时采收

待肉质根完全膨大，根据市场需求及时收获上市。注意不能收获过晚，否则易糠心，影响品质。

17.2.3　高山马铃薯种植技术

17.2.3.1　选择良种，种薯处理

结合实际情况，选择与当地气候环境、土壤条件相适宜的优质脱毒薯种，如紫花白、荷兰 15 等，每亩需种薯 110～125 kg。

播种前将种薯放在有散射光的环境中进行催芽，温度保持在 15 ℃左右。提倡小整薯播种，对于较大的种薯则需竖切，每块留 1～2 个顶芽，每块约 25 g为宜，切种时刀要用 75％酒精或 0.1％高锰酸钾溶液消毒。种薯切块后，应使用草木灰均匀拌种，确保切口都能黏附草木灰，或用碳酸钙 1 000 倍液、生鱼氨基酸 500 倍液、天惠绿汁 500 倍液的混合液进行消毒处理，有助于防治立枯病等病害。

17.2.3.2　深翻细整，培肥地力

选择周边无污染源、生态环境优良、土壤疏松肥沃、土层较厚的地块。冬前进行深翻，播种前再翻耕 1 次、整平耙细。对地下害虫虫口密度较大的田块，结合整地亩撒施 3％辛硫磷颗粒剂 2 kg，防治蛴螬与地老虎为害。

马铃薯是喜肥作物，在种植期间要注意施入足量的基肥，尽量选择微生物发酵肥，可利用多种家畜粪肥、秸秆、肥土、草木灰、水分进行混合，发酵约 40 d。结合翻耕亩撒施 2 500～3 000 kg 土杂肥，化肥做到少氮、轻磷、多施钾，配比为 1∶2∶5。

17.2.3.3　适时播种，合理密植

当田间 10 cm 地温稳定在 7～8 ℃时即可播种，高寒山区一般 3 月中、下

旬播种，中温区 2 月下旬到 3 月上旬播种。播种时，垄距约 70 cm，株距约 30 cm，播深约 10 cm，播种后覆土厚度约 10 cm，一般每亩 4 200 穴（图 17-2）。播种时若遇干旱，应提前灌溉保墒。

图 17-2　高山马铃薯基地

17.2.3.4　科学管理，绿色防控

（1）中耕除草

当幼苗长至 6 cm 高时，进行首次中耕，10 d 后进行 2 次中耕培土，现蕾初期进行第 3 次中耕。通过中耕，可使土壤保持更好的通透性，为马铃薯根系发育和结薯创造良好的土壤条件。

（2）水分管理

如果遇春旱或播种时土壤底墒不足，应采取抗旱措施，采用灌溉设施或人工浇水。开花后，薯块进入膨大期，对水分要求较大，要保证足够水分供应，这一阶段土壤持水量需控制在约 80%。收获前 7~10 d 停止浇水。

（3）防止徒长

对徒长田块，在蕾期亩用 15% 多效唑粉剂 40~50 g 兑水 40~50 kg 喷雾，同时摘除花蕾，控上促下，促进块茎膨大。

（4）绿色防控

要采取多种措施防治病虫害，推广黑光灯诱杀地下害虫及夜蛾类害虫，利用黄板、糖醋酒溶液诱杀蚜虫，及时清除地面杂草，保护对红蜘蛛的天敌。化学防治要选用低毒、高效农药，用量要科学。针对晚疫病，及时拔除中心病株并田外深埋，病穴撒施生石灰消毒和喷药封控；发病初期选用烯酰吗啉喷雾，间隔 5～7 d，交替用药，连喷 2～3 次。针对病毒病，采用优质脱毒种薯播种，防治蚜虫。针对黑痣病，实行 3 年以上轮作，选用无病种薯播种。针对环腐病，在苗期和成株期挖除病株，带出田外集中处理。田间发生病害时，可用 72％农用链霉素 4 000 倍液或 2％春雷霉素可湿性粉剂 800～1 000 倍液喷雾防治。马铃薯现蕾后，若马铃薯晚疫病、蚜虫、二十八星瓢虫等病虫害混合发生，立即开展"一喷三防"统防统治，每亩可选用 72％甲霜灵锰锌可湿性粉剂 100～150 g 喷雾防治，或 80％烯酰吗啉水分散粒剂 19～25 g 加 4.5％高效氯氰菊酯乳油 50～100 mL 混合喷雾防治，或 10％吡虫啉可湿性粉剂 50～100 g 加 99％磷酸二氢钾 100 g 兑水 40～50 kg 混合喷雾防治，提升防控效果。

17.2.3.5　适时收获，科学储藏

选择晴天收获，及时挑除烂薯、病薯、畸形薯，放在阴凉通风处晾晒 2～3 d，然后分级装袋进行贮藏，贮藏期间加强通风，温度控制在 1～4 ℃，湿度不高于 75％。

第18章　镇安县岭沟贡米优质高产栽培技术

18.1　概述

　　"岭沟贡米"主产区位于陕西省商洛市镇安县西口回族镇岭沟村北阳山谷地，海拔950 m，属喀斯特地貌。相传1900年八国联军侵入北京，慈禧太后逃到西安，陕西布政司选岭沟米进献，慈禧食后赞不绝口，当即定为"贡米"。新中国成立后，1955年陕西省委选购岭沟贡米招待外事交际处外宾。1961年粮食部门遵照上级指示，将其定为镇安县特产上等米，予以加价收购。1966年程家川稻农选精米25 kg，上京敬献毛泽东主席、周恩来总理。20世纪70年代后，受传统种植模式制约，贡米品种逐渐退化，稻农逐步"弃水改旱"，岭沟贡米濒临灭绝。2009—2022年，镇安县委、县人民政府高度重视地方特色种质保护和利用，对岭沟贡米进行了抢救性保护种植，对产出的稻种进行提纯复壮；2019年岭沟贡米被农业农村部列入"十大优异农作物种质资源名录"；同时扶持本土企业陕西岭沟红农业发展有限公司，从事岭沟贡米种植研究与开发利用，目前岭沟贡米种植面积扩大到40 hm² 左右。

　　岭沟贡米品种是地方古老的"冷水红"，有百余年历史，其色呈肉红色，籽粒饱满，下锅煮蒸后，浓香立生；饭熟揭盖，郁香满怀，气味馨香；入口品嚼，甘馨味长，故有"一家煮饭，十里飘香"的赞语，也有"香米"之誉称。岭沟贡米含蛋白质10.97%，高于普通米，氨基酸含量12.84%，高出国内大米质量标准的3.2

图18-1　岭沟贡米

倍，且富含糖类、膳食纤维、不饱和脂肪酸、多种微量元素等，微量元素含量比普通稻米高 1～3 倍（图 18-1）。

18.2　主要栽培技术

18.2.1　选种及种子处理

18.2.1.1　晒种

晒种能增强种子的透水性和透气性，还有杀菌防病作用，提高种子活力和发芽率，促使种子发芽整齐，幼苗生长健壮。晴天晒种 2～3 d，晒种时要摊薄、勤翻、晒透，使种子受光、受热均匀，防止搓伤种皮。

18.2.1.2　选种

将种子放入清水中，充分搅拌，捞去漂浮在水面的空秕粒、草籽和其他夹杂物，选用下沉的饱满稻种作种子，这是培育整齐、健壮秧苗的基础。

18.2.1.3　种子消毒

由种子传染的水稻病害主要有干尖线虫病和恶苗病，防治这 2 种病害简便有效的办法就是进行严格的种子消毒。用 45% 咪酰胺 2 000～3 000 倍液或用 500 倍强氯精溶液浸种 6～8 h。用药水浸种后，将种子捞出，须放清水内反复冲洗，把残留药液冲洗干净，再浸泡 6 h。

18.2.2　育苗

18.2.2.1　播种前准备

秧盘在使用前需严格消毒，用噁霉灵 1 000 倍液浸泡 10 min 后晾干；苗床按 1：（80～100）比例即每亩 7～10 m² 备足秧床；床面宽 1.4～1.5 m，四周开沟；将育秧基质倒在干净的地面或塑料膜上，用铁锹搅匀搅松，机播基质水分以手捏不成团为宜。

18.2.2.2　机械播种

调试好机械及流水线，将消好毒的育秧盘叠放在播种机旁，流水线启动后，由专人放入流水线，不能留间隙。将拌好的基质装入底土斗内，让基质均匀装入秧盘内，基质厚度为 1.8～2 cm，装盘时防止斗内基质架空和杂物堵塞下料口。调节喷水开关至适宜流速，底水用 65% 敌克松与清水按 1：（1 000～1 500）配置，施水量以育秧盘底部有水滴渗出为宜。播种时，隔一段时间要清除种箱与排种轮之间的芒种及杂质，检查播种均匀度与播种量，最后调整出土量，让基质均匀覆盖种子，覆土深度 0.5 cm 左右。

18.2.2.3　堆码催芽

为保障出苗整齐一致，减少基质盖帽和洒水操作，应采取叠盘催芽，将播种后的秧盘集中堆码 20 层，秧盘上面加盖无纺布或塑料膜，早稻一般叠盘 4～8 d 催芽，晚稻一般叠盘 2 d 催芽。待芽长达到 1 cm 左右（顶盘）、根系开始下扎时即可摊盘。

18.2.2.4　苗期管理

（1）温度管理

育秧棚内中央离地 50 cm 处挂温湿度计，出苗前白天基质表面温度保持 20～28 ℃，晚上不低于 15 ℃；出苗后气温维持适温的低限，特别是夜温应采取适温的低限管理，以控制幼苗徒长；出苗至 1 叶 1 心期开始通风炼苗，将裙膜卷起或将棚门打开，根据秧苗长势，逐步增加通风量，移栽前将大棚侧膜全部卷起开始断水炼苗 3 d 左右。

（2）水分管理

1 叶 1 心前保持温湿，基质表面不能发白，若有秧苗抬土，可用浇淋法将基质淋入盘内；齐苗后，秧田要适当控水，遇高温天气，若秧苗叶尖在早上 9 时前和下午 5 时后正常吐水，则不需上水，否则白天要喷 1 次水，使所有盘土吸足水，然后迅速排净积水，遇雨要及时排水控水；移栽前 2～3 d 若盘土失水，可采用喷灌机喷水，使盘土干湿适中，便于运秧和机插。

（3）肥料管理

水稻机插育秧基质根据水稻苗期生理需求配比，基本能够满足水稻苗期 20 d 左右生长所需营养。对育秧时间超出 20 d 的秧苗，应根据机插进度看苗施肥，一般在移栽前 3～4 d 进行，用肥量应视苗色而定，对于叶色褪淡的脱肥苗，亩用尿素或者复合肥 1 kg 兑水 800 kg 于傍晚喷洒，施后并洒 1 次清水以防肥害烧苗；对于叶色正常、叶片挺拔的秧苗，亩用尿素 1 kg 兑水 1 000 kg 于傍晚秧苗叶片吐水时进行根外喷施；对于叶色浓绿且叶片下披苗，切勿施肥，应采取控水措施来提高秧苗质量。

（4）病虫害防治

基质装盘浇水时，用噁霉灵 1 000 倍溶液进行配置作底水，预防立枯病、绵腐病；防治稻蓟马、稻飞虱亩用 6% 联苯·啶虫脒 30 mL 兑水 30 kg 喷雾，或每亩可选用 10% 三氟苯嘧啶悬浮剂 15 mL 兑水 500 kg，或亩用 25% 吡蚜酮 20 g 加 25% 异丙威 150 mL 兑水 50 kg 喷雾；防治稻瘟病可亩用 20% 三环唑 100 g 兑水 50 kg 喷雾；防治稻纵卷叶螟每亩可用 40% 福戈水分散粒剂 8 g 兑水 500 kg 喷雾；防治纹枯病每亩可选用 4% 井冈霉素水剂 200 mL 兑水 50 kg 喷雾。药剂预防的同时，需做好降温、通风、排湿、控制苗床水分等农业防治措施。

18.2.3　插秧

18.2.3.1　插秧密度

优先选用机械插秧，行距 30 cm，穴距 10～12 cm，亩栽 1.8 万～2 万穴，亦可根据不同地力水平调整种植密度（图 18 - 2）。

图 18 - 2　标准化秧田

18.2.3.2　插后管理

水稻机插后应及时对田块四周及时进行补苗，确保每亩基础苗在 1.8 万左右。机插秧苗植株小，栽插时伤根严重，缓苗期长，插秧结束后及时灌水保苗（阴雨天除外），水层保持在秧苗的 1～2 cm，栽插 3～4 d 实行浅水勤灌，达到以水调肥，以水调气，以气促根，分蘖早生快发。插秧 3～4 d 后施蘖肥，每亩撒施尿素 5 kg，也可随水冲施。

18.2.4　田间管理

18.2.4.1　科学施肥

推广测土配方施肥技术，根据水稻需肥规律、土壤养分、肥料利用率，确定相应的施肥量和施肥方法。以有机肥与无机肥相结合、基肥与追肥相结合为原则，施足量基肥、适量分蘖肥、合理施用穗肥。推荐使用商品有机肥、腐熟农家肥加专用复混肥作底肥。拔节初期每亩施尿素 5 kg、硫酸钾 3.5～5 kg，增施钾肥可提高结实率和千粒重，促进早熟，增强抗病性和抗倒伏。穗前增施微肥，锌肥、硅肥不仅能改善水稻根部氧的供应，增强稻株的抗逆、抗倒性能，提高植株抗病能力，促进后期根系发育，防止早衰，还能加速花的发育，增加花粉数量，提高水稻成穗率，而且还能促进穗大粒多，提高结实率和籽粒的充实度，增加稻谷产量。

18.2.4.2 合理灌水

在水稻生育期合理灌溉，水稻移栽后，根系受到大量损伤，吸收水分的能力大大减弱，因此，水稻秧苗移栽后必须放水至苗腰部，以防生理失水，促早返青；在水稻分蘖期，保持 1.5 cm 深的浅水层，以协调土壤中水、肥、气、热的矛盾，若灌水过深，会造成土壤缺氧闭气、分蘖不利；孕穗到抽穗期是水稻一生中需水最多的时期，对水分的反应更加敏感，要保持田间有 3～10 cm 深的水，如果缺水，会造成颖花退化、穗短、粒少、空壳多等；在抽穗扬花期，叶片停止长大，茎叶不再伸长，颖花发育完成，秧苗需水量减少；在灌浆期，保持田间湿润，加强田间透气，减少病害发生，提高根系活力，防止叶片早衰，促进茎秆健壮。

18.2.5 收获储藏

当水稻到达完熟期（图 18-3），即每穗谷粒颖壳 95％以上变黄或 95％以上谷粒小穗轴及副护颖变黄，米粒变硬、呈透明状，这时是水稻收获最佳时期。水稻收获时避开雨天，抢晴收获，有利于稻谷收割和晾晒；要成熟一块收割一块，收割后及时烘干或晾晒，避免因长时间堆放出现黄米；淋雨的稻谷要晾开、通风，严禁堆放，以免发芽霉变。稻米水分达 13％时可入库保存，储藏库要求通风、阴凉、无虫、鼠害（图 18-4）。

图 18-3　成熟稻穗　　　　　　　　图 18-4　稻米

第19章 商洛市魔芋优质高产栽培技术

19.1 概述

魔芋（*Amorphophallus konjac*），别名蒟蒻、蒻头等，系天南星科魔芋属的多年生变态地下茎草本植物，主要分布在亚洲和非洲的热带地区，已知种163个。我国有记载的魔芋属植物有20种，其中9种是特有的，但富含葡甘聚糖、具有开发利用价值的仅有花魔芋、白魔芋、珠芽魔芋等几种，主要分布在长江流域及西南部分地区。其中花魔芋的球茎较大、产量高、适应性广，在全国栽培面积最大，分布范围最为广泛。魔芋在我国主要分布在四川省、云南省、贵州省、湖南省、湖北省、陕西省、广西壮族自治区和重庆市等省（自治区、直辖市）海拔900～1 600 m的山区，种植面积占全国的2/3以上，最近10年，这些区域的魔芋发展位于全国前列。

据分析，魔芋含50%～60%的葡甘聚糖、20%～30%的淀粉、2%～5%的纤维素、5%～10%的脂肪、3%～5%的可溶性糖（单糖和寡糖）、3%～5%的灰分（矿物元素）。葡甘聚糖能和水化合形成溶胶。这种溶胶不仅具有形态变化的可塑性，而且有极好的水溶性、成膜性、黏附性、增稠性、悬浮性、保水性、稳定性、保鲜性，因此在食品、医药卫生、工业、农业等方面有着广泛的用途。用魔芋研制的产品日益增加，和魔芋相关的产业被业界人士称为21世纪的"朝阳产业"。国际上对魔芋产品的需求以魔芋精粉为主，用量很大。

魔芋作为近年来商洛市发展较快的一种区域性特色经济作物，因其产量高、效益好而深受主产区农民喜爱，种植面积逐年扩大。2022年，全市共发展魔芋6 006.7 hm²，产量8.11万t，产值3.57亿元。全市7个县（区）均有种植，其中镇安县3 800 hm²，占全市面积的63.3%。全市魔芋主产区域主要分布在镇安县木王镇、米粮镇、东川镇、柴坪镇，山阳县小河镇、高坝镇、杨地镇，丹凤县桃花铺镇、铁峪铺镇、庾岭镇、竹林关镇，商南县金丝峡镇、富水镇、过风楼镇、清油河镇、十里坪镇等地。

19.2 商洛市魔芋产业发展的优势

19.2.1 自然优势

商洛市属暖温带半湿润季风气候，四季分明，年平均气温 7.8～13.9 ℃，年均降水量 710～930 mm，日照 1 860～2 130 h，无霜期为 210 d。境内山峦起伏，土壤多呈微酸性。魔芋属半阴湿性植物，要求温热、湿润、半荫蔽生态环境，商洛市自然环境均符合魔芋生长的气候环境条件，是魔芋的最佳适生区。

19.2.2 政策优势

商洛市人民政府将魔芋作为主要经济作物列入商洛市主要农产品产业区域布局规划，并给予相应的政策资金扶持。陕西省农业农村厅为了加快促进陕南特色经济作物发展，成立了陕西省现代魔芋产业技术体系，商洛市被确定为体系建设基地之一，为商洛市加快魔芋产业发展提供了有力的技术保障，也给魔芋产业的发展带来前所未有的机遇。商洛市商南县、山阳县、镇安县纷纷出台了发展魔芋产业的相关政策，把魔芋基地建设和优质高效示范点建设作为调整优化农村经济结构、培育新的农业经济增长点、乡村振兴的重要举措之一。

19.2.3 技术优势

近年来，商洛市各级科研推广单位针对制约魔芋产业发展的一系列"瓶颈"技术难题积极开展联合技术攻关，集成了一整套适合商洛市气候和土壤条件的魔芋高产栽培技术，从精选良种、适时种植、精细整地、田间管理、病害防治等方面为企业、合作社、种植大户提供了科学技术支撑。

19.3 魔芋生物学特征

19.3.1 根

魔芋的根为肉质弦状不定根，其上发生须根及根毛，多丛生在叶柄基部和块茎的上半部，在地下茎及分枝也有分布。一般长 10～30 cm，粗（直径）2 mm 左右（图 19-1）。

图 19-1 魔芋的根

19.3.2　茎

魔芋的茎属于地下茎，可分为球状块茎和根状茎 2 部分。球状块茎是人们直接利用的主要经济器官，呈球形、扁球形或长球形，表皮暗红褐色，顶部叶痕处下陷，中间着生一顶芽，长 1～10 cm，在顶芽四周还着生众多较小的凸起的休眠芽（图 19-2）。根状茎俗称"芋鞭"，着生于球状块茎上，长约 25 cm，最长可达 1 m 左右，由多节组成，节上互生侧芽，尖端膨大若芋，且有顶芽，可作为繁殖材料（图 19-3）。

图 19-2　球状块茎

图 19-3　芋鞭

19.3.3　叶

魔芋的叶为一大型复叶，通常 1 年中只发生 1 片叶。一般叶柄长 30～80 cm，叶片通过起输导组织作用的圆柱状叶柄支撑并与球茎相连。叶的再生力弱，叶片一旦受到创伤便失去了进行光合作用的器官，偶有从腋芽形成第 2 片叶从叶柄基部开裂处伸开，但较小，难以代替损伤了的叶。从种子繁殖第 1 年起，随着年龄的增长，叶片分裂方式呈规律性变化，一般 3 年以后叶形稳定（图 19-4）。

图 19-4　魔芋叶片

19.3.4 花

魔芋的花为佛焰花，雌雄异花同株。由花葶、佛焰苞、花序组成。花葶类似叶柄，不同的品种，长度不同，短的 10 cm，长的可达 1 m 以上。佛焰苞通常为宽卵形或长圆形，色紫、红、白、绿等，开花后凋萎脱落或宿存。花序由雌花序、雄花序、附属器 3 个部分组成，由下至上分布。雌花和雄花在花序轴上呈螺旋状排列，裸花，雌花由柱头、花柱、子房组成，柱头开裂，花柱极短，胚珠倒生。雄花花丝退化，仅只有花药（图 19-5）。

图 19-5 魔芋花

19.3.5 果实和种子

魔芋果实为浆果，初为绿色，成熟后呈橘红色、蓝色、蓝紫色（如东亚魔芋）等色。花魔芋的果实偏圆，顶部中心有花柱残痕形成的小黑点，整个果穗酷似玉米棒。魔芋果实中的种子形成过程比较特殊。魔芋的雌、雄配子体发育和双受精均正常，但合子形成发育不久即转为单极发育，不再形成子叶、胚芽、胚根，而是分化发育成球茎原始体，并在珠孔端形成生长点，表皮细胞分化形成叠生木栓取代珠被，胚乳被消耗而消失，在子房壁内形成完整的小球茎。魔芋每株 1 花序，每花序约有成熟种子 200 粒，个均重约 0.25 g，由鸟类啄食果实时自然传播（图 19-6）。

图 19-6　魔芋果实

19.4　魔芋生育期划分

魔芋播种后先长出鳞叶，然后叶或花序开始生长。种芋鳞叶基部产生须根，新苗初期的生长依靠种芋供给营养，至 7 月份前后，当种芋的营养转输到新苗中后，种芋干缩，脱离子体。同时新苗基部新形成的块茎的上部也产生须根，这种现象叫"换头"。其生长发育的过程，可分为以下 5 个时期。

19.4.1　幼苗期

幼苗期包括发芽、发根、展叶、块茎初期生长等过程。此期约需 2 个月，种芋越小，幼苗期越短，反之，幼苗期较长。魔芋发叶状况对植株生长及产量等有直接的重大影响。魔芋叶片发叶展开有高"T"字形、漏斗形、叶伞状、萎缩状、患病类 5 种类型，其中高"T"字形展开的为丰产型，漏斗形展开的为平产型，叶伞状展开的为减产型，萎缩状展开的为低产型，患病展开的多数要倒伏、腐烂，以致绝收。

19.4.2　换头期

换头期 3～4 个月，一般在 7 月份，换头后植株进入独立的旺盛生长期。

19.4.3　块茎膨大期

换头后，新芋块茎迅速膨大，连续膨大可达一个半月，80％以上的产量在这一时段形成。因此块茎膨大期是魔芋形成产量的最主要时期，此期需要充足的营养和水分。

19.4.4 块茎成熟期

从9月底到10月底，气温下降到15 ℃时，植株地上部分生长逐渐停止，叶片枯萎、倒伏，块茎成熟，可以挖收。

19.4.5 球茎休眠期

魔芋在原产地适应生态环境而形成其生理休眠，休眠的深度和休眠期之长为作物中少有。一般从10—11月倒苗后开始到次年2—3月，长约5个月才能解除休眠。休眠期间的自然温度为10 ℃→5 ℃→10 ℃，若加温保持20 ℃，叶芽球茎的休眠期可缩短到3个月。

19.5 适宜魔芋的生态条件

19.5.1 湿度

魔芋是在森林下层环境系统发育形成的半阴性植物，喜湿怕旱，喜欢湿润的空气和有机质丰富、能保持适当湿度的土壤。可见空气湿度和土壤湿度对魔芋生长有很大的影响作用。据测定，在魔芋生长前期和块茎膨大前湿度以80%为宜，生长后期可适当控制水分，湿度以60%为宜。若雨水过多，球茎表面可能开裂，导致感染病害，造成田间或贮藏期腐烂，影响产品质量。当土壤含水量在25%以下时，根系活动明显下降，尤其在干旱条件下，根和根毛几乎全部死亡，土壤含水量及最大持水量为75%时有利于魔芋的生长。

19.5.2 光照

魔芋原产于亚热带及热带的疏林之下，喜阴怕晒，属半阴性作物，喜散射光照射。在魔芋生长过程中，既不能没有阳光，又不能有过分充足的阳光。魔芋生长期光饱和点为不定值17 000～22 000 lx，生长旺盛期光补偿点为2 000 lx。当日照时数少于9h会影响魔芋的生长，光照过强，叶表面温度增高，当叶温达40 ℃以上时，就会发生日灼病。遮阳能有效抑制病害。在温度较高、日照较长地区，应采用较高的遮阳度，以60%～90%为好。但在日照较短而弱、温度较低地区以40%～60%的遮阳度为宜。

19.5.3 温度

魔芋是在热带森林下层系统发育形成的植物，喜温怕热，具有喜温暖湿润而不耐高温干旱的特征。在魔芋生长过程中，温度的高低直接影响魔芋的生长发育。魔芋对气温的要求范围较广。一般情况下，当环境温度在 20～30 ℃时，植株生理活性最旺，叶绿素含量最高；温度低于 20 ℃和高于 30 ℃时，叶绿素含量等生理指标都下降；当气温升至 35 ℃时，叶柄开始皱缩，叶片向上生长；温度达 40 ℃时，叶片严重皱缩并黄化；如果气温在 45 ℃，两天植株便倒伏死亡；气温在 15 ℃以下时，植株生长缓慢，叶片出现受害症状。因此，低于 15 ℃或高于 35 ℃都不适宜魔芋的生长，对其有较大的影响。

19.5.4　土壤

魔芋对土壤酸碱度有一定要求，一般以 pH6.5 的微酸性土壤最佳。强酸性、强碱性土壤则不宜栽培。不同土壤的酸碱度对魔芋产量都有影响。

19.6　主要栽培技术

19.6.1　播前准备

19.6.1.1　种植区域

魔芋对光、热、水、肥等条件要求较严，必须坚持适地适土、因地种植。商洛市海拔 500～1 400 m 的地区为适宜种植区。其中以海拔 700～1 200 m 的地区为最适宜，该区域内年平均气温 11～14 ℃，高温季节的 7 月和 8 月，平均气温在 25 ℃左右，有效生长期 210 d 以上，年降水量 960～1 400 mm，且土壤条件适宜。海拔 500 m 以下的低山区，应选择阴凉地种植。

19.6.1.2　选地

选择土层肥厚、土质疏松、肥力均匀、排水良好的沙质壤土或腐殖土，pH6.5～7.5，土壤的水、肥、气、热各个因素处于协调状态，就能满足魔芋生长发育的要求。重黏土、盐碱土等均不适宜种植魔芋。山坡地栽植魔芋还应考虑耕地坡度，应选择 15°以下的缓坡地或旱平地种植。在陕南秦巴山区，黄棕土土层较厚，表层有机质积累作用强，黏化作用弱，较为适宜种植。

19.6.1.3　整地

魔芋播种前，要尽早挖坑地，清除土壤中的石块、杂草、残膜等。播种前精细秒地耙地，达到活土层在 33 cm 以上、土碎疏松的标准，以利魔芋块茎的膨大，实现高产。魔芋重茬地要结合耙地，每亩施新鲜熟石灰 70 kg，耙入土中消毒杀菌。结合整地修好排水沟，起沟作厢，厢宽 3.3 m；平地要做成高垄，垄宽 0.8～1 m，垄高 0.3 m 以上，严防魔芋地积水渍害而引起病害发生。

19.6.1.4　轮作

魔芋不宜连作，一般连作地块病害较重，特别是在人工大田栽培的高水肥条件下连作发病更为严重。随着种植年限的增加，发病率不断上升的原因就在此。因此在魔芋种植中要采用合理轮作，一般轮作的间隔期为3～4年。同时，在种植中还要注意不要与薯芋类、茄果类（如辣椒、烟草）等作物连作以减轻病虫危害。

19.6.1.5　土壤消毒

发病的地块应用土壤熏蒸剂进行土壤消毒。可在10 cm土层温度达5 ℃以上时，翻耕土壤，按每公顷30L洒播氯化苦剂，盖地膜20 d后除膜，立即种植，能防除土壤中的病菌和害虫，但连续使用氯化苦剂液有使地力下降等不良影响。

19.6.2　种芋选择

19.6.2.1　品种

选择品种的原则是适宜当地气候，且抗病、高产、质优。我国目前栽培较多的是花魔芋和白魔芋等。

（1）花魔芋

花魔芋主要分布在陕西省、四川省、云南省、贵州省、湖北省等省份。花魔芋的植株高大、叶柄粗壮、叶幅宽大、根系发达、球茎较大、产量高。花魔芋适应性广，在全国的栽培面积最大，分布范围最为广泛（四川盆地和秦岭以南的陕南山区种植面积占全国的2/3以上）。花魔芋球茎含花青素、多酚类物质较多。该品种的缺点是对环境条件要求苛刻，抗逆性和抗病性差（图19-7）。

图19-7　黑杆花魔芋

（2）白魔芋

白魔芋主要分布在云南省、贵州省。白魔芋的顶芽为白色，叶柄为绿色，植株矮小，产量较低，适于 800 m 海拔下的区域。白魔芋的葡甘聚糖含量高达 60%，其黏度较高、韧性好、弹性好。该品种的优点是抗逆性和抗病性强于花魔芋，较耐高温、干旱。

（3）珠芽黄魔芋

分布在云南省。缅甸、印度、孟加拉国等国有分布。植株高大，球茎表皮浅红褐色，肉色红色或黄色。叶柄光滑，叶柄底色黄绿色，具不规则连片斑块，斑块从基部、中部到顶部由褐绿色向浅绿色渐变。田间软腐病发病率低，商品芋平均出粉率较高。该品种的优点是耐热性、抗性好，适宜在低海拔地区、高温、高湿环境种植（图 19-8）。

图 19-8 珠芽黄魔芋

（4）滇魔芋

分布在广西壮族自治区、贵州省、云南省等省（自治区）。植株矮小（50 cm），肉色黄色，抗性差，葡甘聚糖含量低，利用价值不高。

19.6.2.2 种芋标准

选择块茎外形端正、溜圆、表皮光滑、皮色嫩黄、无破损病、无病斑、无腐烂、芽窝小、顶芽短壮的作种。

19.6.2.3 规格

选作种用的魔芋，按大小可分为 3 级。重量在 150～350 g 的膨大系数高，可作商品芋生产用种，此级种芋要按大小分别堆放、播种；重量在100～150g的，留作下一年商品芋生产用种；100 g以下的种芋和芋鞭，作为种芋繁殖地用种。

19.6.2.4 调种

种芋在调运过程中一定要轻拿轻放，保护种皮。切忌重摔、抛扔、拖拿、蹬踩种芋，造成种皮伤口，有伤口的种芋种植后极易感染病害。

19.6.3 种芋处理

魔芋主要的病害如软腐病、白绢病等都是由种芋和土壤传播的病害，因而种芋播前消毒必不可少。主要有以下几种方法。

19.6.3.1 晒种

播种前将种芋摊晒2 d。

19.6.3.2 浸种

于晴天上午用500 mg/kg的硫酸链霉素溶液浸种30 min（500 mg/kg硫酸链霉素的配制方法是将1袋72%的硫酸链霉素14 g加入20 kg水中，搅拌均匀即可），捞出晒干后立即播种。有条件的地方应将晒种、浸种后的种芋实行育苗催芽后移栽到大田，有利魔芋全苗、齐苗，夺取高产。

19.6.3.3 药剂处理

一是用1 000万单位的农用链霉素1 000倍液或50%的多菌灵可湿性粉剂700倍液浸种30 min；二是用40%福尔马林加水200～250倍液浸种20～30 min，或用0.1%高锰酸钾液浸种芋10 min，均取出晒晾1～2 d。还可用50%甲基托布津400倍液，按150～200 mL/m² 用量均匀喷雾主芽周围。

19.6.3.4 物理处理

用1∶1的生石灰和草木灰混合物拌种，处理过的种芋在阳光下晾晒1～2 d即可播种。

19.6.4 科学播种

19.6.4.1 播种时期

魔芋的播种期虽然较长，但应抢住季节，适时早播，以利早出苗、充分利用有效生长季节、延长块茎膨大期而实现高产。魔芋发芽的起点温度为10 ℃，因此魔芋春播应在地温稳定过10 ℃时突击抢播。商洛市适宜的播期是低山在3月上、中旬，高山3月下旬，在4月5日（清明节）结束播种任务。魔芋冬播应在11月份结合收挖魔芋进行，抢住气温在8～10 ℃的季节播种。低山于12月上旬、高山地区盖膜栽培于12月初结束播种。若播种过晚，易受霜冻，引起烂种。

19.6.4.2　播种方法

魔芋根属浅根系、水平分布，因此，要适当深播。播种时，按种芋大小和种植模式确定密度，一般行距和株距是种芋横切面直径的 6 倍和 4 倍。先按行距开好播种沟，按株距将种芋幼芽向上倾斜摆放，然后盖火粪、复土，底肥中的生物钾肥可拌土直接丢施于种芋上，其他化肥不能直接接触种芋。播种后盖土厚度为 10～15 cm，不要太厚。用芋鞭繁殖种芋，播种沟深 15 cm 左右，沟中一根接一根排芋鞭，盖肥和土的厚度以平地面为准，不可播种过深，以免影响芋根生长。

19.6.4.3　合理密植

应根据地力、施肥、管理品种、种芋大小确定魔芋的种植密度，行距和株距分别是种芋直径的 6 倍和 4 倍。一般 100 g 左右大小的花魔芋种，栽植株距为 25 cm、行距 60 cm，用种量约 6 700 kg/hm²；种芋 150 g 左右的株距 31 cm、行距 60 cm，用种量 8 100 kg/hm² 左右；种芋重 200 g 时，株距 38 cm、行距 60 cm，用种量 8 800 kg/hm² 左右（表 19-1）。

表 19-1　花魔芋用种量

种芋个体均重/g	行距/cm	株距/cm	每公顷种芋个数/个	用种量/（kg/hm²）
100	60	25	67 000	6 700
150	60	31	54 000	8 100
200	60	38	44 000	8 800
300	60	50	33 000	10 000

19.6.5　种植模式

19.6.5.1　魔粮间套栽培模式

在低山（海拔 600 m 以下地区），采用"魔芋-小麦（或油菜）-玉米"窄带三熟间套。此模式适于人多地少，温度、水、肥条件好的地区推广。魔芋冬播时，约 1.33 m 一带，每播 3 行魔芋（行距 0.40 m 左右）留一较大空行（0.47～0.53 m）；魔芋播后，在 3 行魔芋间条播小麦（以偏春性、早熟品种为宜）或移栽油菜；次年春于大空行中移栽单行玉米，株距约 0.17 m，行距约 1.33 m，玉米每亩 3 000 株。玉米成熟后，收托留株。利用玉米高秆作物为魔芋遮阴。

在高山（海拔 600～1 000 m），采用"魔芋-玉米"中带两熟间套。魔芋春播时，1.67～2.00 m 一带（海拔 800 m 以上的采用 2.00 m 带），行距 0.40 m，每播 4 行魔芋（2.00 m 的带播 5 行），留一大空行（0.47 m 左右），移栽单行玉米，株距约 0.17 m，玉米每亩 2 000～2 400 株（图 19 - 9）。

图 19 - 9　魔芋玉米间套

在高山（海拔 1 000～1 400 m），采用"魔芋-玉米"宽带两熟间套增温栽培。魔芋冬播时，2.50 m 一带，魔芋带 1.67 m 左右，预留行约 0.83 m。魔芋带播 4 行魔芋，每 2 行魔芋（间距 0.40 m 左右）为 1 垄，垄面"瓦背"形，土细垄直，用 80 cm 宽的超微膜覆盖栽培。预留行内于次年播 1 垄（双行）超微膜全覆盖玉米。利用超微膜的增温、灭草、保肥、保墒作用，使高山魔芋安全越冬，春后早出苗，从而抢住适宜季节，延长块茎膨大期，夺取魔芋高产，且有效解决高山区气温偏低、积温不足、苗期荒草等主要问题。魔芋带盖膜，于次年 5 月下旬揭掉清除，以防膜温过高而烧死芋芽。

注意玉米应选择抗倒伏性强、叶子平展、适于商洛市栽植的临奥 1 号、奥玉 3118、户单 1 号等品种。玉米应种植在空带的中间，最好采用育苗移栽，并且玉米要重施肥料。

19.6.5.2　林（果）、魔间套栽培模式

充分利用幼林地（杜仲及其他林木）、果树园（梨、柿、桃、苹果、樱桃树等）、土厚地肥的空行地间套种植，这种半荫蔽条件对魔芋生长极为有利，但应注意经济林的密度和魔芋的密度适合。商洛市各地均可根据当地主导产业及气候特征大力推广此种栽培模式。

19.6.5.3　地膜栽培

结合秦巴山区气候特点，可在海拔千米以上区域或年平均温度在 12 ℃及

低于 12 ℃区域应用。地膜栽培在播种至出苗期可显著提高地温，增加活动积温，促进魔芋提早出苗。其播种方法及注意事项同地膜玉米播种方法类似。

19.6.5.4　庭院栽培模式

各地农户充分利用房前屋后、地角园边、庭院树下、棚架荫地、沟渠坎边等土层厚、肥力高的地块种植魔芋。这类地块有机肥源足、管理方便、光照适宜，有利魔芋高产。

19.6.6　科学施肥

魔芋是需肥量大的忌氯块茎作物，具有喜肥怕瘦、喜钾怕氯的特点，所需钾肥最多，其次为氮肥，再次为磷肥和钙、锌、镁、锰等微量元素。所需氮、磷、钾三要素比例为 6：1：8。因此，必须坚持以底肥为主、重施农家肥的原则。底肥以腐熟农家肥、垫圈肥、优质土杂粪等为主，亩施 2 000～3 000 kg。化肥亩施硫酸钾 15～20 kg、尿素 10～15 kg、过磷酸钙 25～30 kg。基肥应以施肥总量的 70％～80％集中施用，尽量接近种芋，但又不能直接接触，这样肥料利用率高，又不伤种芋。施肥中，要严禁施用带病残体（带有魔芋病源的枝叶、禾秆、块茎等）的农家肥和含氯元素的化肥。大量施用农家肥，尽量少施化肥，不仅有利培肥地力、改良土壤，而且能使魔芋生长稳健壮实、增强抗病能力。

19.6.7　田间管理

19.6.7.1　除草

魔芋的根群平行分布于土壤上层，中耕锄草易伤根，导致染病。在杂草繁生的地块，应在春季整地后，用允许使用的除草剂对土壤表面进行喷雾，彻底清除杂草。魔芋展叶后，只能拔除杂草，注意防止伤根伤叶。

19.6.7.2　培土

魔芋种植后约 1 个月才开始萌芽出土，此时应抓住时机，趁根群尚未布满前，进行浅中耕破除土表板结层，增进土壤空气通透。同时进行培土或培土与施基肥相结合。培土是将沟中土壤培于种植沟上，可使土壤有更大的通气面，促进根状茎生长及保护上层根群。培土厚度应依地力条件、种龄、气象条件等综合考虑，若培土过深，会影响出芽、初期生长、根状茎发生和生长等，一般宜培 7～10 cm。

19.6.7.3　土表覆盖

土表覆盖是魔芋栽培的一项特殊而重要的管理工作，覆盖可防止暴雨造成的土壤流失，避免根群暴露，保护土壤团粒结构，增进地力，调节土壤温度及湿度，防止杂草为害，减少病害发生及发展，提高产量。魔芋播后，要大量收

167

集各种作物秸秆、枯叶等覆盖物，均匀、平实、严密地撒盖于种植魔芋地面，达到"草不成砣、地不露白"的标准，一般每亩需用覆盖物 2 000 kg 左右，9 月份后，要及时去掉未腐烂的覆盖物（图 19 - 10）。

图 19 - 10　麦草覆盖种植魔芋地面

19.6.7.4　科学追肥

魔芋追肥应以优质农家肥和钾肥为主。一般应追施 3 次：第 1 次追苗肥，在魔芋出苗达 80% 左右时，底肥不足的要重施苗肥，亩用稀人粪尿 1 000 kg 浇施；底肥较足的，亩用 25 kg 左右尿素或 200 kg 稀人粪尿浇施。第 2 次追肥于 6 月底至 7 月初，用优质农家肥混拌尿素 3～4 kg 和硫酸钾 7～10 kg 施于厢面，结合施肥进行浅培土。第 3 次追施块茎膨大肥，于 7 月下旬至 8 月上旬，亩用硫酸钾 7～10 kg，穴施盖土，并于 8—9 月进行叶面喷施 0.2% 的磷酸二氢钾溶液 2～3 次。

19.6.7.5　排渍防旱

魔芋既怕积水、又怕干旱，管理中注意及时清沟排水，做到雨停水干，严防渍害发病；若遇干旱，应采取有效措施进行抗旱保墒，防止串灌、漫灌，有条件的进行喷灌。

19.6.7.6　防治病害

对魔芋软腐病和白绢病，坚持在抓好盖草和排涝等措施的基础上，及时进行药剂防治，分别于 6 月下旬、7 月上旬和中旬防治 3 次，用 400 mg/kg 的硫酸链霉素溶液或用百菌清、百菌通等药液进行灌根或喷雾。同时要注意及时清除病株，并带块茎整株清除，用新鲜石灰粉或灶灰进行病株土壤消毒，再进行施药防治。此外，还应注意防治传播病菌的昆虫；对危害魔芋的金龟子幼虫蛴螬，在整地、田管、收挖过程中，若有发现立即处理。

19.6.8　魔芋的繁殖方法

魔芋生产中种芋的繁殖系数低、种源不足、用种量大是影响魔芋生产的重要因素之一，如何提高种芋的繁殖技术是推动魔芋产业发展的关键因素之一。目前魔芋种子繁殖主要有以下几种方法。

19.6.8.1　根状茎繁殖

根状茎繁殖就是以根状茎（球茎上面围顶芽生长的多条如根样的茎）为材料繁殖种子的方法。该方法的优点是克服了因传统留种不分种龄、收大留小而导致种性越来越差，病害逐年加重，产量、质量难以持续稳定提高的不利现象。

技术要点一是在抓好商品芋生产的同时，达到"以慢求快，以慢求好"的效果。二是 2 年为 1 个周期，以根状茎为繁殖材料，收获时选用 150 g 左右魔芋作种芋。三是春后大田播种时抽厢开浅沟条播，株距、行距分别为 0.3 m、1.2 m 为宜。

19.6.8.2　小魔芋繁殖

小魔芋繁殖以农户自繁自种为主，单重 25 g 为宜。技术要点一是建立专用的种子田，种子田块面积以大田面积的 1/5 为宜。二是选择无（少）病源的好田块，减少土壤中病害对魔芋的浸染。三是收获商品魔芋和翻新地块时将 50 g 以下的小魔芋收集备种。四是播种时抽厢开浅沟条播，株距、行距分别以 0.5 m、1.5 m 为宜。

19.6.8.3　顶芽繁殖

顶芽繁殖的技术要点一是将顶芽及四周部分留下约 50 g。二是芋种在太阳下晒干水气然后播种。三是播种时注意切勿损伤顶芽，顶芽成活后当年可作为商品魔芋出售。

19.6.8.4　种子繁殖

种子繁殖是一种比较先进的繁殖方法，能迅速繁殖出大量的种子。当魔芋生长到 3 年以后营养生长完成，然后进入生殖生长阶段。

19.6.8.5　切块繁殖

一般个体质量超出 1 kg 的大魔芋，可采用切块繁殖的方法。魔芋顶芽周围有多个侧芽（也称隐芽，为魔芋表层突起的疙瘩），1 个侧芽切成 1 块，迫使侧芽成苗。切块选晴天进行，切后应用草木灰涂抹伤口，并在阳光下晒 2 d，有利伤口愈合。播后加强田间管理，及时防治病虫害。500 g 以上的可切块繁殖以增加繁殖率，已形成花芽的球茎必须切块。切块的方法是，秋收后经过晒晾风干，用薄片利刀果断地从顶芽向下切成 4～6 块，每块重约 100 g，发现已感病的球茎，不要切块，以免通过刀片传染给无病球茎；切块时应注意尽量不沾水，以免葡甘聚糖包裹大量病菌；必须故意切破顶叶芽或顶花芽，以破坏其顶端优势，促进切块上的侧叶芽萌发成叶，切口应风干愈合以防染病。宜在秋收后切块，经半年适当温度和湿度储存后，切块上的芽已具备了出芽条件，基本和整芋的出芽期一致；若在春季栽种前才切块，就会延迟出芽期，影响产量。

19.6.8.6　组织培养技术

我国魔芋的组织培养技术研究报道始于20世纪90年代中期，其间经历了试管苗、试管芋、脱毒原原种生产等几个阶段。魔芋的品种不同，生长的自然环境不同，需要采用不同的组织培养条件和工厂化生产技术。但由于组织培养需要的时间较长，因此一般仅适用于科研单位试验，在生产上无法短时间内提供种芋。

19.6.9　收获贮藏

19.6.9.1　收挖期

在商洛市低山区，魔芋正常生长到10月中旬倒苗，倒苗后块茎继续充实、积累营养物质，时间1个月左右。因此，收挖期应在倒苗后1个月内，即11月中、下旬收挖；在中高山区，因气温下降比低山早，因此魔芋倒苗期和收挖期相应比低山地区提前10 d左右，即收挖期在11月上、中旬。尤其是种芋，不可过早收获，应待块茎充分成熟后，选晴天收挖。

19.6.9.2　收挖方法

首先将魔芋地面上的叶柄割下，并将地面枯叶、覆盖物等收集并集中处理。然后用"两齿锄"按魔芋叶柄留下的孔洞或顺魔芋行边，小心地挖出块茎和芋鞭。将块茎摊于地面晾晒，傍晚运进室内，轻搬轻运，避免损伤。

19.6.9.3　魔芋分级

按魔芋块茎大小和用途及时分类处理，50 g以上的为商品芋，去掉泥土和细根后出售，也可采用简易烘干法，加工魔芋角（干），既便于保管，又便于运输，还可增加收入。留种的块茎和根状茎（芋鞭）全部留种贮藏。

19.6.9.4　芋种贮藏

魔芋的用种量很大，其种芋费用在生产成本中所占比例很高，若当年种芋价较低，可占30%，若价高则要占到60%左右。为增加生产者收益，应尽可能种芋自给并尽力减少种芋贮藏的损失。

（1）贮藏方法

①保温库贮藏。企业大规模生产销售良种种芋的，应建立保温、通风的贮藏库，库房内设堆放架，每架8~10层，每层间距约20 cm，最低1层稍离地面即可，每层铺设金属条、木条或竹条等，条间留一定空隙，以利通风。依球茎大小每层堆放1~2层。架高依据架材牢固程度和操作方便程度而定，架间应留工作走道。冬季温度经常在0 ℃以下的地方，可在库中央建一火炉升温，湿度过低时洒水增湿，有条件的地方宜用电热装置，并配换气扇，代替火炉升温。

②简易贮藏。简易贮藏方法有6种。

a. 河沙堆藏：农户常在室内地面铺 1 层河沙，放 1 层球茎或根状茎，以 3～4 层为宜，上面和四周用干谷草覆盖保温。

b. 楼板堆藏：在农户木楼板上，先放 1 层谷壳，再堆 1 层种芋，共堆放 3～4 层。

c. 悬挂贮藏：用箩筐垫谷壳装种芋，每层间及最上面均盖谷壳，悬挂在烟囱旁保温。应注意留一定距离，以防温度过高，灼伤种芋或使球茎失水过多，影响萌芽。

d. 地窖贮藏：在土层坚硬的山坡或山丘旁挖建地窖，其容量为贮藏量的 2 倍左右，球茎入窖前必须密闭窖门，用福尔马林加入高锰酸钾混合后，进行自然熏蒸消毒 2～4 h；或用稻草、茅草加硫黄将地窖猛烧一遍，密闭窖门 3 d 进行消毒。冬季低温期间应紧闭窖门，但窖门上方应留一通气孔；春季气温回升后要早开窖门通风换气，加强检查，及时剔除烂芋，并在烂芋部位撒石灰或草木灰消毒。

e. 室外堆藏：在冬季气温较高、无冻害的地方，选择地势较高、干燥、土壤疏松、排水流畅、背风向阳的地方，在地面先垫 1 层高粱秆，然后摆放 1 层球茎，撒上疏松、干燥泥土掩盖后再放 1 层球茎，如此重复堆放几层，用薄膜封严保温，周围挖排水沟排水。晴天敞开薄膜通气，雨天盖膜以免进水。春季天气变暖后，加强通风换气。

f. 露地越冬贮藏：此法适宜于商洛市中温以上山区，冬季在准备留种的地块上待植株自然倒苗以后，立即用稻草、茅草、树叶覆盖地面，加盖细干土 1 层，覆盖厚度为 10～20 cm，地块周围挖好排水沟以利排水防渍，次年春天气温回升后挖出球茎及根状茎作种。

（2）贮藏管理

魔芋球茎的贮藏期约半年，其间应根据贮藏方式、环境条件、球茎的生理特点加强贮藏期的科学管理，才能达到安全贮藏的目的。

①前期管理。贮藏初期球茎呼吸作用旺盛，释放热量大，水分蒸发量也大，外界温度较高，高温、高湿环境易发生软腐病，此时应注意通风换气、散热降温，使贮藏温度稳定在 7～10 ℃，相对湿度稳定在 70%～80%，并随时检查，剔除腐烂变质球茎，周围撒石灰消毒，防止病害蔓延。

②中期管理。这段时间较长，球茎呼吸及蒸腾作用减弱，外界温度较低，球茎易遭受冷害，应采取以保温防寒为主的管理措施，保持温度不低于 5 ℃，有条件的可适当加温。

③后期管理。立春以后，气温逐渐回升，但冷暖交替多变，这时球茎的休眠期已解除，温度较高能加速萌芽，低温则易使芽受冻害，温度宜控制在 10～12 ℃，相对湿度 80% 左右，这种条件既可起到催芽的作用，又可防止

"老化芽"的形成。应加强检查，剔除腐烂变质球茎，周围撒石灰消毒。

19.6.10　病虫害防治

魔芋栽培最大的难题就是病害防治，其难点在于：一是至今未在葡甘聚糖型魔芋种质资源中发现抗软腐病、白绢病或叶枯病的基因型；二是魔芋的几种病害均主要是通过种芋及土壤传病，而魔芋的繁殖系数低，其用种量大于任何其他薯芋类作物，生产上进行种芋消毒的难度很大，且浸种消毒等方式效果并不理想，同时由于魔芋主要病害如软腐病、白绢病等的寄主植物广泛，土壤消毒的效果和成本问题使生产者难以接受；三是适合魔芋主要病害繁殖的环境条件和魔芋植株生长的适合条件基本一致，这一矛盾难以合理解决。

19.6.10.1　软腐病

（1）症状

软腐病在魔芋生长期间引起倒苗，在贮藏期或播种后导致球茎腐烂。被侵染的球茎最先出现不定形水浸状、暗褐色的病斑，然后逐渐向球茎内部扩展，使白色组织变成灰白色至黄褐色湿腐状，有大量菌液流出，散发恶臭味，最后球茎变成黑色干腐的海绵状物。叶上发病时，初生不规则、暗绿色水浸状病斑，扩大后小叶黄化，蔓延到主叶柄，在一侧形成条状病斑，凹陷成槽沟状，溢出脓液，散发臭味，组织软腐，引起倒苗，还可传到地下球茎发病，呈孔洞状腐烂，内部组织呈黏稠糊状，直至全部腐烂（图 19-11）。

图 19-11　魔芋软腐病

（2）病原菌及发病规律

魔芋软腐病病原菌为胡萝卜软腐欧文氏菌，该细菌为单胞短杆状，寄主范围很广，除魔芋外，常侵染十字花科、茄科、伞形科、葫芦科、葱蒜类等多种植物。生长温度范围为 9～40 ℃，最适温度为 25～30 ℃，病原菌常在球茎、土壤、病残体内、杂草根际越冬，并成为初次侵染源。病菌从伤口侵入，凡农事操作、刮风下雨、害虫啃食、刺吸都能造成伤口而发生传染，生产上凡因种芋受伤、种芋不消毒、连作、施氮肥过多、施未腐熟有机肥、烈日照射、土壤黏重、低洼渍水、土面不覆盖、风害使植株受伤、平地栽培等发病均较重，相反就较轻。

（3）防治方法

防治方法一是建立以防病为主的健身栽培技术体系，核心是保证种芋质量，并结合在最适宜区种植、轮作倒茬、合理间套作、种芋安全贮藏等综合措施进行防治。二是用农用链霉素等浸种，出苗后连续灌窝 3 次，波尔多液护叶 3 次以上，用石灰对土壤消毒。三是施肥、除草、打药等农事操作不能损伤魔芋植株。四是及时清除病残体，并用石灰处理病穴。五是以农家底肥为主，追肥为辅，合理使用氮、磷、钾肥，适当增加磷、钾肥比例，避免偏施氮肥。六是选用防治效果好、理化性状稳定的高效低毒杀菌剂，配好浓度后，加入一定的凝固剂，用机械涂抹在纸片上，制成药袋，将种芋放入药袋内，可直接杀灭种芋内、外病原菌，适用于调运和室内贮藏种芋。使用防病药袋可直接杀灭病原菌，利于种芋安全调运，避免种芋相互侵染，且药效期长。该技术方法简单、使用方便、效果较好，群众易于接受。

19.6.10.2　白绢病

（1）症状

魔芋白绢病

常在主叶柄接近地面处发病，病株叶片前期绿色，后期变黄，发病叶柄基部呈淡红色湿腐软化状而致倒伏。病部外面环绕丝绢辐射状的白色菌丝束及许多栗褐色球状菌核，似油菜籽粒。随着病情扩展，在病株基部四周的地表也出现大量菌丝和菌核的蔓延（图 19-12、图 19-13）。

（2）病原菌及发病规律

魔芋白绢病病原为真菌小核菌，为无性世代危害魔芋，菌丝初为白色，后变为黄褐色，往往形成菌丝束，菌核球形，初白色，后茶褐色，直径 1～2 mm。病菌的寄生范围广泛，有近 100 科 500 种植物。病菌还有很强的腐生性，在落叶、杂草上均能生长，生长温度范围为 13～38 ℃，最适温度为 30～32 ℃，最适 pH5.0，如果 pH 达到 8.0 时，病菌以菌丝和菌核在土壤中、球茎上、病残体中、杂草上、堆肥中、作物根际越冬，并成为初次侵染源。菌

图 19-12 魔芋白绢病　　　　　　图 19-13 魔芋白绢病菌丝

核在土中可存活 5～6 年，在干燥土中存活更久，菌核多存在于 3～7 cm 表土层中。白绢病一般在 8—9 月高温、高湿季节流行，干旱年份则发病较轻，连作、种芋不消毒、地势低、土壤酸性、在疏松沙壤上种植、之前作为寄主作物、施带菌肥料、施氮肥过多、土壤和空气湿度大者发病均重，相反就较轻。

（3）防治方法

防治方法一是土壤用生石灰消毒；二是轮作换地；三是发现病株及时拔除，并用生石灰消毒并踏实病穴，同时亩全田表施生石灰 20 kg。

19.6.10.3　其他病害

其他魔芋病害如叶枯病、根腐病目前危害尚不严重，但仍应提高警惕，防止蔓延。

19.6.10.4　虫害

魔芋虫害主要有斜纹夜蛾、甘薯天蛾、豆天蛾、线虫病等。

（1）农业防治

在冬、春季清除田边地角杂草、枯叶，消灭越冬虫蛹寄主；结合深翻耕地破坏蛹室，把越冬蛹暴露于地表或浅土层，可以减少其害；将魔芋与玉米间作，阻碍成虫在魔芋叶片上产卵，可显著减轻受害程度。

（2）人工防治

平时注意加强田间巡视，发现有虫啃食状及新粪便，一般于第 2 天上午 9 时前在附近能人工捕捉到害虫。

（3）物理防治

利用黑光灯或糖醋盆（糖 6 份，醋 3 份，白酒 1 份，水 10 份，90％敌百虫 1 份，调匀）诱杀成虫，使用频谱仪、诱蛾灯诱杀成虫效果也较好。

（4）药剂防治

幼虫大量发生时用 50％马拉硫磷乳油 1 000 倍稀释液或 90％晶体敌百虫 700～1 000 倍稀释液防治，每亩喷施 75～100 kg；也可以用 2.5％功夫乳油 5 000倍液，10 d 喷 1 次，共喷 2～3 次。

第20章 地理标志产品
——商洛香菇规范化栽培技术

20.1 概述

2017年12月22日,中华人民共和国农业部正式批准对商洛香菇实施农产品地理标志登记保护(图20-1)。

图 20-1 农产品地理标志登记证书

鲜香菇:子实体单生、伞状,菌肉厚而紧实,闻之淡香,食之滑嫩、细腻、鲜美。菌盖直径5~8 cm,丰满肥厚,呈浅褐色,部分上布白色裂纹;菌柄中生至偏生,长3~6 cm,粗0.5~1.5 cm,淡白色(图20-2)。

干香菇:香味浓厚、嫩滑筋道。菌盖肥厚、呈深褐色或栗色,略带光泽,部分上有菊花状白色裂纹,下缘微内卷,直径3~4 cm;菌褶淡黄色、细密匀整;菌柄短小。

与其他地方香菇相比,商洛香菇具有高

图 20-2 鲜香菇

蛋白、高糖、低脂肪等特点，经检测，干香菇中蛋白质含量不少于 21.0%，总糖含量不少于 35.0 g/100 g，脂肪不多于 3.5%，纤维含量不少于 6.7%，富含铁、钙、磷等多种矿物质及维生素 D、B_1、B_2。

20.2　地域范围

商洛香菇保护地域范围包括商洛市商州区、洛南县、丹凤县、商南县、山阳县、镇安县、柞水县 7 个县（区）67 个镇（街道）。东至商南县青山镇新庙村，西至镇安县木王镇栗扎坪村，南至商南县赵川镇老府湾村，北至洛南县巡检镇三元村。地理坐标为东经 108°34′20″—111°1′25″，北纬 33°2′30″—34°24′40″。商洛香菇年生产规模 2.0 亿袋，年产鲜菇 20.13 万 t。

20.3　主要栽培技术

20.3.1　生产管理方式

商洛市推广"百万袋"生产模式，即以行政村或较大的自然村为单元，依托 1 个专业合作社或龙头企业，带动农户 100 户左右，每户种植不少于 1 万袋，实现年产值 1 000 万元，户均纯收入 4 万～6 万元。每个专业合作社或龙头企业，建设 1 条专业化菌包生产线，采取"工厂式菌包专业化生产＋农户分散出菇管理"的生产方式，实行"七统一分"管理方式，即合作社或企业统一原料采购、统一优良菌种、统一菌包制作、统一接种、统一技术指导、统一技术标准、统一产品回收，农户分散出菇管理，由于产业化程度高，有效保证了产品质量和品质。

20.3.2　周年栽培模式

商洛香菇分为冬菇和夏菇 2 种栽培模式，一是冬菇栽培模式（顺季节栽培），栽培区域主要分布在海拔 1 000 m 以下，通常 2—4 月生产制袋，秋、冬、春出菇；二是夏菇栽培模式（反季节栽培），栽培区域主要分布在海拔 1 000 m 以上，栽培季节为 10—11 月生产制袋，次年 6—9 月出菇。

20.3.3　选用优良品种

商洛香菇选用菌丝生命力强、菌龄适宜、无杂菌、无虫害的优质菌种进行生产。按照香菇出菇时间，其可分为冬菇和夏菇 2 种，冬菇选用中低温型品种，以 908、9608 等为主栽品种；夏菇选用中高温型品种，以 L808、灵仙 1 号等为骨干品种。908 品种，深褐色，菌龄 90～120d，菇大肉厚，柄短，单生，盖

圆,是优质高产花菇品种;9608品种,属中温型中熟菌株,最适出菇温度14~
18 ℃,从接种到菌丝生理成熟可出菇90 d以上,子实体朵型圆整,盖大肉厚,
菌肉组织致密,畸形菇少,菌丝抗逆性强、较耐高温,越夏烂筒少;L808品种,
属中温型品种,出菇温度8~28 ℃,菌龄110~120 d,菇大型,肉厚特结实,柄
短,菇质特优,圆整,褐色,抗逆性强,是高产当家品种;灵仙1号,褐色,菇
体中大型,朵型特圆,菇质硬,其产量、质量均出类拔萃。

20.3.4　选用不同袋型

冬菇选用18 cm×60 cm×0.05 cm聚乙烯塑料折角袋,其容量大、装入基
质多、提供养分时间长、生物转化率高、保水保湿能力强;夏菇选用17 cm×
58 cm×0.05 cm聚乙烯塑料折角袋,其出菇时间稍短,所需养分较冬菇少,
故袋子规格较冬菇小。

20.3.5　规范菌包制作

商洛香菇代料栽培以本地丰富的阔叶树枝丫枝条、桑枝条、板栗苞、玉米
芯、秸秆等农林废弃物为主料,配以各种辅料,按一定的比例制成基质配方,
再拌匀装袋而成。

20.3.5.1　优选配方

配方一是木屑78%、麸皮20%、石膏1%、石灰1%;配方二是木屑
49%、玉米芯或栗苞30%、麸皮20%、石膏1%;配方三是木屑77.7%、麸
皮20%、石膏2%、磷酸二氢钾0.3%。

20.3.5.2　均匀拌料

任选上述一配方,按比例将麸皮与辅料充分拌匀后,再与主料搅拌3遍,
反复搅拌后加水。整个拌料过程达到"两匀一充分",即各种干料拌匀,料水
拌匀,原料吸水充分,栽培料含水量为55%~60%。

20.3.5.3　自动装袋

冬菇和夏菇均采用免割保水膜外加塑料袋的形式进行生产。免割保水膜选
用18 cm×63 cm×0.02 cm。装袋过程全部采用装袋机装袋,先将免割保水膜
套入装袋机套筒,再套入塑料袋,机械便会自动将拌好的基质装入袋中,每袋
装干料1.4~1.5 kg,湿重3~3.3 kg。

20.3.6　灭菌及发菌管理

20.3.6.1　高温灭菌

当天拌料,当天装袋,当天灭菌。香菇菌袋采用常压或高压灭菌,每次灭
菌袋数控制在4 000~6 000袋,常压灭菌蒸汽温度达100 ℃,保持24~30 h;

高压灭菌温度 121 ℃，保持 3 h，确保灭菌彻底，不留死角。

20.3.6.2　接种

灭过菌的料袋摆放在消毒过的房间，当料袋温度降至 30 ℃以下即可接种。接种要严格按照无菌操作要求进行，采用专业化打孔接种线接种。每袋用种量 40～50 g。

20.3.6.3　发菌培养

将接种好的菌袋立即放入消毒过的培养室，接种孔向两旁堆放整齐，堆高 5～7 层。发菌培养期间温度控制在 22～25 ℃，空气相对湿度为 50%～60%，室内保持定期通风。养菌后期每天通风 2 次，每次 30 min。经常检查，发现污染袋及时清理，进行无害化处理，确保生产区域环境清洁。

20.3.6.4　转色和越夏管理

当菌丝长满菌袋时，即进入转色管理。转色适宜温度 20～24 ℃，空气相对湿度为 85%左右，需散射光和新鲜空气。当菌袋表面形成 1 层具有活力的棕褐色菌皮时转色结束，进入越夏管理，温度不能超过 30 ℃以上，以防止烧袋，加强通风，防止太阳光直射。

20.3.7　构建栽培设施

商洛香菇均采用设施栽培。冬菇为钢架大棚、层架立体栽培，既能节省空间，又利于冬季保温；夏菇为钢管中拱棚、地摆式栽培，有利于保湿、降温，促进出菇。

20.3.8　规范出菇管理

20.3.8.1　出菇

将转色好的菌袋置于出菇棚内上架或地摆，当日温差达到 10 ℃以上时，将菌袋的塑料袋脱去，白天棚膜盖严，晚上掀开两头，拉大温差，促进出菇。

20.3.8.2　采收

当菌盖达到 5～6 cm、边缘仍有明显内卷并呈铜锣边状、菌膜刚破裂时为最佳采收期。第 1 茬菇采收完后，及时清理料面，去掉残留的菌柄，保持菌袋干燥养菌 7～10 d，注水后可出第 2 茬菇，同样管理，可出 4～5 潮菇。

20.3.8.3　干制

采用自然晒干或专用烘烤炉烘烤 2 种方式。自然晒干是将采收好的香菇按大小、薄厚分级后，去柄放置于阳光下晾晒，当香菇含水量降至 13%即可分选包装。采用专用烘烤炉烘烤是将采收的香菇盖在上、柄在下，均匀排放于烘烤筛上；烘烤温度和时间初期为 30～35 ℃、2 h，中期 35～40 ℃、3～4 h，中后期 40～45 ℃、5～8 h，后期 50～55 ℃、9 h，固定期 60 ℃、1 h；当香菇含水量降至 13％左右，烧烤结束，当其温度降至室温时，取出香菇，分级包装。

20.3.8.4　包装

将分级好的干品贮藏在塑料袋内，热压封口，放置于清洁、干爽、低温的房间贮藏。

20.3.8.5　病虫害防治

商洛香菇生产区域空气质量好，冬、夏菇制袋、接种、养菌期气温较低，不利于病菌侵染；出菇过程管理科学规范，采用通过加 2 层遮阳网和通风等进行环境调控，有效防止病虫害的发生。偶有病虫害发生，使用农业农村部允许食用菌生产使用的生物农药进行防治。

20.3.9　废弃菌包再利用

香菇采收结束后，各专业合作社或龙头企业将香菇种植户的代料香菇污染菌包及废弃菌包回收，除去表面残存的塑料膜，粉碎，再按一定比例添加新鲜原料，灭菌后，用于木耳、平菇、灵芝等其他食用菌生产或加工成饲料、有机肥料、无土栽培的基质、沼气的生产原料等，实现废弃菌包的循环再利用。

第21章　地理标志产品
——山阳九眼莲规范化栽培技术

21.1　概述

2010年5月25日，中华人民共和国农业部批准对山阳九眼莲实施农产品地理标志登记保护（图21-1、图21-2）。

图21-1　农产品地理标志登记证书

图21-2　山阳九眼莲

山阳九眼莲节长 17 cm 左右，洁白如玉，胖若小儿腿，手感沉实，香甜脆嫩，入口无渣，鲜美爽口，既可生吃，也能熟食，是莲藕中之极品。深受消费者喜爱，产品销至北京市、上海市、湖北省、西安市等地。山阳九眼莲主要分布在商洛市山阳县色河铺镇、户家塬镇、中村镇、法官镇、漫川关镇等镇（街道），现有种植面积约 167 hm²，年产量 5 000 多 t，产值 4 000 多万元。

山阳九眼莲原产于长江下游，明成化年间（1465—1487）随下湖人带入山阳，栽植已有 500 余年历史，相传山阳九眼莲曾作为贡品，上贡朝廷。山阳九眼莲是山阳县地方特有的一种水生蔬菜，是各地长期驯化栽培的一个地方莲藕品种，由于独特的地理气候特点，山阳莲藕在生长发育过程中发生变异，与其他地方莲藕不同，其茎横切面有 9 个眼，比外地莲藕要多一两个眼，堪称一绝，故称"九眼莲"。

山阳九眼莲具有皮薄、肉厚、色白、质脆、渣少、香甜可口等独特品质特性，为菜肴中之上品，人们用"色白质脆味香甜，好菜要数九眼莲"来称赞山阳九眼莲。山阳九眼莲营养丰富，其碳水化合物和脂肪含量较低，蛋白质含量稍高，富含多种维生素和微量元素，尤其是维生素 K、维生素 C、铁、钾等微量元素含量较高，并富含大量的单宁酸和丰富的植物纤维及膳食纤维。常食九眼莲，可强健胃黏膜，预防贫血，改善肠胃，调补肝肾，滋肾养肝，补骨益血，故中医称其"主补中养身，益气力"。1985 年山阳诗人陈文彦作诗一首，赞山阳九眼莲：色白质脆味香甜，山阳特产九眼莲，淡水芙蓉堪称羡，沃泥佳藕更值钱。

21.2　地域范围

山阳九眼莲生产地位于秦岭东南麓，地理坐标为东经 109°32′—110°20′，北纬 33°42′—39°09′。海拔高度 294.1—2 074.4 m，相对高差 1 780.3 m。东至山阳县王阎乡口头坪村，西至山阳县户塬镇桃园村，南至山阳县漫川关镇小河口村，北至山阳县元子街镇街道村，涉及山阳县城关镇的张塬村、五里桥村，漫川关镇的前店子村、水码头村、街道村，户塬镇的户塬村、党源村、九湾街村、九里坪村、桃园村，色河铺镇的赵塬村、峪口村、陆湾村、色河街道村等 8 个镇（街道）、68 个村。

21.3　主要栽培技术

21.3.1　生长习性

九眼莲喜温暖、湿润、无风、阳光充足的生长环境，怕冻、怕干旱。早春气温达 15 ℃时种藕顶芽开始萌发，逐渐抽出莲鞭，藕身上长出钱叶，莲鞭上长出浮叶，最后长出立叶。前期由于地温低，养分靠种藕供给，栽培上要求种藕肥大、水位浅、土温高、基肥足，以利早生莲鞭，早生立叶。中期为旺盛生长期，自抽生立叶到出现后把叶为止，适宜生长温度为 23～30 ℃，水位宜逐渐加深，此阶段追肥要早，前促后控，以防疯长、贪青、迟迟不结藕。结藕期自抽生后把叶开始至莲藕充实肥大，抽生后把叶后，植株营养生长逐渐停止，养分向莲子和地下输送，生长适温 20～25 ℃，要求昼夜温差大，以促进养分积累。

21.3.2 农膜铺底栽培技术

21.3.2.1 地块选择

秋播时根据翌年生产计划，选择光照充足、排灌方便、土壤疏松、肥力中等以上，周围 10 km 无工业"三废"污染，大气、土壤、水质符合《无公害产品 种植业产地环境条件》（NY 5010—2016）标准的田地预留为莲藕田。保证土壤耕层在 50 cm 以上，田间无碎石等杂物，播种季节能排净田间积水。

21.3.2.2 铺设农膜

常规栽培，秋播结束后，及时深翻细整，以便熟化土壤，蓄积雨水。种植多年的莲藕地要结合深翻，亩用 100～150 kg 生石灰均匀施入耕层，调节土壤酸碱度，预防病害。冬季结合深翻采取人工翻行方式，将 0.12 mm 厚农膜平铺耕层下面，膜上覆土 40～50 cm，亩用膜量约 90 kg，四周田埂也要用农膜覆盖严（覆膜 1 次可连续使用 2～3 年），以防水肥外渗。

21.3.2.3 选用良种

选用本地的九眼白莲作为生产用种，要求种藕无病虫危害，外形粗壮无伤口、种芽完整、发芽势强，种藕茎节 2 节以上，单个重 0.5 kg 以上，亩用种量 300 kg 左右。种藕应随采随栽，注意保护好种芽。堆放或运输时要防强光照射，种藕上面要草帘等覆盖遮阴，并洒水保湿。

21.3.2.4 施足底肥

播前亩用 2 500～3 000 kg 腐熟农家肥加 10～15 kg 磷酸氢二铵、15 kg 硫酸钾随深翻整地一次性施入。

21.3.2.5 提早催芽

提前播种种芽未萌发，应进行催芽。方法是将种藕放置温暖室内，上下垫盖稻草，每天根据天气和干湿情况洒水 1～2 次，保持湿润，10～20 d 芽长数寸即可栽植。

21.3.2.6 适时播种

常规栽培在清明节前后播种，采用农膜铺底栽培应比常规栽培早播10～15 d。

21.3.2.7 合理密植

播种前要精细整地，并放水浆地，浆地后按株、行距150 cm×100 cm开播种沟，播种时种藕呈"品"字形排放入内，藕头入土12～15 cm，藕尾入土8 cm。如果采用干栽法，方法同上。

21.3.2.8 科学管理

（1）合理施肥

藕田除施足基肥外，一般在生长期间追肥2次。第1次在出现2～3个立叶时追肥，以促进植株旺盛生长；第2次在开始形成新藕时追肥，也就是后把叶抽出后，以供着藕。追肥可亩用尿素5～7.5 kg结合腐熟人粪尿500 kg，泼浇入田。注意施肥时要在无风晴天进行，每次追肥前要适当放浅田水，不可将肥料撒在荷叶上，藕田禁止施用硝铵一类的硝态氮肥，采收前1个月内不得再追施肥料。

（2）合理灌溉

苗期（4—6月）和生长后期（9—10月上旬）田间保持有5～8 cm浅水层。生长盛期（7—8月）田间保持10～15 cm深水层，10月中旬以后保持田间湿润即可（图21-3）。

图21-3 九眼莲生长盛期

（3）调整莲鞭

露地栽培的莲藕生长期内新抽生的莲鞭会向田边伸展，须随时将其转向田内。可在午后莲鞭较为柔软时，根据最前端1片卷叶卷折所朝方向判断伸向田边的新梢，转梢时将梢部尾土挖去，再按调整方向挖沟，转动埋入新梢，一般1个月转梢1次。

（4）摘叶除草

立叶封田后及时摘除浮叶和部分老叶，以利通风透光，田间杂草可采取踩草或拔除的方法及时处理。

21.3.3　地膜覆盖栽培技术

21.3.3.1　栽培方法

地膜覆盖栽培整地方式与常规栽培相同，浆地后待田泥松软不回流，泥土易平堆时，按 150 cm 厢幅起垄，垄沟宽、深各 40 cm，垄上按行距 80 cm，藕间距 150 cm 开沟播种 2 行莲藕，藕头一律向厢内倾斜，2 行莲藕中间开 1 条 20～25 cm 厢沟，以便于厢内、厢外水的正常循环，防止厢内土壤缺水，影响莲藕的正常生长。播种后用宽 170 cm、厚 0.01 mm 的超微膜铺于垄上，做到膜泥紧贴，四周扎边。

21.3.3.2　水层管理

地膜履盖好后及时放水，前期气温较低，应保持水层与垄面平齐，水层不得没过垄面，同时厢沟内保持经常有水，垄内温度超过 25 ℃时及时提高水层厚度。

21.3.3.3　破膜放苗

出苗期每天要观察出苗情况，及时破膜放苗，防止烧苗。

21.3.3.4　合理施肥

覆膜栽培主要是前期提高地温，以后温度正常后可扯掉地膜，以便于施肥。施肥方式和施肥量同常规栽培。

21.3.3.5　田间管理

方法同常规栽培。

21.3.3.6　技术关键

地膜覆盖栽培技术关键点一是适时早播，如果不能早播，则此项技术将失去意义；二是地膜栽培必须严格控制水层厚度，厢沟内不可缺水，如果与铺底栽培相结合，进行双膜栽培，则易于管理，效果更好。

21.3.4　病虫防治

九眼莲栽培中常见的病害有褐斑病和腐败病，常见的虫害是蚜虫。

21.3.4.1　腐败病

莲藕腐败病由多种真菌造成，病源一是种藕本身带菌；二是地块土壤带菌。诱发该病的条件较多，阴雨连绵、日照不足、土壤通透性差、土壤酸性大、水被污染、水温长期高于 35 ℃、施用未腐熟的有机肥、氮肥施用过量等都可能诱发腐败病。

防治方法一是精选无病种藕；二是用 50％多菌灵可湿性粉剂 800 倍液加 75％百菌清可湿性粉剂 800 倍液，喷雾闷种，覆盖塑料薄膜密封 24 h，晾干后栽植。田间发现病株后及时拔除病株，用50％多菌灵可湿性粉剂600倍液加75％百菌清可湿性粉剂600倍液喷雾；三是亩施石灰或草木灰100～150 kg，调节酸碱度；四是加强水肥管理，施用腐熟有机肥，氮肥施用与磷、钾肥结合，不可偏施或过量，及时调节水层深度，改善通风、透光条件；五是莲藕采挖后及时除净残枝败叶，留种田必须保持足够的水层防冻。褐斑病防治同腐败病。

21.3.4.2 褐斑病

用50％多菌灵可湿性粉剂800倍液或75％百菌清可湿性粉剂800倍液对种莲喷雾，室内闷种24 h预防，或用50％多菌灵可湿性粉剂600倍液加75％百菌清可湿性田间叶面喷雾防治。

21.3.4.3 蚜虫

可用10％蚜虱净粉剂2 000倍液叶面喷雾，或亩用10％吡虫啉可湿性粉剂30 g或4.5％高效氯氰菊酯乳油25 mL，兑水40 kg喷雾防治。

21.3.5 适时收获

九眼莲无明显成熟期，9月下旬至10月上旬，当终止叶叶背微红、立叶叶色发黄时排水后进行采挖。采挖时，以后把叶和终止叶判定莲藕位置，将后把节藕鞭留6 cm切断，挖去上层泥土，细心将莲藕刨出，分级出售（图21-4）。并将把、节、残枝、残叶捡净，交废品收购点再利用。

图21-4 收获的九眼莲

第 22 章 地理标志产品

——柞水黑木耳规范化栽培技术

22.1 概述

2010 年 12 月 24 日，中华人民共和国农业部批准对柞水黑木耳实施农产品地理标志登记保护（图 22-1）。商洛市柞水县因柞树多而得名，柞树是生产食用菌黑木耳的优等菌材。柞水黑木耳是陕西省商洛市柞水县特产，侧生于树木上，形似人的耳朵，柞水黑木耳味道鲜美，营养丰富，具有很高的药用价值，是外界公认的保健食品，有山珍之称。柞水黑木耳耳面呈黑褐色，有光亮感，背面暗灰色，吸水率可达 15 倍，且片大、肉厚、鲜嫩（图 22-2）。柞水黑木耳营养丰富，各项品质指标符合国家一级标准要求，粗蛋白质含量远大于规范规定值（≥7.0%），粗脂肪含量也远超出规范规定值（≥0.4%）。

图 22-1 农产品地理标志登记证书

图 22 - 2　吊袋鲜木耳

22.2　地域范围

柞水黑木耳产地位于陕西省商洛市柞水县，地理坐标为东经 $108°49'25''$—$109°36'20''$，北纬 $33°25'31''$—$33°55'28''$。东临商洛市商州区、山阳县，南接商洛市镇安县，西临安康市宁陕县，北与西安市长安区、蓝田县接壤。柞水黑木耳分布区域包括柞县 9 个镇（街道）。

22.3　主要栽培技术

22.3.1　栽培场地

选择背北面南、避风向阳处。要求环境清洁，靠近水源，光照时间长，日夜温差小，通风良好，保温、保湿性能好，坡度以 $15°\sim30°$ 为宜，切忌选在石头被、白垩土、铁矾土之处。产地环境条件应符合《无公害农产品　种植业产地环境条件》（NY/T 5010—2016）的要求。

22.3.2　栽培季节

春耳 11 月至翌年 1 月制袋，3—7 月出耳；秋耳 5—7 月制袋，8—12 月出耳。

22.3.3　栽培模式

采用露地畦床摆放出耳或大棚吊袋出耳。

22.3.4　原料配方

配方 1：阔叶硬杂木屑 86％、麦麸 10％、豆饼粉 2％、石灰粉 1％、石膏粉 1％，含水量 60％～62％。

配方 2：阔叶硬杂木屑 80％、麦麸 18％、石灰粉 1％、石膏粉 1％，含水量 60％～62％。

22.3.5　拌料装袋

按照配方先将辅料混匀，再倒入拌料机料斗中与预湿的木屑一起搅拌 5 min，边加水边搅拌，搅拌时间不低于 15 min，拌匀后含水量达 61％±1％。采用装袋窝口一体机装料窝口，料袋高度（23±0.5）cm，料袋重量（1.3±0.025）kg。然后将料袋放入周转筐中准备灭菌。

22.3.6　灭菌

22.3.6.1　高压灭菌

30～50 min 使锅内温度升至 100 ℃保持 30 min，115 ℃保持 30 min，121 ℃保持 2 h；温度降至 65～70 ℃时打开缓冲室内灭菌柜门，将装有料袋的灭菌车推入冷却室冷却。

22.3.6.2　常压灭菌

要求灭菌锅内温度在 4 h 达到 100 ℃，持续保温 16 ～18 h，温度降至 70～80 ℃时缓开灭菌锅门，将装有料袋的灭菌车推入冷却室冷却。

22.3.7　冷却接种

22.3.7.1　冷却

料袋在冷却室内冷却至 28 ℃或常温时接种。

22.3.7.2　接种

接种室达到正压、百级净化条件接种，采用袋口接种方式接种，液体种接种量每袋 20～25 mL，固体枝条种接种量每袋 2～3 根。

22.3.8　培养

22.3.8.1　菌袋摆放

接种后使用周转筐将菌袋直立摆放在培养架上。

22.3.8.2 发菌管理

发菌室温度保持 25～28 ℃，7 d 后温度逐渐降至 22～24 ℃，并保持培养室内上、下层菌袋温度均衡，空气相对湿度 50％～65％，避光，每天通风换气 2 次，每次 30 min，25～35 d 后菌丝长满袋。

22.3.9 栽培场地

22.3.9.1 地栽

选择阳光充足、通风良好、水源充足、周围无污染源、地势平坦的地块作畦，清除枯叶、杂草，根据地势顺坡走向做畦，畦面宽 1.6 m，长度以 30 m 为宜，畦间用铁锨挖宽 40～45 cm、深 10～15 cm 的排水道兼作业道。畦面呈龟背形，并安装喷水设施。提前 3～5 d 对畦床进行杀虫、防草、杀菌处理，上面铺宽 2 m 多微孔黑色农膜或 6 针 95％遮光率的遮阳网，并用塑料地丁或铁丝固定。

22.3.9.2 棚栽

选择阳光充足、通风良好、地势平坦、水源充足、四周无污染源的地块建造大棚。选用直径 3.2 cm、壁厚 0.25 cm 的国标镀锌钢管搭建，棚宽 8 m，长 20～30 m，肩高 2.3 m，弓高 1.5 m，弓间距 1～1.3 m，在棚内弓肩处安装横管，横杆上纵向放 16 根钢管，杆间距 25～30 cm，用于吊绳及挂袋，每组横杆间留 70 cm 作业道。棚两端留 2 m 宽的门，棚面覆盖大棚膜和遮光率 95％的遮阳网，并安装喷水、卷膜设施，棚两边修排水沟。菌袋进棚前 5～10 d，将大棚地面喷透水，并对地面进行杀虫、防草、杀菌处理。

22.3.10 菌袋刺孔

22.3.10.1 时间

地栽春耳在旬平均气温回升到 10 ℃以上刺孔，地栽秋耳在旬平均气温降至 25 ℃以下时刺孔；大棚挂袋栽培在旬平均气温回升到 5 ℃以上刺孔。

22.3.10.2 方法

菌袋采用刺孔器刺孔，刺孔前用 75％酒精对刺孔器进行消毒，然后在菌袋上打 18 或 20 排"Y"形孔或"/"形孔，孔径 0.4～0.6 cm，孔深 0.6～0.8 cm，孔间距 1.5～2.0 cm，每袋刺孔 200～230 个。在发菌室刺孔的菌袋要进行养菌，春耳养菌 7～15 d，秋耳养菌 3～5 d。

22.3.11 催耳

22.3.11.1 地栽

（1）催耳

将刺好孔的菌袋按间距 1 cm 倒立摆放在畦床上，上面用编织袋盖严，再盖薄农膜防雨，最上面盖 2 m 宽 6 针遮光率 95% 的遮阳网，两边用塑料地丁或铁丝插地固定。隔 1 个畦床摆放刺 5L 的菌袋，便于催耳后的菌袋分床。温度保持在 5～28 ℃，空气相对湿度控制在 80%～90%。待刺孔处菌丝恢复并有少量变成黑色时，去掉编织袋和农膜，菌袋开口处干燥时，向遮阳网上面喷水增湿。待 85% 以上的菌袋耳芽出齐后去掉遮阳网并分床。

（2）分床

菌袋分床前先在畦床上铺宽 2 m 多微孔黑色农膜，然后将 1 个畦床上的菌袋分成 2 个畦床，菌袋间距 10 cm，摆放密度为每平方米 25 袋。

22.3.11.2　棚栽

（1）催耳

将刺孔的菌袋堆放在棚内覆盖遮阳网的地面，堆宽 1.2～1.5 m，堆高 40～50 cm，长度不限。上面用编织袋盖严，温度保持在 5～28 ℃，空气相对湿度控制在 80%～90%。待刺孔处菌丝恢复并有少量变黑灰色线时，若菌袋出现干燥症状，向地面或直接向编织袋上面喷水增湿。中午气温高时，通风 2～4 h，棚内温度控制在 28 ℃ 以内，待 85% 以上菌袋刺孔处出现黑灰色或少量耳芽后，去掉遮盖物适应 2～3 d 即可吊袋。

（2）挂袋

菌袋开口部位变黑即可挂袋，用 2 股尼龙绳挂在吊梁上，将两股尼龙绳系死扣，先将 1 个菌袋放在两股尼龙绳之间，菌袋口朝下，在菌袋上面放一个"C"形扣，然后再放下 1 个菌袋，每串吊挂 5～8 袋，最下面菌袋距地面 30 cm，最上面的菌袋距喷头 40～50 cm，串间距纵向 10 cm，横向 20 cm，2 串为 1 行，2 串留 1 个 60 cm 宽作业道，200 m² 大棚吊挂 12 000～14 000 袋。大棚保持遮阳，闭棚适应 3 d 后进入出耳管理。

22.3.12　出耳管理

22.3.12.1　地栽

菌袋摆好后 2～3 d 开始喷水，上午畦床温度在 10 ℃ 以上（秋耳）或 15 ℃ 以上（春耳）开始喷水，每次喷水 3～5 min，停止喷水 0.5 h，畦床温度升至 26 ℃ 停止喷水；下午畦床温度降至 25 ℃ 开始喷水，每次喷水 3～5 min，停止喷水 0.5 h，畦床温度降至 10 ℃（秋耳）或 15 ℃（春耳）停止喷水。水质应符合《生活饮用水卫生标准》（GB 5749—2022）的规定。

22.3.12.2　棚栽

挂袋后 2～3 d 喷水，4—7 时和 17—20 时喷水，每次喷水 10 min，间隔 40 min，水质应符合《生活饮用水卫生标准》（GB 5749—2022）的规定。当耳片长到 1 cm 时，喷水与晒菌袋相结合，喷水 7～10 d，再停止喷水 3～5 d。

22.3.13　病虫害防治

防治原则为"预防为主，综合防治"。生产及发菌期间使用杀菌剂对栽培场地环境进行消毒，使用农药应符合 GB/T 8321（所有部分）的规定，禁止使用国家明令禁止使用和限制使用的农药品种。出耳期间发生病虫不喷洒化学药剂，只在早期利用粘虫板诱杀等物理方法进行防治。

22.3.14　采收干制

22.3.14.1　采收

耳片边缘产生皱褶、并刚刚弹射孢子时采收，采收前 1 d 停止喷水。采收时采大留小，用手指捏住耳片基部轻轻扭下，少留耳基，清除老龄耳片，避免引起杂菌感染及害虫为害。

22.3.14.2　干制

采摘后及时晾晒或用烘干机烘干。经重复晾晒或烘干含水量达到 12％时分级，装入符合标准的双层聚乙烯塑料袋内，放于阴凉、干燥处保存。

第 23 章　地理标志产品
——山阳天麻规范化栽培技术

23.1　概述

2020 年 12 月 25 日，中华人民共和国农业农村部批准对山阳天麻实施农产品地理标志登记保护（图 23-1）。山阳天麻鲜麻为棒槌形或椭圆形，肉质肥厚，顶端有红棕色芽苞，习惯被称为"鹦哥嘴"；或带有茎基的习惯被称为"红小辨"，底部有肚脐眼形疤痕；外表可见毛须痕迹，多轮点环节，习惯被称为"芝麻点"（图 23-2）。干制后质坚硬，半透明，断面角质状。山阳天麻的天麻素和对羟基苯甲醇总量（按干燥品计）大于 0.40%，浸出物大于 20%。

图 23-1　农产品地理标志登记证书

山阳天麻保护区域地处秦岭南麓，生产区域平均海拔 1 100 m，属亚热带向暖温带过渡的季风性半湿润山地气候，夏季凉爽，昼夜温差大，为天麻生长提供了适宜温度环境，年均气温 13.1 ℃，日照时数 2 155 h，无霜期 207 d，雨量充沛，雨热同季，平均年降水量 709 mm，主要分布在 7—9 月，与天麻

图 23-2　鲜天麻

块茎膨大期一致。商洛市山阳县林地资源丰富，森林覆盖率超过 64%，既为天麻栽植提供凉爽、荫蔽的生长环境，又为天麻栽培提供优质菌材保障，较厚的枯枝落叶层为天麻提供营养温润的土壤环境。山间林地土壤多以沙壤土和棕壤为主，微酸性，富含有机质，利于蜜环菌孢子停留萌发和天麻块茎膨大。

23.2　地域范围

山阳天麻保护区域为道地药材生长区，位于陕西省商洛市山阳县城关街道、十里铺街道、高坝店镇、天竺山镇、两岭镇、中村镇、银花镇、王阎镇、西照川镇、延坪镇、法官镇、漫川关镇、南宽坪镇、板岩镇、杨地镇、户家塬镇、小河口镇、色河铺镇 18 个镇街道 179 个行政村，地理坐标东经 $109°32'$—$110°29'$，北纬 $33°09'$—$33°42'$。东至王阎镇冻子沟村，南至南宽坪镇湖坪村，西至户家塬镇下娘娘庙村，北至十里铺街道祁家坪村。保护总面积 7 000 hm²，年产量 5 万 t。

23.3　主要栽培技术

山阳天麻来源于天麻（*Gastrodia elata*），属兰科寄生性草本植物。不含叶绿素，抽薹开花秆常为红色，块茎肥大饱满，长圆形，有均匀明显环纹，具有特殊气味。种源主要为采挖野生天麻繁殖后做种。生产方式主要采用有性繁殖优育种麻、无性沙埋堆积式栽培，推行"异株授粉优繁、短棒原木垄栽、固定菌床培育、阔叶铺底与覆盖"新技术模式。

23.3.1　菌材准备

当年 11 月到次年 3 月，选择休眠后或萌动前，直径 4～12 cm 的栎树，砍伐后截成 15～20 cm 的木段，每平方米用量 25 kg 左右。树枝选择 1～3 cm 粗的栎树树枝，截成 4～6 cm 长的小段，每平方米需 2 kg 左右。树叶一般选当年落叶，干净无霉烂的栎、板栗等的树叶，每平方米需 2～3 kg，栽培前浸泡12 h，使其含水量达到 65% 左右。

23.3.2　种麻繁育

采野生或栽培天麻蒴果用于种麻繁殖。一般 6 月起垄播种，垄距 20 cm，垄床宽 80 cm，长根据地形而定。垄床底面挖松 5 cm 左右整平后，撒 1 层树叶，将伴有天麻花粉种子的萌发菌撒播在树叶上。将木棒排放在其上，每排放3 根，间距 4～6 cm。在木棒两侧及两端放上蜜环菌菌种，每个蜜环菌菌种跟前放 2 节树枝。然后用沙土回填至高出木棒 2～3 cm。依此方法在其上播种第2 层。上层覆土 8～10 cm，然后再覆树叶 6～8 cm，压上树枝、秸秆，避免风吹。栽培结束后，在四周修好排水沟。9—10 月翻窝，选择个体完整、无病虫害的健康白麻、米麻做种。也可当年不翻窝，待来年直接收获。

23.3.3　栽培菌棒培育

在场地底层垫 1 层 3～4 cm 细沙土后，上铺 1 层树叶，厚度以全部覆盖住沙土为宜，不可太厚。树叶上平摆 1 层树棒，树棒间距 2～3 cm，2 段树棒中间加入 3～4 枝树枝。每个树棒两端各放 1 个蜜环菌菌枝，中间放 2～3 个。然后用沙土填好棒间空隙，沙土厚度以盖过树棒为宜。如此一次培养 4～5 层，最后盖沙土 6～10 cm，顶上覆 1 层树叶即可。菌棒培养期间水分保持在60%～70%，温度保持在 20～25 ℃，约需 2 个月时间。

23.3.4　起垄栽植

在 9—10 月随采种麻随栽。选择海拔 800 m 以上，15°～25°的缓坡、阳坡，以二荒地、林下地为佳。起垄垄宽 80 cm，垄距 20 cm，长随地形而定。垄床底面挖松 5 cm 整平做垫层，铺 1 层树叶，再摆放培养好的菌棒，一般每排放 3 根，间距 4～6 cm。然后摆放种麻，米麻撒播，白麻间距依据大小在4～10 cm。摆放种麻时，生长点要向外，紧靠菌棒菌索密集处。种麻摆放好以后，在菌棒顶端和中间放置 4～5 节树枝，然后覆土 4～6 cm。依次种植好第 2层，顶上覆土 8～10 cm，再盖上 6～8 cm 树叶保湿。

23.3.5　田间管理

冬季注意保温，当气温降至 0 ℃以下，要覆盖 10 cm 厚落叶或草毯保温。夏季注意遮阴排水，当日气温高于 25 ℃时，应搭建遮阳棚遮阴。如果遇阴雨天气，需开沟排水，防止积水。

23.3.6　采收分级

立冬后至翌年清明前采收，采收时扒去覆土，将天麻取出。用于加工的天麻块茎，按大小进行分级：单重 200 g 以上、无破皮、无创伤、箭芽完整者为一级，单重 150～200 g 为二级，单重 100～150 g 以下为三级。

23.3.7　蒸熟烘干

天麻有效成分易溶于水，熟制宜蒸，一级麻蒸 15～30 min，二级麻 10～15 min，三级麻 5～10 min。烘干初温控制在 50～60 ℃烘烤 4～5 h，取出摊开，边晾边整形。二次烘干温度控制在 45～50 ℃烘烤 6～8 h，取出边晾边压成扁平型。堆积起来用麻袋等捂盖发汗 2～3 d。

第3篇　食用菌

第 24 章　黑木耳栽培技术

24.1　概述

　　黑木耳（*Auricularia auricula*）蘑菇纲、属木耳科木耳属。也称木耳、光木耳。木耳属中有 20 多个种，如毛木耳、皱木耳、褐毡木耳、角质木耳、盾形木耳等。黑木耳质地肥嫩，味道鲜美，营养丰富，有山珍之称，是名贵的食用菌之一。

　　黑木耳的营养成分，经化验分析，每 100 g 鲜黑木耳中，含水 11 g、蛋白质 10.6 g、脂肪 0.2 g、碳水化合物 65 g，纤维素 7 g、灰分 5.8 g（在灰分中，包括钙质 375 mg、磷质 201 mg、铁质 180 mg）；此外，每 100g 鲜黑木耳还含有多种维生素，包括维生素 A 0.031 mg、维生素 B_1 0.15mg、维生素 B_2 0.55mg、维生素 C 217 mg 等。因此，黑木耳营养比较丰富，滋味鲜美。

　　黑木耳还有很高的药用价值，有助于滋润强壮、清肺益气、补血活血，可治疗产后虚弱及手足抽筋、麻木等症。第一，黑木耳具有补血补钙的作用。黑木耳的含铁量为菠菜叶的 21 倍、菠菜茎的 17 倍、猪肝的 7 倍，黑木耳是一种非常好的天然补血食品；黑木耳的含钙量相当于鲫鱼的 7 倍。第二，黑木耳具有降低血黏度的作用。黑木耳含有类核酸物质，具有明显的抗血小板聚集作用，所以可以降低血黏度，降低血液中胆固醇的含量，从而对高血压有很好的疗效。国内有调查表明，患有高血压、高血脂的人，每天吃 3 g 黑木耳（干）烹制的菜肴，便能将脑卒中、心肌梗死的发生危险降低 1/3。第三，黑木耳具有降脂减肥的作用。黑木耳具有高蛋白、低脂肪的特点，含有丰富的纤维素和一种特殊的植物胶质，能促进胃肠蠕动，促使肠道脂肪食物的排泄，减少食物脂肪的吸收，从而起到减肥作用。第四，黑木耳具有通便排毒的作用。黑木耳中的胶质有润肺和清涤胃肠的作用，可吸附残留在消化道中的杂质、废物从而排出体外，因此黑木耳是纺织工人和矿山工人的重要保健食品之一。食用黑木耳还能增加胃肠的蠕动次数，使人减缓衰老、延年益寿，黑木耳中含有的多糖对癌细胞有明显的抑制作用。

黑木耳是可食、可药、可补的黑色菌类保健食品，是我国传统的出口创汇商品，远销海内外，在东南亚各国享有很高声誉。近几年，随着人们生活质量的提高和对食用菌产品认知的提高，黑木耳的内销市场很旺盛，市场前景广阔。

陕西省南部地区是全国重点黑木耳产区，因其独特的气候和资源条件，生产的黑木耳品质优，在市场上很受欢迎。20世纪80年代以前黑木耳生产主要为段木栽培，但这种生产方式不仅成本高、产量低、周期长、受自然影响大、用工多、效益低，而且受到地域限制，造成林木资源极大浪费，破坏生态环境。商洛市20世纪90年代末引进袋栽黑木耳技术，该技术具有栽培原料来源广泛（杂木屑、玉米芯、豆秆等）、周期短、不受地域限制、效益高的特点，多年来经过试验、示范和推广，袋栽黑木耳技术已趋完善和规范化，目前生产栽培模式有露地栽培模式和大棚栽培模式2种。黑木耳已成为商洛市目前食用菌的主要栽培菌类。

黑木耳作为商洛市食用菌主栽品种，种植规模和产量仅次于香菇，稳居全市第2位，7个县（区）均有种植，但以柞水县、山阳县、镇安县3个县规模较大（图24-1、图24-2）。柞水黑木耳获国家农产品地理标志认证和良好农业规范认证；柞水木耳入选2022年全国农业生产"三品一标"典型案例和陕西省首批乡村振兴典型案例；柞水县小岭镇木耳基地入选全国种植业"三品一标"基地；柞水木耳连续4年在中国国际进口博览会亮相展销，纳入第1批全国名特优新农产品目录，荣获中国农产品百强标志性品牌、全国绿色农业十佳蔬菜地标品牌；2022年商洛市柞水县被陕西省农业农村厅认定为食用菌产业链典型县。2022年，商洛市栽培代料木耳1.55亿袋，干品产量7 600 t，产值5.9亿元，全产业链综合收入27.46亿元。

图24-1 鲜木耳

图24-2 干木耳

24.2　生物学特性

24.2.1　形态特征

黑木耳是一种胶质菌，由菌丝体和子实体 2 部分组成。

24.2.1.1　菌丝体

菌丝体无色透明，是由许多具横隔和分枝的管状菌丝组成，是黑木耳的营养器官。菌丝粗细不均，常出现根状分枝，有锁状联合，但不明显，而是呈骨关节嵌合状。

24.2.1.2　子实体

子实体是繁殖器官，也是人们的食用部分。菌丝发育到一定阶段扭结成子实体，子实体新鲜时是胶质状、半透明、深褐色、有弹性的，单生或群生，基部狭细，近无柄，直径一般为 4～10 cm，大的直径可达 12 cm，厚度为 0.8～1.2 mm。干燥后收缩成角质，腹面平滑、漆黑色，硬而疏，背面暗淡色，有短茸毛，吸水后仍可恢复原状。

24.2.2　生长发育所需的条件

黑木耳在生长发育过程中，所需要的外界条件主要是适宜的营养、温度、水分、光照、氧气、酸碱度等。

24.2.2.1　营养

黑木耳生长对营养的要求以碳水化合物和含氮物质为主，另外还需要少量的无机盐。黑木耳的菌丝体在生长发育过程中，不断分泌出多种酵素（酶），因而对培养料有很强的分解能力，通过分解来摄取所需养分，供给子实体。如果采用段木栽培黑木耳，树木中的养分完全可以满足木耳生长的需要，但在袋栽黑木耳时，需要加入少量的麸皮、石膏、蔗糖等，以满足黑木耳生长发育对营养的需要。

24.2.2.2　温度

黑木耳属中温型菌类，它的菌丝体在 15～36 ℃均能生长发育，但以 22～25 ℃为最适宜。黑木耳的子实体在 15～32 ℃都可以形成和生长，但以 20～25 ℃生长的黑木耳片大、肉厚、颜色深、质量优。28 ℃以上生长的黑木耳肉稍薄、色淡黄、质量差。15～22 ℃生长的黑木耳虽然肉厚、色黑、质量好，但生长缓慢，影响产量。春季第 1 茬木耳肉厚、质量好。

24.2.2.3　水分

水分是黑木耳生长发育的重要因素之一，黑木耳菌丝体和子实体在生长发育中都需要大量的水分，但两者的需求量有所不同。拌料时培养料的含水量为

60%，有利于菌丝的生长，养菌室空气相对湿度保持在 45%～50%。虽然子实体的生长发育需要较高的水分，栽培场空气的相对湿度可达到 85%～95%，但还要干湿交替管理，这样有利于子实体的生长发育。

24.2.2.4 光照

黑木耳各个发育阶段对光照的要求不同，养菌阶段不需要光照，但光照对黑木耳子实体原基的形成有促进作用，耳芽在一定的散射光下才能展出茁壮的耳片。在黑木耳出耳管理阶段，一定的散射光线是很有必要的，在光线充足的条件下，因为黑木耳子实体含有胶质，所以强烈的阳光以及短时间的曝晒也不会使黑木耳子实体干枯致死，还可以使子实体颜色深、生长健壮、肉质肥厚、品质好，而光线不足时耳芽往往呈畸形。因此，在黑木耳出耳管理期要有充足的散射光。

24.2.2.5 氧气

黑木耳是一种好气性真菌，在菌丝体和子实体的形成、生长、发育过程中，不断在吸氧呼碳。因此，在黑木耳栽培管理过程中，出耳场地要保持良好的通风环境，特别是采用大棚种植时要保持大棚空气流通，以保证黑木耳的生长发育对氧气的需要。

24.2.2.6 酸碱度

黑木耳适宜在微酸性的环境中生活，黑木耳菌丝在 pH4.0～7.0 范围内均能生长，以 pH5.5～6.5 为最好。但有的品种耐碱性较强，可在 pH8.0 的碱性条件下生长。在配制培养基时加 0.5%～1.0% 的生石灰，可起到一定的缓冲作用。

24.3 袋栽黑木耳技术

由于黑木耳菌丝比较脆弱，对生产菌包的设备和环境条件要求较高，因此在实际生产中一般由专业化的菌包生产厂完成菌包制作和养菌，农户最好不要自行制作菌包，因为农户的生产设备和生产环境达不到黑木耳菌包的生产要求，这会造成黑木耳菌包成活率低、菌包质量差。农户可以通过购买菌包来达到生产目的，这样既能减少因购买生产设备增加的生产成本，也降低了耳农因自行制作的菌包成活率低导致的投资风险。

袋栽黑木耳的生产流程包括：第一，选择菌种；第二，选择栽培季节；第三，制作菌包；第四，培养菌包；第五，选择栽培场地；第六，开口催耳；第七，出耳管理；第八，采收晾晒；第九，储藏或加工销售。

这部分将阐述采用袋栽黑木耳技术的全生产过程，主要按照田间或者大棚管理的环节进行介绍。

24.3.1　选择菌种

一般选择适合本地区栽培的菌种，选择的菌种具有一些特点：菌丝体生长快、粗壮，接种后定植快，抗杂能力强、抗逆性强，菌龄合适，纯正无污染，产量高，片大、肉厚、颜色深。黑木耳品种有单片（也称无筋、少筋）和菊花状（也称半筋、多筋）品种之分，单片品种一般适宜出口，菊花状品种一般适宜内销。目前黑木耳生产上选择使用916、黑威单片、黑威15、黑威半筋、黑威29（大筋）等新品种（图24-3）。

图24-3　液体菌种储藏

24.3.2　选择栽培季节

黑木耳子实体生长温度在10~25 ℃，属中低温型，温度超过30 ℃时，子实体易自溶腐烂，温度低于10 ℃时，子实体生长缓慢或停止。

在陕西省及周边地区，利用自然温度1年可以栽培2季。春耳：11月至次年1月制袋，3—7月出耳；秋耳：5—7月制袋，8—12月出耳。

24.3.2.1　春季栽培

春季栽培黑木耳可以采用露地栽培的模式，也可以采用大棚栽培的模式。以大田开口或进棚开口时间向前倒计时安排生产，一般在当地平均气温达到10 ℃左右，这个时候就到了大田春栽开口期，按此向前推算40~50 d为接种期（但冬季由于气温低，可适当提前接种期）。

24.3.2.2　秋季栽培

在山区秋季栽培黑木耳尽量不要采用露地栽培的模式，只能以大棚栽培的模式为主。因为山区秋季后期降温太快，黑木耳生产时间太短，往往是菌包进田出耳时间还不长，大田温度就已经降到了不利于黑木耳生长的温度以下；若提前进田，由于7—8月份正处于高温阶段，白天温度基本在20℃以上，大田降温难度大，温、湿度不好控制，因此不利于菌包催芽。如果有较大的便于控温、控湿的室内空间，可以在室内将黑木耳菌包进行开口、催芽，在菌包开口处出现黑线、形成黑色耳基时，菌包直接进田出耳是可行的。

24.3.2.3 露地栽培和大棚栽培

袋栽黑木耳技术模式分露地栽培和大棚栽培。

（1）露地栽培

黑木耳生产安排依据海拔和气温适当调整栽培时间，海拔低于800 m地域的栽培时间适当提前，海拔高于1 000 m地域的栽培时间适当推后，具体的栽培时间以当地的气温来确定，当地日平均气温应大于10 ℃，菌包不能受到冻害，受到低温伤害的菌包生长的黑木耳颜色会发黄，从而影响黑木耳商品品质。在海拔800～1 000 m的地域，根据气温安排黑木耳生产，春季地栽黑木耳在3月中、下旬下地出耳，7月中旬出耳采收结束；8月下旬开始进入秋季管理（图24-4）。

图24-4　露地栽培黑木耳

（2）大棚栽培

春季栽培黑木耳在上年度10月建设大棚，给排水、棚膜、遮阳网调试到位；上年度11—12月份定购黑木耳菌包或自制菌包；2月中旬上棚膜和遮阳网；2月下旬至3月上、中旬在棚内温度大于10 ℃时，黑木耳菌包进棚刺口、育耳、挂袋。秋季栽培黑木耳在 6—7 月建设大棚，给排水、棚膜、遮阳网安装调试到位；6 月初定购黑木耳菌包或自制菌包；8 月上旬进行大棚消毒、杀虫处理；8 月下旬黑木耳菌包进棚刺口、育耳、挂袋（图 24 - 5）。

图 24 - 5　大棚栽培黑木耳

24.3.3　制作菌包

24.3.3.1　配方

（1）木屑培养基配方

木屑培养基配方为：木屑（阔叶树）84.5%、麸皮（或米糠）12%、豆饼粉 2%、石膏粉 1%、生石灰 0.5%、水 65%、pH 自然。

（2）玉米芯培养基配方

玉米芯培养基配方为：玉米芯 48.5%、锯末 38%、麸皮 10%、豆饼粉 2%、石膏 1%、生石灰 0.5%、水 65%、pH 自然。

（3）豆秆、玉米芯培养基配方

豆秆、玉米芯培养基配方为：豆秆 71.5%、玉米芯或锯末 17%、麸皮 10%、石膏 1%、生石灰 0.5%、水 65%、pH 自然。

（4）商洛市黑木耳培养基配方

商洛市市场监督管理局发布的《柞水木耳袋栽技术规程》为商洛市地方标准，黑木耳培养基配方为：

①配方 1。阔叶硬杂木屑 86%、麦麸 10%、豆饼粉 2%、石灰粉 1%、石

膏粉 1%。

②配方 2。阔叶硬杂木屑 80%、麦麸 18%、石灰粉 1%、石膏粉 1%。

请注意以上配方的营养搭配，调节好碳、氮比〔(25～30)∶1〕，含水量控制在 60%～65%，灭菌前培养基 pH8.0～9.0 即可。

24.3.3.2　拌料

选择一定的培养基配方，按比例将主、辅料称好，先将辅料（麸皮、石膏、豆饼粉等）干拌 3 次混匀，再倒入拌料机中与预湿的木屑一起搅拌 5 min，边加水边搅拌，搅拌时间不低于 15 min，使培养料拌匀后含水量达 60%±2%。目测培养料含水量的标准：用手握培养料，指缝有水纹渗出而不下滴。用 pH 试纸测定培养料 pH7.0～7.5 为宜，然后将料堆积起来，闷 1～2 h，夏季闷堆时间可短些，当天拌料当天装完，谨防培养料变酸。

24.3.3.3　装袋

采用自动装袋窝口机装料窝口，栽培袋袋型采用 16 cm×37 cm×0.035 cm 规格的聚乙烯折角袋，料袋高度为 (22±0.5) cm，料袋重量在 (1.3±0.05) kg 为宜。然后将料袋放入周转筐中准备灭菌。

24.3.3.4　灭菌

装好的栽培袋必须装在特制的周转架和框内灭菌，每框装 12 袋，采取常压灭菌，要求灭菌仓内温度在 4 h 内达到 100 ℃，持续保温 16～18 h，温度降至 70～80 ℃时缓开灭菌仓门；采用高压灭菌时，30～50 min 使仓内温度升至 100 ℃保持 30 min，升至 115 ℃保持 30 min，升至 121 ℃保持 2 h，温度降至 65～70 ℃时打开缓冲室内灭菌仓门，将灭好菌的菌包放于提前清扫干净的预冷室和强冷室，并用溴氧离子机和紫外线灯消毒降温，待温度降至 28 ℃以下就可以开始接种。

24.3.4　培养菌包

24.3.4.1　接种

在接种前，接种室或作为接种培养一体室必须消毒，在各类接种设备及设施进入后，采用紫外线灯和溴氧离子机消毒，消毒 30 min 后便可接种。接种人员进入接种室或培养室，必须更换消过毒的专用服装，没有接完种最好中间不休息，并禁止进出。

耳农自制菌包的接种方法有接种箱接种、小型接种机接种、超净工作台接种；大型菌包厂采取流水线接种车间作业。料袋温度降到 28 ℃以下时进行接种。接种室在正压、百级净化条件接种，采用袋口接种方式接种，液体种接种量每袋 20～25 mL，固体枝条种接种量每袋 2～3 根。

24.3.4.2　培养

接种后使用周转筐将菌包立式摆放在培养架或网格上。保持室温 25～
27 ℃，3 d 后室温逐渐降到 25 ℃培养，培养室大部分菌包周围可见到 5 cm 以
上白色菌丝后，保持室内温度在 22～24 ℃，保持培养室内上、下层菌包温度
均衡，空气相对湿度 50%，避光，每天通风换气 1～2 次（夏天在早晚各通风
1 次，冬天通风最好在中午温度高时进行），每次 30 min，30～50 d 菌丝长满
菌袋（图 24 - 6）。

图 24 - 6　黑木耳养菌

24.3.5　选择栽培场地

24.3.5.1　露地栽培

（1）场地选择

选择地势平坦、水源较近、交通便利、通风良好、光照充足、排水便利、
远离污染源、地质安全的场所作为栽培场地。垄畦布局应根据田块合理摆布，
留足管理通道和排水道。垄畦以地势高低顺坡走向摆布，在栽培区地势较低的
一方修主排水道，汇聚垄畦支排水到最低排水口排出。

（2）起垄作畦

露地栽培黑木耳的起垄作畦和安装喷水设施必须在菌包下田前 1 个月完
成。一般垄畦宽不大于 1.6 m，高 15 cm，长度以 50 m 为宜，垄畦的长度、宽
度、高度也可依场地而定，垄畦之间留 40 cm 的排水道兼采摘通道。要求垄畦
面平线直不积水，作好垄后经雨淋或喷水沉降压实，排水沟排水顺畅无低凹，
最佳垄宽 1.3～1.6 m。

（3）覆膜

露地栽培黑木耳的栽培垄面覆膜可以在菌包下田开口集中催芽后、开始分摆菌包时一边覆膜一边摆袋，也可以提前覆膜。塑料薄膜在覆盖前一定要打孔。整卷薄膜在未打开之前用孔径为 10 mm 钻头的手持电钻进行打孔，孔距 10 cm 左右为宜。或者选择购买微孔黑色农膜，也可以用 6 针 95％遮光率的遮阳网或者黑色地布，用塑料地丁或铁丝固定。

（4）喷水设施

露地栽培黑木耳的喷水设施安装必须在菌包下田前 1 个月完成。可以用微喷设施，也可以用水带喷水设施。

24.3.5.2 大棚栽培

（1）场地选择

选择地势平坦、水源较近、交通方便、通风良好、光照充足、排水便利、远离污染、地质安全的场所。

（2）大棚布局

大棚顺南北向，根据田块合理摆布，或以地势高低顺坡走向摆布，留足管理通道和排水道。黑木耳大棚选用镀锌钢管搭建。棚宽 8 m，长 20～30 m（可依场地灵活掌握），肩高 2.3 m，弓高 1.5 m，弓间距 1～1.3 m，在棚内弓肩处安装横管，横杆上纵向安装 16 根吊袋管，杆间距 25～30 cm，每组横杆之间留出 70 cm 过道。大棚两端留 2 m 宽的门，棚面覆盖大棚膜和遮光率 95％的遮阳网，安装喷水、卷膜设施，棚两边修好排水渠（图 24-7）。

图 24-7 黑木耳大棚栽培

应在菌包进棚前 1 个月建好大棚主体，安装棚架，安装给排水设施，做好大棚的斜拉，上好薄膜和遮阳网，绑好挂绳，并在菌包进棚前 1 周进行闷棚消毒、杀虫。

挂绳一般要达到满足挂 7 个菌包的长度，双股长度大概在 2.4～2.5 m 为宜。

24.3.6　开口催芽

24.3.6.1　菌包质量要求

黑木耳栽培菌包的质量是提高栽培效益的关键，不论是购买的菌包还是自制的菌包，培养时间都应在 50～70 d 为宜。菌包应达到袋壁无破裂或海绵塞无脱落等要求；菌丝洁白、浓密、粗壮，无绿、黄、红、青、灰色菌杂色；袋壁没有黄褐色液体；菌袋整齐一致；菌味清香，闻不到酒酸、霉臭等异味；菌袋硬实且富有弹性，无软袋散料现象。菌袋拉运最好用周转筐，做到轻拿轻放，防止摔跌、挤压损坏或高温烧袋。

24.3.6.2　进田或进棚时间

具体栽培时间根据气温确定，春季菌包下田时间是在旬平均气温回升到 10 ℃以上，菌包进棚时间是在旬平均气温回升到 5 ℃以上；秋季旬平均气温降至 25 ℃以下时，将发满菌的菌包运到出耳场养菌以达到出耳标准。春栽养菌7～15 d，秋栽养菌 3～5 d。

24.3.6.3　刺孔催芽

如果是购买的黑木耳菌包，应根据运输远近进行调节管理，远途运输的菌包回来后要进行菌丝恢复管理。春季栽培时，应将菌包集中码放，高度不能超过 3 层，然后用遮阳网或草帘遮盖 7～10 d 进行养菌，当菌丝全部发白后进行刺孔催芽；秋栽的菌包要注意遮阳降温，防止烧袋，在菌包运回、菌丝恢复 2～3 d 后，即可刺孔催芽，露地栽培的菌包最好在房间进行刺孔催芽，然后进地摆放出耳。

（1）场地处理

①露地栽培垄畦处理。摆袋前先浇湿垄畦，然后用 2 m 宽的黑色多孔微膜覆盖。

②大棚栽培棚内处理。摆袋前 3～5 d 先浇湿大棚地面，然后用 6 m 宽的黑色遮阳网覆盖。或者用砖铺设地面，在菌包进棚前 3 d 浇水湿润大棚地面，将裸露有泥的地方用遮阳网或者其他透水的覆盖物覆盖后，再开始菌包进棚开口。

（2）刺孔

①露地栽培菌包刺孔。菌丝已经长满并经后熟的菌包，利用 16 排滚轮"1"形刀片的菌包刺孔机进行刺孔，每袋刺孔个数达到 200 个左右，深度

0.5～0.8 cm。然后集中催芽或者直接分床催芽，上面覆盖塑料膜，再盖上6针加厚遮阳网或草帘进行集中催芽或分床催芽。

②大棚栽培菌包刺孔。菌包刺口用开口机开口，一般大棚栽培的菌包开"1"字口，若农户经验不足或大棚水分管理差，菌包开"Y"口，开口直径0.3～0.4 cm，开口数量180～240个。

(3) 催芽

①露地栽培栽培催芽管理。一般采用集中催芽或者分床催芽的方式。畦内菌包温度保持在15～25 ℃，湿度控制在85%～90%。刺孔3～5 d后菌丝恢复，刺孔口形成黑线后，在上午或下午揭开塑料薄膜通风0.5～1 h。如果畦床塑料薄膜表面无水珠或水珠过小，说明空气相对湿度小，应向畦面或畦沟灌水增加空气相对湿度。10 d后大量菌包开孔处出现耳芽后揭去塑料薄膜，进行大田摆放出耳。第一，集中催芽。先使出耳床面、草帘湿透，刺孔的袋间隔1～2 cm摆开，每排8个，每垄不要摆满，上盖塑料布增温、保湿；早春覆盖塑料布时，对于摆袋集中上床的菌包，用塑料布罩，上盖遮阳网，一早一晚阳光不充足时可揭遮阳网增温，要保持每日通风。只要床内温度达到15～25 ℃，10 d左右耳基就会封口。这个阶段不用浇水，因地面湿、草帘湿、塑料膜覆盖保湿，刺孔处菌丝不会干枯，子实体很快就会形成，待原基封口时再拉大间距。第二，分床催芽。将已经刺孔的菌包直接按照生产要求分床催芽即可。催好芽不用再分床，直接浇水管理即可。催芽应注意事项有：催芽过程中温度不能高于28 ℃，防止高温烧袋；不能太阳光直射暴晒，特别是催芽用薄膜覆盖的，一定要采用遮阳网或者草帘遮盖；如果刺孔催芽时间在3月中旬以后，用遮阳网遮盖，将遮阳网用1.8～2.0 m高的竹竿或者木桩升起来，加强通风和降温；催芽床（堆）要保持通风，如果催芽时间超过7～10 d，应及时将覆盖的薄膜揭起通风。

②大棚栽培催芽管理。春栽：菌包进棚在地面（有遮阳网或草帘垫层）堆放或立排，上面盖遮阳网或草帘，保温控湿养菌3～5 d后，菌包全白，菌丝浓密，旬平均气温达到10 ℃时，开口育耳。开口后同样堆放，保温、保湿，每天通风2～3次，适当增加光、温刺激，7～10 d后出现耳芽即可吊挂菌包。秋栽：菌包进棚在地面（有遮阳网或草帘垫层）立排，次日或隔日开口，散堆于地面，上盖遮阳网，降温、保湿，全天通风，防高温，养菌3 d左右，刺口菌丝恢复变黑线即可挂吊菌包。

24.3.7　出耳管理

24.3.7.1　分床或挂袋

(1) 露地栽培菌包的分床

催好耳芽的菌包揭去塑料薄膜2 d后即可分床摆袋。分床前应对要摆放菌包的垄畦进行预湿、除草、消毒处理，将菌包按每平方米 20～25 包均匀摆放在畦面上，每亩摆放 10 000 袋左右，菌包之间距离约成人握拳一拳头间隔为宜。

（2）大棚栽培吊挂菌包

在棚内框架横杆上，每隔 20 cm 按"品"字形系紧两根尼龙绳，垂直拉紧，底部离地 20 cm 打结。然后把已割口的菌包口朝下夹在尼龙绳上，在两根尼龙绳上扣上两头带钩的细铁钩，吊完 1 袋，第 2 袋按同样的步骤进行吊挂，每串挂 7 袋。吊绳底部用绳连接，以防相互碰撞。注意绳不能压耳，破损感染的菌包不能挂。

24.3.7.2 喷水管理

（1）露地栽培喷水管理

在不同时期应掌握不同的喷水方法：分床后 3～5 d 开始喷水，做到少喷、勤喷；随着耳片长大逐渐加大喷水量。若温度在 20 ℃ 以上，要早晚喷水，避免在高温天气浇水，以免形成高温高湿，气温在 28 ℃ 以上时，禁止白天喷水。一般喷水在每天早晚进行，每次喷 10～15 min，间歇 1 h 再喷 15 min，保证每次喷水保湿时间在 2 h 以上，连续浇水 3～5 d 后，晒袋 2～3 d，依照上述方法进行喷水直至木耳采收前 2 d。

（2）大棚栽培喷水管理

①挂袋后到原基形成阶段。如果不及时浇水催芽，会造成菌丝老化，影响出耳和产量。喷雾状水保持棚内昼夜湿度 75% 以上，使菌包表面有 1 层薄而不滴的"露水"，保证耳芽出得又齐又快。早晚各通风 1 次，每次 0.5～1 h，正常管理 10 d 左右后形成木耳原基。

②原基形成至耳片形成阶段。这一阶段湿度始终保持在 85% 左右，减少干湿交替，防止产生憋芽和连片。加强通风，防止二氧化碳浓度过高产生畸形耳。这一阶段更要防止高温伤菌，棚顶设置 1 根水带，棚内温度高于 24 ℃ 在棚外浇水降温，避免菌包流"红水"和感染绿霉菌。

③耳片形成至采收期管理阶段。注意开放管理、控制生长、及时采收、干湿交替。这一阶段棚内温度逐渐升高，将棚膜上卷至棚肩或棚顶。夜晚浇水，适当控制耳片生长速度，以保证耳片长得黑厚边圆。早春温度低，白天浇水，夜晚少浇水，春季应在下午 3 时至次日 7 时浇水；入夏后应在下午 5 时后至次日 3 时前浇水。浇水时应先将木耳全部湿透，然后每小时浇水 10～20 min，控制棚内湿度在 90% 左右。与露地栽培黑木耳相反，大棚栽培黑木耳保湿容易、通风难，展片期应全天通风。天暖后可将棚膜卷至棚顶，浇水时一般放下遮阳网，不浇水时应将遮阳网卷至棚顶或棚肩处。

（3）喷水管理注意事项

①喷水原则。喷水总体应掌握"干干湿湿，干湿交替"的原则，即要根据天气情况，晴天多喷，阴天少喷或不喷，根据天气预报，近日有雨就不喷。浇水还要掌握"透"的原则，即浇水要浇透、晒袋要晒透，晒袋期间不能浇水。

②喷水时间。春栽一般在气温 20 ℃以下时，可在上午 4—10 时喷水，随着温度升高，上午喷水逐步提前到早 9 时以前，下午喷水逐步推迟至 5 时以后进行；秋栽一般在早 7 时以前或下午 7 时以后进行，随着气温下降，早晨喷水推迟，晚上喷水提前。

③割袋放黄水。减少菌包内感染机会，否则会造成菌包下半部感染腐烂，最终全袋都烂掉而致使减产。

④晒袋。一定要晒袋，而且还要时常关注天气预报然后随机安排，如果近期要下雨就应提前或推后晒袋时间。由于栽培黑木耳需要喷水，不管是喷井水还是河水，只要在栽培袋内有积水、保证水分供应、光线弱，栽培袋内就会有青苔，如果水分过多、光线弱、温度适中，青苔发生严重。晒袋是控制黑木耳生长和预防青苔的有效手段，是解决目前各栽培基地劳动力不足的有效手段，同时是提高黑木耳产品质量的有效手段，能使黑木耳菌丝得到休息恢复。

24.3.7.3 转潮管理

不论是露地栽培还是大棚栽培，当第 1 茬黑木耳被采摘后，都必须经过 1 周的停水休养菌丝期（晒床或者晒棚 5~7 d），才可进入第 2 潮出耳管理。

（1）露地栽培

在第 2 潮出耳管理开始时必须喷足水分，使黑木耳菌包及地面充分湿润，耳片、耳基完全吸胀或耳基形成后，再按常规管理，经 8~10 d，可采收第 2 潮耳。然后，按上述方法继续进行下一潮耳的出耳管理。

（2）大棚栽培

在采收黑木耳后，将大棚的塑料薄膜和遮阳网卷至棚顶，晒袋 5~7 d 左右，然后再浇水管理，即"干干湿湿"水分管理。第 2 潮耳管理方法与第 1 潮耳大致相同，大湿度、大通风是关键。

（3）注意事项

晒床（晒棚）这个环节很关键，一定要做到晒床（晒棚），否则会影响产量或者后期菌包质量。如果一直长期浇水出耳、采耳而不晒床（晒棚），会造成菌丝匮乏、营养跟不上、青苔发生严重，表现症状就是菌包表面发绿、菌包变软、菌丝坏死，甚至出现耳片长不大就掉了的现象。晒床（晒棚）的目的是通过停止浇水，进一步让菌包内的菌丝得到休养生息，恢复菌丝的各项功能，从而为下一潮黑木耳生长蓄积养分和能量；晒床（晒棚）也是解决目前栽培生产劳动力不足的有效手段，还是提高黑木耳产品质量的有效手段。

24.3.7.4　破袋出耳

当露地栽培的菌包出耳达到4～6潮以后，菌包的营养将要消耗完后，可将菌包的顶部用刀片划开3～4个"十"字口，使袋顶直接暴露在外，为后期出耳奠定基础。破袋出耳可出1茬商品价值较高的小秋耳。

当大棚栽培的菌包采完2～3潮耳后，如果菌包仍然比较硬实、洁白，说明菌包内的营养物质还没有完全转化完，这时可以将吊绳上的菌包落地，在顶端用刀片开"十"或"♯"形口，然后在棚内密集摆放，早晚浇水4～5次，每次浇水1 h，停30 min。这样每个菌包还可以采干耳10～15 g。

24.3.7.5　废弃物的回收利用

一般不能乱扔乱放出完耳的菌包，应集中堆放晾干或给制作有机肥的企业循环利用；也应集中收回农膜，作为废旧塑料处理，不能任其在栽培场不管不顾。

24.3.8　采收晾晒

24.3.8.1　采收

黑木耳成熟的标准是耳片充分展开、边缘变薄、耳基变细、耳根收缩、颜色由黑变褐时，这个时候可采摘。采收前2 d停止浇水，采摘时拽住耳片连同耳根拔掉，不要伤及其它耳片。黑木耳一般在袋上半干时采收质量较好，这样的黑木耳易干、耳形好、商品价格高。清除老龄耳片，避免引起杂菌感染和害虫为害。

注意事项包括：第一，采摘原则。菌包轻拿轻放，耳片摘大留小。第二，黑木耳采摘的大小要求。一般代料栽培黑木耳产品要求鲜耳片直径在3～5 cm时为最佳采摘时间，干品不大于大拇指指甲盖为最佳品质。

24.3.8.2　晾晒

黑木耳采收后及时摊在晾晒席架上晾晒1～2 d即可晒干。晾晒前用剪刀剪去黑木耳根部的培养基，晾晒时一定要耳片在上，根部在下，而且呈大朵状的黑木耳一定在晒前撕开成单片状，晾晒中途不可翻动，一次性晒干，这样晒干的黑木耳为一等品。如果遇到阴雨天要盖防雨物，防雨物要盖在晾晒架上方，留有一定空间，便于空气流通，不要直接盖在耳片上，防止耳片被压变形，影响黑木耳质量（图24-8）。

图 24 - 8　黑木耳晾晒

　　晾晒黑木耳搭建晾晒床时，钢质结构或者竹木结构的晾晒床都可，这个根据实际情况来决定。钢质结构的可以做成 2 层，宽度 1.5 m 为宜，每层用 1.5 m 宽的专用晾晒网固定在床架上，上、下层间隔 50～70 cm（以人能够操作为宜），最下层距地面 70～100 cm，上边制作拱形结构盖塑料膜，防止下雨会淋湿晾晒的黑木耳。竹木结构一般做成 1 层，距地面 70～100 cm，上边制作拱形结构并盖塑料膜，主要起到遮雨作用。一般的晾晒场要占到黑木耳栽培面积的 1/5。即用 4 垄、8 垄、12 垄栽培黑木耳时，分别留 1 垄、2 垄、3 垄搭晾晒床。

24.3.9　储藏

　　干制的黑木耳一般用无毒的聚乙烯塑料袋包装密封，也可装在衬有防潮纸的木箱中，存放在干燥、通风、洁净的库房里。如果有专门的库房，且库房比较干燥的话，也可以用塑料编织袋装黑木耳，若黑木耳需长时间地储藏，建议不要用塑料编织袋，因为遇上连续的阴雨天气会使黑木耳回潮。

24.4　主要病虫害及防治

　　在制作黑木耳菌种、菌包和栽培黑木耳的过程中，由于环节比较多，黑木耳营养丰富，条件适宜，这给病虫害的发生创造了机会。常见的病害有毛霉菌、根霉、链孢霉、绿色木霉、曲霉等十几种污染菌，一经发现便很难防治；常见的虫害包括螨虫、菌蝇、跳虫、蚂蚁、线虫等。防治方法主要有人工扑捉、灯光诱杀、配制各种诱饵、药剂杀灭。

黑木耳病虫害的防治宗旨是"预防为主，防治为辅"。露地栽培黑木耳菌包制作、养菌和田间管理过程中发生危害严重的病害有以下 4 种。

24.4.1　绿霉病

绿霉病在生产制袋、发菌管理、出耳管理过程中都有发生。

①发病原因。养菌期间发生绿霉病主要原因是：菌种带菌，灭菌不彻底，有死角；接种不严格，带杂菌操作；料袋破损，检查不严格。在黑木耳菌包下田或进棚初期出现绿霉感染是由于高温、高湿、通风不良等造成的。

②主要症状。菌丝呈白色斑块，逐渐变绿，后期为深绿色，直至变软腐烂。

③发病条件。温度为 25～32 ℃，培养料偏酸，湿度过大，通风不良。

④防治措施。第一，生产环境、栽培场所进行消毒处理；第二，严格挑选优质菌种；第三，灭菌彻底，不留死角；第四，严格按无菌操作程序接种；第五，发菌培养严防高温、高湿、通风不良；第六，在黑木耳菌包下田或进棚初期，严格控制温、湿度，防止高温、高湿。

24.4.2　链孢霉病

链孢霉亦称红孢霉，俗称面包霉，初期白色，后期形成粉红色或红色的孢子堆，呈小面包状。

①发病原因。养菌期间发生链孢霉病主要是：菌种带菌，灭菌不彻底，有死角；接种不严格，带杂菌操作；料袋破损，检查不严格。露地栽培初期发生链孢霉病主要是高温、高湿环境造成的，一般在黑木耳菌包催芽过程中，菌包受到阳光直射和高温伤害致使黑木耳菌丝死亡，之后极易发生链孢霉病害，多在菌包的开口处发生。

②主要症状。菌群初为白色粉粒状，后在菌群边缘形成绒毛状气生菌丝，产生大量成团的分生孢子。

③发病条件。链孢霉特别适合在高温、高湿的条件下生长，温度为 25～36 ℃时生长速度最快。

④预防措施。第一，养菌生产环境、栽培场所进行消毒处理；第二，严格挑选优质菌种；第三，灭菌彻底，不留死角；第四，严格按无菌操作程序接种；第五，发菌培养严防高温、高湿、通风不良；第六，在黑木耳生产初期及催芽阶段尽量降低环境的温度、湿度，加大遮阴，减少阳光直射强度，

降低催芽床温度，从而避免烧袋现象发生，避免黑木耳菌丝死亡引发该病。第七，对于已经发生链孢霉的菌包，一般采取晒包和药物防治相结合的方法处理。在发生链孢霉后，及时停止喷水，晒袋 5～10 d，同时对发病的链孢霉孢子堆用 30％百福可湿性粉剂进行喷雾，在每天早 10—12 时或者下午 4—6 时用小型手持喷壶对准链孢霉孢子堆喷雾，使孢子堆均匀受药，连续 1～2 次即可，间隔时间 6～10 h。施药后 2～3 d 会发现链孢霉孢子堆萎缩死亡。

24.4.3　青苔病

青苔病也叫"夕阳病"。

①发病原因。袋、料分离，浇水时水从孔口进入菌包，水含苔藓植物。

②主要症状。菌包中菌丝表面与袋内形成绿色的苔藓植物（藻类），影响黑木耳产量甚至造成绝收。

③发病条件。高温季节，温度大于 30 ℃，菌包温度未降下来，喷水或突然遇到降雨，菌袋在高温时遇到雨水，温差刺激致使黑木耳发生青苔病。

④预防措施。第一，催芽时注意补充水分，防止造成袋、料分离的现象。而袋、料分离以后，在后期浇水培养的过程中就容易导致栽培袋进水，然后水被袋内培养料吸收，培养料水分含量过大，袋内菌丝由于缺氧而活力减弱。青苔在高温、高湿、阳光照射的环境下生长、繁殖速度极快。第二，黑木耳后期出耳管理的浇水原则就是少浇、勤浇，黑木耳长期处于浇水状态下会出现长青苔的现象。第三，科学用水，浇水时应选择洁净的井水、流动水，不浇死水，晒水池的困水时间不要过长，摒弃温水黑木耳生长快的理念。冷水浇袋有利于黑木耳高产，而温水浇袋有利于高产的认识是错误的，黑木耳高产的第一要素是菌包保持健康无病害，这能够给后期的春耳秋管或者秋耳越冬后的春管打下高产的基础。比较好的办法是在黑木耳栽培场地边上，挖一口水泥管井，然后向井内下入潜水泵，直接使用优质地下水源，用井水直接浇袋。第四，水中加漂白粉和一片清对青苔病有一定预防作用。

⑤防治措施。长了青苔以后如果不及时治理，菌棒很快就会瘫软腐烂。所以要早发现、早治疗。一是在采摘黑木耳时发现有袋内积水现象，及时用刀片划口将积水放出。二是菌包袋、料分离严重的，袋内形成耳基就需要将袋子剥掉，袋子已绿 3/4 以上时，可以直接将菌包顶部撕开。三是剥袋、开顶以后更要少浇勤浇。耳片吸足水分就要停水。四是将长青苔的菌包单独管理成一床，加强晒袋。若大面积发生青苔，在采耳时，转动菌包使长有青苔一面朝向阳光，经阳光照射后，青苔会大量消失。

24.4.4　黏菌病

黑木耳黏菌病是在出耳管理中常见的一种病害。

①症状。黏菌在培养料上的菌落为白色、黄色变形虫状或网状，一般与平菇等菌丝不易区分。黏菌会造成培养料变质或不出耳，侵害子实体，在耳体表面出现界限不分明的斑驳，粘胶质团迅速从耳向耳体蔓延，随后使其腐烂、倒伏。黑木耳黏菌病为黏菌侵害。在生长中后期，染病耳出现红根，生长缓慢，逐渐停止生长，最后烂耳、变软、自溶（流耳）。

②传播途径。黏菌平时在树林阴湿的地面或树干上腐生，喜欢生长在有机质丰富的土壤培养料中。孢子借气流、雨水传播蔓延，在 12～26 ℃时，最宜孢子萌发，形成变形体。

③发病原因。高温高湿、通风不良；浇水过多；袋内缺氧，造成无法提供营养而烂耳。

④防治措施。第一，合理调节水分、光照、温度、通风等生长条件因子；第二，严禁高温（25 ℃以上）时喷水，在温度低时或晚上喷水；第三，在菌包、菌床发现黏菌时，用半量式波尔多液（即硫酸铜 1 kg，生石灰 0.5 kg，水 100 kg）在病灶处喷洒，每 7～10 d 1 次，共喷 3 次，黏菌即可消退，菌耳、菌丝生长恢复如常。

24.5　生产常见问题分析与解决办法

24.5.1　商洛市黑木耳适宜栽培期

黑木耳属中温型菌类，根据栽培经验，在秦巴山区，海拔 1 000 m 以上，1 年生产 1 批，海拔 1 000 m 以下，1 年可生产 2 批。一般以当地平均气温稳定在 10 ℃以上时为袋栽划口期，这样向前倒推 40～45 d 为制袋接种期。在海拔 1 000 m 以下的中温低热区，春季 2 月上、中旬接种，3 月中、下旬划口露地栽培，5 月上、中旬采耳结束；秋栽 7 月中、下旬制袋接种，9 月上、中旬划口露地栽培，10 月下旬采收结束。在海拔 1 000 m 以上的高寒山区，以春栽为主，于 3 月下旬至 4 月上旬划口露地栽培，6 月上旬前采收结束。

24.5.2　袋栽黑木耳品种选择

袋栽黑木耳品种选择原则是抗逆性强、抗杂能力强、肉厚、颜色深、品质优、产量高、生育期短，目前生产主栽品种有黑威系列的黑威 15、黑威半筋、黑威单片、黑威 29（大筋）等。

24.5.3　拌料注意事项

拌料时，先把辅料拌均匀，然后主、辅料干拌3次，再加水搅拌，拌料要均匀，控制含水量60％～65％。拌完的料要闷1h后再装袋。当天拌的料要用完，避免酸败。

24.5.4　装袋注意事项

选择优质的菌包，装袋时力求培养料上、下、内、外松紧一致，袋面光滑平整，袋型一般选用16cm×37cm的黑木耳专用袋，装袋高度（22±0.5）cm，窝口达到质量标准。

24.5.5　灭菌注意事项

每次灭菌不宜袋数过多，一般2000～4000袋为宜，袋数过多灭菌会不彻底，容易产生灭菌死角；要用周转筐进行灭菌，禁止菌包直接堆码，防止菌包挤压变形。

24.5.6　接种注意事项

接种应达到无菌操作。一是确保接种区域经过彻底消毒后空间达到或接近无菌状态；二是接种人员的手、接种工具、菌包表面都要消毒，接种人员应穿着经过消毒灭菌的专用工作服；三是严把菌种关，选择菌龄适宜的优质菌种，禁止使用感染菌种。

24.5.7　发菌培养注意事项

一是培养室必须避光、干净卫生，相对空气湿度50％以下。

二是确保培养温度25℃左右，禁止温度超过28℃。

三是培养后期加强培养室的通风管理，处理好温度、湿度、通风三者的关系。

四是及时挑选出污染袋，避免杂菌孢子传播。

24.5.8　菌包污染率高的原因

菌袋污染率高的主要原因包括：品种选择不当，菌种退化或者带有杂菌；菌包质量差或者原料未过筛，有沙眼；灭菌不彻底；环境卫生差，接种时消毒不彻底；培养室湿度过大；培养温度高致使烧菌；在出耳期管理不当，高温高湿也容易造成菌包污染。

24.5.9　菌包烧菌的原因

菌包烧菌的原因主要是培养温度过高、摆放层数过多、通风不及时。一般培养温度 22～25 ℃，摆放层数不超过 4 层，培养前期每天通风 1 次，后期每天通风 2 次，每次 20～30 min。

24.5.10　催芽时注意事项

催芽时注意事项包括：一是划口处严禁进水，保持床面湿度。二是耳芽不宜培育过大，过大时耳芽间易粘连，会造成分床掉芽现象。三是为保证黑木耳质量，防止泥土溅到耳片上，可采用铺遮阳网或地膜的方法。

24.5.11　出耳不齐的原因

出耳不齐的原因包括：菌种退化和老化；菌包菌龄过长，上部培养料失水严重；划口质量不均一；湿度过小。

24.5.12　出现烂耳、流耳原因

出现烂耳、流耳原因包括：品种选择不当，菌种退化；栽培季节选择不当；感染杂菌；温、湿度过大，持续时间长；采摘时期不当。

24.5.13　晾晒时注意事项

晾晒时注意事项包括：采后要及时晾晒，晾晒时要耳片在上，耳基在下；晾晒要用网状物，上下通气；晾晒中途不可翻动，要一次性晒干。

24.5.14　黑木耳分级标准

黑木耳分 3 个级别：一级耳耳面黑褐色、有光亮感、背面灰色，没有拳耳、流耳、流失耳、虫蛀耳、霉烂耳，朵片完整、不能通过 2 cm 的筛眼，耳片厚度 1 mm 以上，含水量不超过 14%。二级耳耳面黑褐色、背面暗灰色，没有拳耳、流耳、流失耳、虫蛀耳、霉烂耳，朵片基本完整、不能通过直径 1 cm 的筛眼，厚度 0.7 mm，含水量不超过 14%。三级耳多为黑褐色到浅棕色，拳耳不超过 1%、流耳不超过 0.5%，没有流失耳、虫蛀耳、霉烂耳，朵小或碎片、不能通过直径 0.4 cm 的筛眼，含水量不超过 14%。

24.5.15　黑木耳催芽过程中憋芽、鼓包的原因及解决方法

（1）菌种选择不当

防止因菌种造成憋芽、鼓包的方法：一是小孔出耳选择的品种一定要选择

耳基单生的品种。二是要严格把好菌种质量关，不要用携带杂菌、螨虫、病毒的菌种。

（2）菌包过松，袋料严重分离

出现袋料分离的情况有两种原因：一是在制棒的时候装料不紧；二是装袋、搬运、装卸过程中没有做到轻拿轻放而导致的袋料分离，尤其是在开孔以后的袋、料分离而产生憋芽的现象更为严重。所以无论是装车、卸车、装袋、倒袋、运输的各个环节都要求做到轻拿轻放。

（3）菌龄过短，开口过早

有些地区冬季生产的菌棒长满以后就放到室内直接冷冻保藏，甚至还有不养菌直接开孔，这些都是导致袋内憋芽的重要原因。因此掌握好合适的开口时间，安排好出耳催芽的季节也是重要的一个环节。由于各地的气候条件不一致，不能把一个地区的成熟经验直接照搬到另外一个地区来应用。要根据实际的客观条件来进行安排。在时间上需要根据当地的物候条件来合理安排，开口时间只要当地最低气温稳定高于 10 ℃就可以进行开口、催芽管理。

（4）开口形状不适宜，开口过小

解决办法：开口形状以"1"字口出芽效果好，"Y"字口次之，圆形口最差。对于经验不足或催芽技术水平不高的生产者，根据实际情况来决定黑木耳菌包开孔的形状和大小。开口时注意根据菌棒及时调整开口机的刀具，达到合理的孔深和孔径大小，以"1"字口为例：以孔深 0.5 cm，长 0.3 cm 为宜，这样有利于黑木耳原基分化和子实体形成。

（5）催芽期间温度过低，湿度过小

根据黑木耳的生物学特性，在黑木耳原基形成时保持适宜的温度、湿度、光照、氧气，出芽就很容易。

如果出现憋芽的情况，上述前 4 点原因是已经无法改变的，唯一能做的就是通过合理地调控好温度、湿度、光照条件来进行补救。方法是只要保持出耳空间温度为 15～25 ℃，湿度达到 70％以上，采取间歇性持续加湿的措施，保持 3～5 d 就可以使袋内耳芽长出袋外，形成子实体。

第 25 章　香菇栽培技术

25.1　概述

香菇（*Lentinus edodes*）属于口蘑科香菇属，又称香蕈、冬菇。因产地、季节和形态不同又称厚菇、薄菇、春菇、花菇、茶花菇、暗花菇等，是世界第二大食用菌，也是我国传统的出口土特产。

香菇的发展在陕南乃至整个陕西已由段木栽培转变为代料栽培，能充分利用经济林的修剪枝条作为栽培基质，栽培周期短、技术成熟、效益显著，既适合食用菌生产企业、专业合作社、家庭农场等，也适宜千家万户生产。香菇的栽培方式为春季栽培，夏季反季节栽培，冬、夏菇栽培，周年栽培，一年四季都有鲜菇供应市场（图 25-1）。

香菇香气沁脾，滋味鲜美，营养丰富，在民间素有"山珍之王"的美誉。根据现代科学分析，在 100 g 干香菇中含蛋白质 13 g、脂肪 1.8 g、碳水化合物 54 g、粗纤维 7.08 g、灰分 4.9 g、水分 13 g、钙 124 mg、磷 415 mg、铁 25.3 mg 以及维生素 B_1、维生素 B_2、维生素 C 等。此外，香菇还含有一般蔬菜缺乏的维生素 D，它还含有多种氨基酸、不饱和脂肪酸及 30 多种酶，是一种补充人体酶的独特食品，对促进人体新陈代谢、增强机体抵抗力等有重要价值，能够帮助儿童的骨骼及牙齿生长，可防止佝偻病及老年骨质疏松，有预防肝硬化和抗癌的作用，所以香菇是一种极佳的营养保健食品。2017 年 7 月 11 日，陕西省优质农产品开发服务中心组织省、市有关专家，对商洛香菇进行了品质鉴评，鉴评组专家一致认为：商洛香菇的外在感官特征是菇形圆整，菌盖褐色，或有裂纹，肉厚紧实；菌褶细密，菌柄短小；鲜香浓郁，嫩滑筋道，极具地方特色。肉厚紧实，嫩滑筋道是商洛香菇的典型特征。将多点采集的商洛市干香菇样品进行检测，得到商洛香菇具有低脂肪、高糖、高蛋白等特点的结论，富含铁、钙、磷等多种矿物质及维生素 B_1、维生素 B_2、维生素 D；经检测得知干菇中蛋白质含量≥21.0%，总糖含量≥35.0 g/100g，纤维含量≥6.7%，脂肪≤3.5%（图 25-2）。商洛香菇（干菇）蛋白质含量较全国平均水平高出 8%。

商洛市是中国七大香菇最佳宜生区之一，处于中国香菇种植的"黄金线"

地带，7 个县（区）均有种植，其中商南、商州、洛南 3 个县（区）规模较大。2022 年，全市香菇代料栽培 2.09 亿袋，鲜菇总产 27.14 万 t，占全市食用菌鲜品总产量的 68.5%，占陕西省香菇总产量的 37.5%，产值 25.6 亿元，综合收入 46.3 亿元，生产规模、产量均居陕西省首位。商洛市香菇从业人员 10.15 万人，主产区菇农年户均收入 2.5 万元，人均收入 6 000 多元。"商洛香菇"先后获国家农产品地理标志登记认定、入选中国特色农产品优势区、全国农产品区域公用品牌和陕西省农产品区域公用品牌，被确定为中国餐饮产业联盟餐饮消费扶贫产品之一，先后得到认证的香菇无公害产品有 33 个，绿色食品有 19 个，有机产品有 2 个，"商洛香菇"的品牌影响力和市场竞争力不断提升，"商洛香菇"已经成为商洛乃至陕西食用菌的重要名片，为商洛市农民增收和乡村振兴作出了重要贡献。

图 25-1　鲜香菇

图 25-2　干香菇

25.2　生物学特性

25.2.1　形态特征

香菇由营养器官（菌丝体）和繁殖器官（子实体）2 部分组成。

25.2.1.1　菌丝体

菌丝体是香菇的营养器官，由担孢子萌发而成，通常为白色绒毛状，有横隔，有锁状联合。菌丝不断增殖集结成的网状体即为菌丝体，成熟后可分泌褐色素，形成深褐色被膜，俗称菌膜，以保护菌丝。

25.2.1.2　子实体

通常所说的香菇即香菇的子实体，由菌盖、菌褶和菌柄等组成（图 25-3）。多为单生，少为丛生或群生，是人们食用的主要部分，是栽培的最终产品。菌盖呈圆形，直径通常 4～6 cm，大的可以达到 10 cm 以上；盖缘初内卷后平展，盖表面呈褐色或黑褐色，有少许鳞片，菌肉肥厚；菌柄中生或偏生，圆柱形，有基部粗上部细的，也有上部粗下部细的，白色、肉感丰富，一般长 3～10 cm，直径 0.5～1 cm；菌褶白色，稠密而柔软，由菌柄处放射而出，呈刀片状，是产生孢子的部位。

菌盖

菌柄

菌褶

图 25-3　香菇示意图

25.2.2　生长发育所需的条件

25.2.2.1　营养

香菇是一种木腐真菌，其营养成分包括碳源、氮源、矿物质和维生素等。由于香菇不含叶绿素，不能通过光合作用合成满足自身生长的营养物质，主要依靠菌丝分泌的胞外酶将纤维素、木质素等作为碳源或氮源进行分解，并吸收少量无机盐、维生素等，构成较全面的营养物质基础。在自然生长中，香菇的菌丝除了吸收木质部和韧皮部中少量可溶性物质，主要将木质素作为碳源，将韧皮部和木质部细胞中的原生质作为氮源，将沉积于导管中的有机盐或无机盐作为矿物质营养。因此，香菇生产必须依靠人工配制的木屑、麸皮、石膏、玉米粉、农作物秸秆等原料。

（1）碳源

香菇生长的碳源主要是淀粉、纤维素、半纤维素、木质素、糖类、有机酸等，糖类小分子化合物可以直接被菌丝吸收利用；淀粉、纤维素、半纤维素、木质素等大分子化合物，必须经过菌丝分泌产生的胞外酶分解才能被吸收利用。因此，在配料时加入富有营养的麸皮、玉米粉、米糠等可促进菌丝生长，提高出菇产量。

（2）氮源

氮源主要是有机氮化合物和无机氮化合物，有机氮化合物有尿素、蛋白质、蛋白胨等，其中氨基酸最好，铵态氮次之（硫酸铵），不能利用硝态氮和亚硝态氮。氮素在木材中分布不均匀，但在形成层中最多，在髓心中最少。据测定数据，树皮含氮量 $3.8\% \sim 5.0\%$，而木质部含氮量只有 $0.4\% \sim 0.5\%$。因此在配料时适当补充有机氮化合物，有利于提高香菇产量。

（3）碳氮比

香菇菌丝生长的碳氮比为 $25 : 1$，到子实体生长时最好为（$30 \sim 40$）：1，如果氮源过多，营养生长旺盛，子实体反而难以形成。

（4）矿物质

即无机盐，主要元素有磷、硫、钙、镁、钾、铁等。这些元素直接构成香菇细胞的成分，有的能保持细胞渗透平衡，促进新陈代谢的正常进行。

（5）维生素

维生素 B_1 对香菇菌丝生长影响较大，起促进代谢和催化作用。在合成培养基中配些麦麸或米糠等的原因之一，就是这些物质可提供维生素 B_1。维生素 B_1 在马铃薯、麦芽糖、酵母、米糠、麦麸中含量较高。

25.2.2.2　温度

香菇是变温结实性木腐真菌，菌丝发育的温度范围为 $5 \sim 32\,℃$，最适温度为 $24 \sim 27\,℃$。低于 $10\,℃$ 或高于 $32\,℃$ 时菌丝生长迟缓，$35\,℃$ 以上生长停止或者死亡。但香菇菌丝很耐低温，一般 $-20\,℃$ 时也不会死亡。子实体形成期的温度范围在 $5 \sim 25\,℃$，以 $10 \sim 17\,℃$ 最适宜，$15\,℃$ 最佳。高温可促使子实体分化，温度过高，香菇生长快、肉薄、柄长质量差；温度过低，子实体生长缓慢，但菌肉厚实，质地紧密，质量好。当昼夜温差在 $10\,℃$ 以上时子实体能迅速分化成长，在恒温下原基不易形成菇蕾。低温干燥环境下能形成花菇。

香菇根据品种对温度的要求差异，分为 3 类：高温型、中低温型和低温型。高温型品种子实体发育的温度范围是 15～25 ℃，中低温品种子实体发育的温度范围是 7～20 ℃，低温型品种子实体发育的温度范围是 5～15 ℃。

25.2.2.3　湿度

适宜菌丝体生长的培养料含水量为 55%～60%，培养室空气相对湿度为 45%～55%；出菇阶段菇棚内空气相对湿度应保持在 85%～90%。过湿则子实体易腐烂，菌棒易染杂菌，湿度低于 60%，子实体生长缓慢或干枯死亡。代料栽培中，给培养基注水或浸泡，均可提高产量。

25.2.2.4　水分

水是菌丝体和子实体的主要成分之一，是生命活动和新陈代谢必不可少的物质。培养基含水量应在 55%～60%，最简单的测定方法是抓一把拌好的培养料，用力握料，指缝有水渗出而不滴下，手松开料散不成团即可。过湿则透气不良，菌丝难以正常发育，生长缓慢且易感染杂菌；过于干燥，菌丝不能生长，分解木质素的能力下降，且易老化变衰。

25.2.2.5　空气

香菇属好气性真菌，因此，无论是菌丝培养还是菇棚内出菇，都必须定时通风，以保持培养室内或菇棚内空气新鲜。通气不畅，棚内二氧化碳浓度过高，会抑制菌丝生长和子实体的形成，甚至会导致杂菌滋生。

25.2.2.6　光照

在菌丝培养阶段要求环境黑暗，光线过强会使菌丝过早老化，但在子实体形成阶段必须有一定的散射光，而强烈的直射光对菌丝生长和出菇极为不利。在栽培过程中若光线不足，则出菇少且菌柄长，颜色淡，朵形差，质量差。阳光直射有利于培养花菇。香菇在完全黑暗的环境下不能形成子实体。

25.2.2.7　pH

一般菌丝在 pH3.0～7.0 的环境里均能正常生长，pH 以 4.5～6.0 最适宜。消毒灭菌和香菇菌丝生长过程会产生有机酸，使培养料 pH 下降，所以在拌料过程中，要求 pH 略高，在 7.0～8.0 均可。

25.3　栽培设施及配套设备

25.3.1　栽培设施

香菇代料栽培的养菌阶段为在活动板房、瓦房或菇棚 3 个月左右；出菇阶段为在塑料薄膜棚 6 个月左右。根据两个不同生长阶段的需求，生产时必须做好生产场地和主要栽培设施的准备。

25.3.1.1　生产场地的选择与要求

要求阳光充足，冬暖夏凉，日夜温差大，避北风，防寒流；靠近水源，环境清洁，远离厂矿企业、畜禽圈舍及食品酿造企业等；地势平坦，交通方便。还可利用林间、房前屋后的空地。

25.3.1.2　主要栽培设施

专业生产单位除了菌种场的培养室，还应根据香菇对环境条件的要求，因地制宜，缜密设计，建造适合的养菌室，用于养菌阶段的发菌培养；还需建造出菇阶段的出菇棚。通常庭院栽培香菇，可以充分利用现有的空房、山洞、地下室、人防工事；或者在田间地头搭建简易菇房，塑料荫棚亦可。

（1）养菌室

养菌室是菌袋的室内栽培场所。目前，规模生产一般采用彩钢活动板房作为养菌室。养菌室必须是通风换气良好，保温、保湿性能好，光照充足，地势较高，有利于排水的地方，方位应坐北朝南，有利于通风换气，冬季还有利于提高室内温度。彩钢活动板房的建造要求除通风窗外尽量保留缝隙，其地面应是水泥面，以利于清扫和消毒。其房顶必须设置通风换气设备，应开设上窗和下窗，以利于空气对流。养菌室的规格、大小应根据生产规模而定。

（2）出菇棚

塑料薄膜出菇棚结构形式多样，常用的有两种。

①框架多层薄膜出菇棚。又称拱式层架薄膜出菇棚，建棚地点要求能避风，冬季向阳，夏季可遮阳，地势高，离水源近。这种棚的优点：通风性能好，立体栽培，节约用地面积。棚体的层架材料可用水泥、钢材、竹或木等。层架宽 1 m，高 2～2.2 m，层架 6～7 层，层距 25 cm，两边各设 1 个层架，横档用竹或直径 10 mm 的钢筋。层架间距 70～80 cm 为人行道。层架顶部用钢管搭成弧形，斜坡，上覆农膜和遮阳网，并在层架顶部用压槽固定农膜和遮阳网，根据遮阳程度决定棚上是否再覆盖遮阳网。通常一个棚长 50 m，宽 5 m，可摆放 1 万袋左右。

②中拱斜摆式薄膜出菇棚。又称钢管中拱薄膜出菇棚，棚宽 6～8 m，中拱高 2.2～2.5 m，长 40 m，钢管间距 1 m，上覆农膜、遮阳网。棚内采用竖立斜摆排法。在棚内地面搭好排菌袋的架子，搭法为先沿棚两边每隔 2.5 m 处打一根木桩，用竹竿形成平杆，然后用铁丝顺着木桩上形成一横枕，供排放菌袋用。此种棚适用于反季节栽培。优点：保湿好；不足：用地面积大。

25.3.1.3　配套设备

香菇生产栽培中常用有以下几种配套设备。

（1）木屑粉碎机

可粉碎直径 10 cm 以下枝材，粉碎成颗粒状，颗粒大小可调，一般每小时可粉碎木屑 1 000～2 000 kg，动力为电力或柴油。

（2）自动化生产流水线

生产流水线整机由 2 个拌料桶、2 个提料机、1 个分料机、4 个装袋机和控制系统组成。特点是拌料、送料、装袋一次完成，生产效率高、降低劳动强度，适用于规模化生产和工厂化生产。

（3）装袋机

有卧式装袋机、立式装袋机，可装免割袋，也可装直径 15 cm、17 cm、18 cm 等不同型号的袋子。

（4）灭菌仓

有常压、微压灭菌仓之分。

（5）全自动打孔接种机

自动完成消毒、打孔、接种、出袋工艺，具有工作效率高、作业质量好、劳动强度低的优点，适用于香菇、银耳等品种的熟料栽培打穴接种。

（6）扎口机

有立式、卧式、电动、手动等机型，适用于香菇、银耳这 2 个打穴接种品种的扎口工作，扎口效率高，气密性好。

（7）刺孔增氧机

食用菌菌袋中的菌丝发育到一定阶段后，给菌袋刺孔，增加氧气，有利于菌丝发育，增加产量。这是一类机械工具，有电动与手动 2 种机型，适用于大、中、小栽培户选择使用。

（8）自动注水机

1 次注 8 个菌袋，每小时可注 800～1 000 个菌袋，可设定水量，具有注水效果好、提高工作效率、减小劳动强度等优点。

25.3.2　栽培原料选择

25.3.2.1　主要原料

香菇栽培的主要原料包括林木枝丫、苹果枝、桑枝、工农业副产物和下脚料等，简称主料。这些主料富含纤维素、半纤维素和木质素，是香菇生长的主要营养源。

（1）树木类

适合栽培香菇的树约有 200 多种，除了含有油脂、松脂胶及芳香性的种类不适宜外，一般以材质坚实的壳斗科、桦木科阔叶树的木屑较为理想。通常以阔叶树木屑、苹果树木屑、桑枝屑等为香菇栽培的主料。

（2）秸秆类

农村有大量的农作物秸秆，如秸秆、豆秸、花生壳、棉籽壳等。农作物的下脚料大部分被烧掉，不仅浪费资源，而且污染环境。这些秸秆营养成分十分丰富，是代料栽培香菇的理想原料。

（3）玉米芯

玉米芯是栽培香菇的代料之一，含有丰富的纤维素、蛋白质、脂肪及无机盐等营养成分。利用时要求将其晒干，粉碎成绿豆大小的颗粒状，不要粉碎成粉状，否则会影响培养料透气性，造成菌丝发育不良。在使用时需用 1%～2%石灰水浸泡 12 h 使其软化。

（4）野草类

农村野草资源十分丰富，可以代替木屑做培养料，用于栽培香菇的野草有芒箕、类芦、芦苇等 8 种。这一新技术为我国发展香菇生产找到了一条新方向。

福建省三明市龙溪县梅仙村 9 户农民以五节芒、类芦等野草为原料栽培香菇 1.6 万袋，单袋产鲜菇 600～700 g，平均单袋收入在 2 元以上。

25.3.2.2 辅助原料

在香菇栽培原料中，用于增加营养，改善物理、化学状态的一类物质，用量较小，一般称辅料。如麦麸、米糠、食糖、石膏粉、碳酸钙及微量元素等。

（1）麦麸

麦麸是香菇生产中一种不可缺少的辅助原料，用量约占培养料的 20%左右。麦麸含粗蛋白 11.4%、粗脂肪 4.8%、粗纤维素 8.8%、钙 0.15%、磷 0.62%。目前市场上常见的麦麸有粗皮、细皮、红皮、白皮等类型，其营养成分相同，生产上多采用红皮、粗皮麦麸，因其透气性好。麦麸以当年加工新鲜的为好，若霉变、遭虫蛀或因雨淋、潮湿结块等，养分受到破坏，则不能使用，以免造成培养料中碳氮比例失调，产量不高。

（2）米糠

米糠是生产香菇的辅料之一，可以替代麦麸，含有粗蛋白 11.8%、粗脂肪 14.5%、粗纤维素 7.2%、钙 0.39%、磷 0.03%，蛋白质、脂肪含量高于麦麸。选择不含各类谷壳的新鲜米糠，因为含谷壳的粗糠营养成分低，对香菇产量有影响。米糠易被螨虫侵食，宜放于干燥处，防止潮湿。

（3）玉米粉

玉米粉因品种与产地不同，其营养成分有差异。通常玉米粉中，含粗蛋白 9.6%、粗脂肪 5.6%、粗纤维素 3.9%、可溶性碳水化合物 69.6%、粗灰分 1%，尤其维生素 B_2 的含量高于其他谷物。在香菇培养料中加入 2%～3%玉米粉，增加碳素营养源，可以增强香菇菌丝活力，显著提高产量。

（4）食糖

食糖是香菇培养中的有机碳源之一，有利于菌丝恢复和生长，配方中常用

1%～1.5%的糖。香菇生产中用白糖、红糖均可。

（5）石膏粉

石膏粉即硫酸钙，弱酸性，在培养料中用量为 1%～2%，可提供钙素、硫素，亦起调节酸碱度的作用。市场上常见的石膏粉按用途分为食用、医用、工业用、农用这 4 种。栽培香菇主要选择农用石膏粉（食用菌专用），价格便宜，要求细度为 80～100 目，色白，在阳光下观察出现闪光发亮的即可。

（6）尿素

尿素是一种有机氮素化学肥料，在香菇生产中常用作固体培养料补充氮源营养，其用量为每袋培养料总重量的 0.1%～0.2%，添加量不宜过大，以免引起对菌丝的危害。

25.3.2.3　其他材料

香菇生产中除了原料、辅料外，还需要准备栽培用的塑料袋、免割袋、套袋、农膜、遮阳网以及消毒、灭菌、杀虫用的药品等，这些都是必备的。

25.4　代料栽培技术

所谓代料，是指取代原培养基质栽培食用菌的培养料。主要以当地丰富的农林废弃资源——阔叶树枝丫枝条、桑树枝、板栗苞、玉米芯及农作物秸秆等为栽培基质主料，配以麸皮、石膏等各种辅料，按一定比例配制成的栽培料基质，再拌匀装袋而成，实现了农林废弃物资源循环利用。应用免割保水膜技术、"百万袋"循环生产模式、病虫害绿色防控技术等。

免割保水膜技术。免割袋的材料为一种保水膜（图 25-4），免割保水膜技术即装料时，在常规筒袋下层再套 1 个保水膜，出菇时剥掉上面的菌袋，不需人工割袋香菇就能顶破保水膜正常生长的 1 种栽培新技术。这项新技术主要

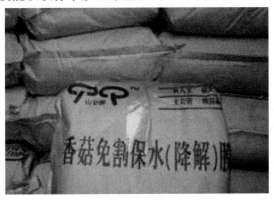

图 25-4　香菇免割保水膜

优点是省工省时，在出菇时不需大量的人工划袋出菇，而且无畸形菇，商品菇比例（一、二级菇）达到85％以上，提高了香菇商品价值，同时保水膜还可随菌棒收缩而收缩。

"百万袋"食用菌生产模式。以行政村或较大的自然村为单元，依托1个专业合作社或龙头企业，建设1条专业化菌包生产线，带动农户100户左右，每户种植食用菌不少于1万袋，实现年产值1 000万元，户均纯收入4万～6万元。这种半工厂化模式可以实现企业与农户的优势互补，把原料采购、拌料、消毒灭菌、装袋、接种等劳动量大而集中且便于机械化操作的环节以及市场销售、技术服务等资金、技术、人才要求高的工作交给企业去经营，把出菇管理这一劳动密集、时间较长、占用场地多的环节交给农户分散去管理。合理的分工、分业可以让农户从前期繁重的劳动中解放出来，有效减少资金占用时间，订单式生产不用农户花费时间独自闯市场，只需专心做好出菇管理。企业可以避开不具优势的出菇管理生产环节，产品质量变得更加可控和稳定，能够通过模式复制较快扩张规模。企业生产菌包坚持微利原则，利益主要来源于规模效益和产品购销、分级加工、品牌效应等方面。

病虫害绿色防控技术。病虫害绿色防控是以促进食用菌安全生产、减少化学农药使用量为目标，采取生态控制、生物防治、物理防治、科学使用食用菌已登记过的药剂等环境友好型措施来控制有害生物的有效行为。实施绿色防控是发展现代农业，建设"资源节约、环境友好""两型"农业，促进农业生产安全、农产品质量安全、农业生态安全和农业贸易安全的有效途径。

25.4.1　生产流程

主、辅料准备→拌料（干拌和加水拌）→装袋（人工和机械装袋）→灭菌（高压锅和蒸汽包）→接种（接种帐接种箱和层流罩空气净化台）→菌丝培养→转色管理→越夏管理→进棚出菇→采收→分级→销售

25.4.2　栽培季节选择

由于香菇属变温结实性菌类，香菇栽培季节一般分为春季栽培（冬菇，顺季节栽培）、夏季栽培（反季节栽培）和秋季栽培。根据商洛的气候特点适宜春季栽培、夏季栽培，春季栽培以春季2—4月生产制袋、接种，9月至次年4月即秋、冬、春季出菇，适宜在海拔1 000 m以下区域栽培，采用钢架大棚进行层架式立体栽培。

夏季栽培即代料香菇反季节栽培，夏菇在上年10—11月生产制袋、接种，次年6—9月出菇。适宜在海拔1 000 m以上区域栽培，采用钢架中拱棚进行地摆式栽培。

无论春季栽培还是夏季栽培，发菌期要注意满足菌丝生长发育的温度，可采用加温措施提高发菌期温度，提高制袋成活率。

25.4.3　品种选择及品种简介

商洛香菇选用菌丝生命力强、菌龄适宜、无杂菌、无虫害的优质菌种进行生产。春栽选择中低温型品种，以 908、9608、31、839 等为主栽品种；夏栽选择中高温型品种，以 L808、818、灵仙一号、808 等为主栽品种。所选用的品种不能单一，应选择 2～3 个品种搭配栽培。

适宜主栽品种的主要特性如下。

（1）908

属中低温型品种，菌龄 120～150 d，菌丝生长适宜温度 22～26 ℃，出菇温度范围 8～25 ℃，适宜出菇温度 8～20 ℃；子实体单生，菇大，肉厚，柄短，菇型圆整，易越夏，为优质高产花菇品种。

（2）9608

属中低温型品种，菌龄 150 d，菌丝生长适宜温度 22～27 ℃，出菇温度范围 6～26 ℃，适宜出菇温度 8～22 ℃；子实体单生，菇中大型，盖大肉厚，菇型圆整，菇柄较粗短，菌肉组织致密，不易开伞，畸形菇少；菌丝抗逆性强、较耐高温、较抗杂菌，越夏烂筒少。

（3）31

属中温型品种，来源于河南省卢氏县，西峡北部山区种得比较多，褐色，菌龄 110～120 d，出菇温度 10～28 ℃；菇大型，肉厚饱满，柄短，菇质特优，肉厚，圆整；抗逆性强，特别适宜鲜菇销售，市场销量好。

（4）839

属中低温型品种，菌盖褐色，菌龄 120～150 d，菌丝生长适宜温度 22～26 ℃，出菇温度范围 8～25 ℃，适宜出菇温度 10～20 ℃；子实体单生，菇体中等，出菇稍密，肉厚，柄短，菇型圆整；易越夏，抗逆高产，适宜做干菇。

（5）L808

属中温型品种，褐色，菌龄 110～120 d，出菇温度 8～28 ℃；菇大型，肉厚特紧实，柄短，菇质特优，肉厚，圆整；抗逆性强，为高产当家品种。

（6）818

属中高温型品种，菌龄 100～120 d，出菇温度 10～28 ℃，最适温度 12～22 ℃；子实体单生，中大叶型，肉质紧密，菇面较白，不易开伞，菇柄短。

（7）灵仙一号

属中高温型品种，褐色，菌龄 120 d，出菇温度 8～28 ℃，最适温度 15～22 ℃；子实体单生，菇体中大型，菇型特圆，组织紧密，菇质硬，其产量质量均出类拔萃，春夏秋出菇首选品种。温度较低、通风良好的条件下，菇盖大柄短；温度较高、通风不好时，菇盖小柄长。

（8）808

属中高温型品种，菌龄 100 d 以上，出菇温度 12～28 ℃，最适温度 15～22 ℃。菇中大型，肉厚，柄短，优质高产，不易越夏。

25.4.4　代料香菇培养基配方

代料香菇培养基的配料，必须达到菌丝生长发育所需的全部营养要求，各种主料、辅料必须按一定比例科学搭配而成。农作物秸秆如玉米芯、豆秸、花生壳、木屑等都是香菇代料栽培的好主料。木屑以阔叶树为好，切忌松、柏木等含芳香味的木屑，要求木屑、玉米芯、豆秸、花生壳等无霉变，要求玉米粉、麸皮等新鲜、无虫蛀。综合各地经验提出 3 种配方。

配方 1：木屑 78%，麸皮 20%，石膏 1%，生石灰 1%。

配方 2：木屑 49%，玉米芯（栗苞、豆秸、花生壳）30%，麸皮 20%，石膏 1%。

配方 3：木屑 77.7%，麸皮 20%，石膏 2%，磷酸二氢钾 0.3%。

25.4.5　拌料

上述配方任选 1 种，先将麸皮、石膏、生石灰按比例称好，充分拌匀，然后再添加到主料中，干翻拌 2～3 次，然后加水，含水量达到 55%～60%，再拌 2～3 遍。整个拌料过程达到"两匀一充分"，即各种干料拌匀、料水拌匀，原料吸水充分。堆闷 2～3 h 待原料吸足水分即可装袋。

25.4.6　装袋

春季栽培时塑料袋选用 18 cm×60 cm×0.05 cm 的聚乙烯塑料折角袋，其容量大，装入基质多，提供养分的时间长、生物转化率高、保水保湿能力强。要求塑料袋质量好，有沙眼的料袋不能选用，免割保水膜规格为 18 cm×60 cm×0.02 cm。采用装袋机装袋（图 25-5），先将免割保水膜套入装袋机套筒，再套入塑料袋，机械自动填料即可。料袋要求松紧适当，手捏有弹性感。料袋装好后，用扎口机扎口，并用水测试是否渗水，若渗水，则为封口不严，要调节扎口机直至扎紧。每袋装干料 1.4～1.5 kg，湿重 3 kg 左右。

夏季栽培选用 17 cm×58 cm×0.05 cm 的聚乙烯塑料折角袋，其出菇时间稍短、所需养分较春季栽培少，故袋子规格较春季栽培的袋子小。料袋每袋湿重 2.5 kg 左右。

图25-5　全自动装袋生产线

25.4.7　灭菌

料袋要求流水作业，当天拌料、装袋，当天灭菌。一般采用常压蒸汽灭菌。料袋分层次摆放入蒸汽包内，并留通汽道，以利于蒸汽流通，每包摆放8 000～10 000袋为宜，上用农膜或彩条布覆盖，四周用沙袋压实。灭菌的原则是：大火攻头快升温，旺火维持保灭菌。灭菌应在短时间内温度上升至100 ℃，然后维持18～20 h，并密闭12 h；灭菌期间，应经常检查温度，中间不能使火减弱，保证灭菌彻底，灭菌结束温度下降到70 ℃左右，可取出料袋。

25.4.8　接种

接种分为开放式接种、接种箱接种、专业化接种线接种。

25.4.8.1　开放式接种

将灭菌的菌袋、菌种、接种工具、消毒用品等移入已消毒的房间（接种帐），袋温降至30 ℃时，密闭门窗，每立方米用8 g气雾消毒剂点燃灭菌。待30 min后，工作人员穿上工作服进入。进入前工作人员用75%的酒精擦拭手臂；进入后工作人员也要用75%的酒精擦拭手臂、接种工具、菌种袋外壁，然后开始接种。先用酒精棉球擦拭接种区，用打孔棒或直径1.5 cm锥形木棒，在料袋打深2～3 cm的孔，每袋打3～5孔，每袋打3孔者要求呈直线等距离排列；每袋打5孔者要求两面打孔，呈"品"字形排列。再迅速将菌种接入孔内，一定要接实，菌种稍高于袋面为好，然后套上套袋扎口密封即可。

25.4.8.2　接种箱接种

首先将菌袋，接种工具、菌种、消毒用品等放入接种箱，按 8 g/m³ 将气雾消毒剂点燃灭菌。待 30 min 后，接种人员开始接种。先用酒精棉球擦拭手、打孔棒、菌种袋外壁。接种方法同开放式接种。

25.4.8.3　专业化接种线接种

这是一种比较先进的接种方式，可节省接种时间，接种效率高，成活率高，适用于食用菌专业化、工厂化生产接种线，但接种设备投资大，接种室装修严格。接种室必须安装百级层流和传送带，将料袋在冷却室冷却，料袋经臭氧消毒后用传送带传进层流罩局部空气净化台下进行无菌接种，接种过程同前两种方法。

无论采用哪种方式接种，必须在无菌环境条件下按无菌操作程序接种，一般用种量每千袋 50～75 kg。

25.4.9　发菌培养管理

接种定植至发菌成熟，需 60～70 d，其中包括萌发定植期、菌丝生长（吃料）期、菌丝生长成熟期以及菌袋转色期。

养菌室的准备。养菌室要求洁净，避风较暗，有利于保温，使用前先撒生石灰，再用福尔马林熏蒸消毒（图 25-6）。

图 25-6　标准化养菌室

接种的菌袋立即放入消毒过的养菌室或发菌棚内，如果用发菌棚发菌，棚上 30 cm 处必须用双层遮阳网遮阳。接种过菌种的菌袋顺码堆放，堆高以 5～7 层为宜，预留通风道，而且接种孔须向两旁，不要相互挤压。发菌棚温度控制在 20～25 ℃，空气相对湿度控制在 50%～60% 以下，避光培养，棚内保持定期通风。当菌丝蔓延生长至直径 4 cm 左右时，要及时翻堆检查，并进行第 1 次扎孔增氧，每袋扎孔 15～20 个，"▲" 形或 "井" 字形堆放。第 2 次在菌丝长满袋半个月后，用刺孔机刺孔，每袋刺孔 70 个左右。在刺孔过程中特别注意通风、降温，菌袋上下倒置，以便均匀转色，促使菌丝健壮生长。在翻堆扎孔时，发现污染袋及时清理，进行无害化处理，确保生产区域环境清洁。大风大雨、温度很高时不能扎孔。

25.4.10　转色管理

转色指在菌袋上长出瘤状物达到 80% 以上后，表面菌丝倒伏，菌丝分泌出褐色水珠，而后在菌袋表面形成 1 层具有一定活力棕褐色菌皮的过程，这层棕褐色菌皮可起到保水、避免杂菌侵染的作用。菌丝长满菌袋，即进入转色管理。转色适宜温度是 20～24 ℃，低于 15 ℃ 或高于 25 ℃ 菌皮难以形成，要求空气相对湿度 75% 左右，同时需要散射光和新鲜空气。在转色过程中，菌袋有 "吐黄水" 现象，要及时排放，以防烂袋，保证转色均匀，以确保出菇好、产量高（图 25-7）。

图 25-7　香菇转色

25.4.11　越夏管理

每次扎孔后，菌丝呼吸作用加强，代谢旺盛而使菌袋内温度高于室温 3～

5 ℃；扎孔越多、越深、越粗，袋内温度就越高，如果管理不到位，极易产生烧袋现象。室内越夏，扎孔后要疏散菌袋，使堆垛层数降低，垛与垛之间要留通风道，以加强通风降温。中午温度高时关闭门窗，防止热空气进入，早晚打开门窗通风降温。室外越夏，特别是在室外棚内越夏，要搭建遮阳棚，顶部遮阳物要加厚或用遮光率在 85％以上的遮阳网搭建间隔 50 cm 的双层遮阳网，四周也要用秸秆或遮阳网遮蔽，同时注意通风降温；菌袋过密应疏散菌袋，保证温度不超过 30 ℃，空气相对湿度 60％～80％。在养菌室或越夏棚内撒上生石灰，防止杂菌滋生，尽量少翻动菌袋。

25.4.12 出菇管理

香菇是一种变温结实性菌类，有一定温差才能出菇，要灵活掌握；当地温差在 10 ℃以上时安排出菇。

25.4.12.1 催蕾

当气温有 10 ℃以上温差时，就准备催蕾出菇，采用免割保水膜技术，将菌袋的塑料袋脱去，增加棚内湿度，使相对湿度为 80％～90％。白天棚膜盖严，晚上打开棚膜，让冷空气侵入，日夜温差达 10 ℃以上，连续处理 3～4 d，菌袋就会出现原基，并发育成菇蕾，此时菇棚温度白天 22 ℃，晚上 12 ℃，相对湿度为 80％～90％；待菇蕾大量长出菌盖且菌柄明显形成后开始出菇。

25.4.12.2 出菇

出菇期一是要保持菇棚的空气相对湿度为 80％～90％，防止过于干燥或过湿的状况。可通过间歇地向地上和空间喷水调节，特别干燥的天气也可直接向菌袋喷雾，但要防止大雨淋浇。二是要保持菇棚内通风良好，空气清新，防止闷气现象出现。可采取拱高农膜，通过控制每天掀膜通风的次数和时间长短来调节，至少 1～2 次。三是要保持菇棚温度 15～20 ℃，防止气温过高或过低，可通过掀膜和增减遮阳物及喷水来调节，如秋季高温可加盖遮阳网，棚内多喷冷水降温；冬季干冷风天气，去掉遮阳网，白天多晒太阳，夜间盖膜保温，午后结合喷水短暂通风，尽量在寒潮回暖间隙出菇；春季气温上升，可加盖遮阳网降温。

25.4.12.3 优质花菇培育

花菇的花纹是在干冷气候条件下菌盖表皮层与内质层细胞分裂不同步形成的，培育花菇应从 5 个方面着手。

（1）选好菌种

为了多得花菇，应选用菇大肉厚，易产花菇的中低温型品种。

（2）选好培养料

选用阔叶树杂木屑，粗细均匀，大小在 0.5～1.0 cm 的颗粒，保证养分充足，以供出菇。

（3）把握接种时间

春栽香菇应在 2—3 月接种制袋。这期间要搞好越夏降温管理，温度不超过 28 ℃，争取在秋末初冬天气干燥时出好菇。

（4）抓住催蕾时机

当温度下降至 12～18 ℃，并有 10 ℃以上温差刺激时，则应保持空气湿度在 80% 左右，并适当轻打振动菌袋；当大量菇蕾长至直径 1 cm 大小时，应进行疏蕾，即摘除生长过密、生长势差和畸形菇蕾，每菌袋只留一些生长好、大小一致的菇蕾。

（5）做好催花培养

当菇蕾长至直径 2 cm 左右大时，日平均温度控制在 12～15 ℃；可通过掀膜和遮阳物来调节，棚内不喷水，保持空气相对湿度在 60% 左右，宁干勿湿，另外要保持棚内空气新鲜和具有足够的散射光，晴天多掀膜通风，阴雨天、潮湿天要盖好农膜，防止雨淋和霜冻危害。

25.4.13　转潮管理

一般将当潮菇完成至下潮菇生长的期间管理称为转潮管理。

25.4.13.1　养菌

掀膜通风，降温降湿半天，使因采收切下子实体而造成的伤口稍干愈合，防止污染；之后，用棚膜盖低，每天通风 1～2 次，每次 30 min，养菌 7～10 d。若天气干燥，则掀膜时适当喷雾。

25.4.13.2　第 2 潮菇管理

第 1 潮菇采后养菌，待菌窝变白时注水，用注水器注水，一般达到最初菌棒重量的 80% 即可，不可超过最初菌棒。盖棚让菌丝恢复 2～3 d，然后按照第 1 潮催菇和出菇管理方法进行出菇管理。代料栽培香菇在 1 个栽培周期一般可收 4～5 潮菇。

25.5　采收与加工

25.5.1　采收

香菇子实体长成后要及时采收，采收标准为子实体长到 7～8 分成熟，菌膜刚刚破，菌盖尚未展开（即铜锣边），边缘内卷，菌盖 5～6 cm。过早或过迟采摘均会影响香菇的产量和质量。

采摘香菇时，用拇指和食指钳住菇柄根部，尽量使菌盖边缘和菌褶保持原貌，不要碰伤旁边的小菇蕾。采摘时把菇柄完整摘下来，以免残留部分在菌袋腐烂，引起杂菌感染，影响以后出菇。采收后根据市场需求及时鲜销或剪去菇柄及时将香菇烘干密封保存。

采摘最好在晴天进行，这样可以先摊晒或烘烤，有利于提高商品的外观质量。因此，当香菇接近采收标准却遇到天气变阴、气温迅速升高将要下雨时，则应提前采收，以免高温阴雨导致菇体迅速膨大、菌盖反卷，影响香菇的经济价值。

25.5.2 烘烤

（1）香菇日晒法

将采收的香菇除去根基部和杂质，按照大小、厚薄分成不同等级。根据产品质量要求，剪去菌柄或不剪菌柄，然后将香菇摊放在通风好、阳光充足的竹席或竹帘上，菌盖向上，菌柄向下，摊均匀，防止重叠；当香菇晒到半干时，将香菇翻动，使其菌盖朝下，菌柄朝上，直到晒干为止。

（2）香菇烘烤法

对香菇的烘烤一般在专用烘烤机或烘烤炉进行。先将采收的香菇按大小、厚薄分级，摊在烘烤筛上，菌盖在上，菌柄在下，排放均匀，不能重叠。烘烤温度初期 30～35 ℃，烘烤 2 h；中期温度 35～40 ℃，烘烤 3～4 h；中后期温度 40～45 ℃，烘烤 5～8 h；后期温度 50～55 ℃，烘烤 9 h；固定期温度 60 ℃，烘烤 1 h；香菇含水量降到 13％左右即可停止加热，使其温度自然下降，当温度接近室温时，即可取菇，分级包装。

25.5.3 包装储藏

由于菇体组织具有多孔性，其干制品在空气中会很快吸湿而回潮。干制的香菇先按规定的标准进行分类，按不同的类别将干品储藏在塑料袋中，然后将塑料袋热压封口，放到清洁、干爽、低温的房间储藏。储藏一段时间后要抽样检查，如果含水量超过 13％，则需要重新烘烤至要求的标准。

25.5.4 商业分级标准

香菇生产因季节不同，其产品有秋菇、冬菇和春菇之分，冬菇品质最优，但在香菇的流通环节中，一般不以此来判定商品档次，香菇的商品等级是根据菌盖的花纹、形态、菌肉、色泽、香味和菇粒大小来划分档次的。

我国出口企业根据消费传统和国外市场要求，一般将干香菇分为 3 类 10 等，即花菇、厚菇（冬菇）、薄菇（香信），再按菇粒大小每类分为 3 等，在 3 等之下菇粒更小的厚菇和薄菇，则统称菇丁，具体划分标准如下。

（1）花菇

菌盖有白色裂纹，呈半球形，卷边，肉肥厚，菌盖褐色，菌褶浅黄色，柄短，足干，香味浓，无霉变，无虫蛀，无焦黑。其中 1 级品菌盖直径在 6 cm

以上，2 级品菌盖直径为 4～6 cm，3 级品菌盖直径为 2.5～4 cm。破碎率不超过 10％（图 25 - 8）。

图 25 - 8　优质花菇

（2）厚菇

菌盖呈半球形，卷边，肉肥厚，菌盖褐色，菌褶浅黄色，柄短，足干，香味浓，无霉变，无虫蛀，无焦黑。其中 1 级品菌盖直径在 6 cm 以上，2 级品菌盖直径为 4～6 cm，3 级品菌盖直径为 2.5～4 cm。破碎率不超过 10％。

（3）薄菇

菌盖平展，肉稍薄，菌盖棕褐色，菌褶淡黄色，柄稍长，足干，无霉变，无虫蛀，无焦黑。其中 1 级品菌盖直径在 6 cm 以上，2 级品菌盖直径为 4～6 cm，3 级品菌盖直径为 2.5～4 cm。破碎率不超过 10％。

（4）菇丁

菌盖直径在 2.5 cm 以下的小朵香菇，色泽正常，柄稍长，足干，无霉变，无虫蛀，无焦黑。

25.6　杂菌污染及病虫害防治

25.6.1　杂菌的原因及防治

香菇代料栽培最大的危害是杂菌污染，杂菌主要来源于使用的材料、菌种、工具和环境中的尘埃；工作人员在生产过程中没有严格遵守操作规程也会造成杂菌污染。为防止杂菌污染，要求做好 7 个方面工作。

第一，选好培养料，要求质鲜无霉，不腐烂变质。

第二，灭菌要彻底，菌袋无破损、微孔。

第三，要认真检查菌种，保证纯正健壮。

第四，接种要严格遵守无菌操作，接种工具、搬运工具保持清洁干净。

第五，要求培养室避光，通风良好，保持干净，控温合适，在培养过程中经常检查，发现污染立即挑除。

第六，出菇过程中注意通风，防止高温高湿导致杂菌感染。

第七，保持场地和工作人员的清洁卫生，垃圾和污染材料不能随地丢弃，应集中到远距离妥善深埋或焚烧。

25.6.2 主要病害及防治

25.6.2.1 木霉

包括绿色木霉和康氏木霉等，在生产上由于二者造成病害表现出的污染现象相似，所以统称绿霉菌。该病害范围广，且为害栽培的各环节，严重时甚至造成绝收。

（1）基本特征

在菌种块、培养料、菌袋表面或受潮的棉塞上出现绿色霉斑，绿色霉斑迅速扩大，很快覆盖培养料表面或菌袋，外观呈浅绿色、黄绿色或绿色。

（2）发生条件

木霉孢子主要靠空气传播。在高温、高湿和培养料偏酸的条件下极易发生木霉感染。

（3）防治措施

在栽培过程中，培养料灭菌必须彻底，常压灭菌需在 100 ℃下保持 10 h，高压灭菌需在 125 ℃下保持 2.5 h 以上；培养条件要干燥卫生，栽培场所要经过彻底消毒，喷洒 5％石灰水可抑制木霉生长。必须严格无菌操作，发现木霉应及时挑除；防止高温、高湿条件下养菌。培养料局部污染时可用 5％石灰水清液涂洒杀灭，如菌袋发生木霉为害，可用 30％百福 WP1500～2000 倍液喷雾，有一定预防效果。

25.6.2.2 链孢霉

链孢霉也是一种常见病霉，在自然界分布较广，生长迅速，为害严重，俗称红霉病、红面霉、红色面包霉、红蛾子。是香菇及多种食用菌的主要病害。

（1）基本特征

链孢霉为害多种食用菌，是夏季常见且为害最严重的病害之一。初期绒毛状，白色或灰色，链孢霉的菌丝生长速度极快，菌丝粗壮，在菌丝顶端形成橙红色孢子，大量分生孢子堆集成团时，外观与猴头子实体相似。有的初期形成肉质状橙红色球状体，球状体随后变成孢子粉，极易散落。孢子萌发快、传播快。链孢霉感染食用菌后，与食用菌菌丝争夺养分，阻止食用菌菌丝生长。

（2）发生条件

在高温、高湿条件下，繁殖速度特别快，其分生孢子随空气流动传播造成污染。在制袋和栽培中，灭菌不彻底或无菌操作不严格，都会引起病害。

（3）防治措施

严格选用菌种，确保菌种纯正；栽培原料一定要干燥、新鲜、未霉烂变质；培养料灭菌要彻底，接种时严格无菌操作；培养室（棚）及栽培场所要干燥、通风、干净卫生，远离禽舍畜栏；严格控制养菌温度在 20～23 ℃、空气相对湿度在 40%～70%；发现病袋立即挑出处理，及时烧毁或深埋污染的菌袋和菌瓶，防止扩散；发病初期喷洒 30% 百福可湿性粉剂 1 500～2 000 倍喷雾或用其烟剂熏蒸，能有效控制链孢霉侵染。

25.6.2.3　曲霉

为害食用菌的主要是黄曲霉、灰绿曲霉和黑曲霉。主要侵染培养基表面，和食用菌菌丝争夺养分和水分，并分泌有害毒素，影响食用菌菌丝的发育，同时，也为害食用菌子实体，造成烂菇。

（1）基本特征

培养料表面或棉塞上产生黑色或黄绿色团粒状霉，组成粉粒状的菌落。

（2）发生条件

适宜在 25 ℃ 以上，湿度偏高、空气不流通的环境条件下发生，其分生孢子借助空气传播。

（3）防治措施

培养料要灭菌彻底；接种时严格无菌操作；及时清除废弃杂物，减少病原菌基数；要求栽培场所保持清洁卫生，通风良好，空气相对湿度不宜太大。一旦培养料发生污染，应加强通风，降低湿度；严重污染时可用 pH 10.0 左右的石灰水喷洒杀灭。

25.6.2.4　青霉

青霉在空气中普遍存在，菌丝前期白色，与多种食用菌菌丝相似，不易辨认；后期转为绿色、灰绿色，与食用菌菌丝争夺养分，分泌毒素，破坏食用菌菌丝生长，并影响子实体形成。

（1）基本特征

为害方式是培养料上形成的菌落交织起来，形成一层膜状物，覆盖料面，隔绝料面空气，同时分泌毒素，对香菇菌丝有致死作用。

（2）发生条件

温度在 20～25 ℃ 时，在弱酸性培养料上生长迅速，其分生孢子借助空气传播。

（3）防治措施

保持接种室、培养室（棚）及栽培场所的清洁卫生，加强通风换气，有一定预防效果；用1％～2％石灰水把培养料pH调至中性，对青霉有一定防治作用。

25.6.3 主要虫害及防治

25.6.3.1 螨类

常见的螨类有害长头螨、木耳卢西螨、腐食酪螨，主要取食食用菌菌丝、子实体和原基，严重时可将食用菌菌丝吃光，菇体干枯死亡。是香菇生产栽培的主要害虫。

（1）形态特征

螨类个体小，成螨体长仅有0.3～0.8 mm，不仔细观察，肉眼很难发现；粉螨个体稍大，一般不群集，数量多时呈白粉状；蒲螨个体很小，喜欢群集。

（2）生活习性

螨类喜温暖潮湿的环境，湿度过大时容易引起螨类为害，螨类主要通过培养料、菌种或蚊蝇类害虫的传播进入菇棚。

（3）发生与为害

螨类主要来源于存放粮食、饮料的仓库和鸡舍，通过培养料、菌种和蝇类进入菇房或栽培场所。螨类繁殖快，发生严重时，可以吃光食用菌菌丝，也为害食用菌子实体，造成烂菇或畸形。

（4）防治措施

培养室（棚）和栽培场所远离库房、鸡舍，保持培养室（棚）和栽培场所周围环境的清洁卫生，引种时避免菌种带菌螨；培养料通过高温发酵后使用，发菌和出菇期间出现螨虫，可用4.3％甲维·高氯氟1 000倍液喷雾。

25.6.3.2 菇蝇

（1）形态特征

成虫似蝇，淡褐色或黑色，触角很短；幼虫似蝇蛆，为白色或米黄色。比菇蚊健壮，善爬行，常在培养料面迅速爬动。

（2）生活习性

菇蝇咬食食用菌菌丝，使菇蕾枯死；还钻到菇体内啃食菇肉，形成无数个小孔，菇体不能继续发育，丧失商品价值。成虫传播轮枝孢霉，使褐斑病流行。菇蝇的卵和幼虫通过培养料进入菇棚，成虫则飞进菇棚为害。

（3）发生与为害

菇蝇的卵和幼虫通过培养料进入栽培场所，成虫则飞进菇棚危害。咬食食用菌菌丝，使菇蕾枯死，还钻到子实体内啃食菇肉，菇体不能正常发育，丧失商品价值。

（4）防治措施

搞好出菇棚内外环境卫生，安装纱门、纱窗，防止成虫飞入；及时清除废料，以减少虫源；做好培养料的高温发酵处理，以彻底杀死其中的虫卵和幼虫；加强通风，调节棚内温度、湿度来恶化害虫生存条件；利用蝇类的趋光性和趋味性，在菇棚安装诱虫灯、糖醋液或挂诱虫板诱集成虫并将其杀死；发菌期或出菇期有菇蝇为害时，用甲维•高氯氟喷雾或熏蒸 12 h（每 100 m³ 用 1 枚）。

25.6.3.3 菇蚊

又称眼菌蚊。小龄幼虫在培养料取食，大龄幼虫则蛀食香菇子实体。

（1）形态特征

成虫为褐色，长 2 mm 左右，具有细长的触角，在菇床上爬行很快。幼虫白色，头黑色，发亮。

（2）生活习性

菇蚊幼虫取食培养料、菌丝体和子实体，造成菌丝萎缩，影响发育，使菇蕾、幼菇枯萎死亡。幼虫在 10 ℃以上开始取食活动，蛀食子实体的菌柄和菌盖，形成许多蛀孔。虫口密度大时，1 个菌柄有 200～300 条幼虫；严重发生时，能将菇棚内的食用菌菌丝全部吃光，将子实体蛀成海绵状，失去商品价值。成虫不直接为害子实体。

（3）发生与为害

幼虫钻入培养料内吃食菌丝或将子实体蛀食成海绵状。

（4）防治措施

搞好菇棚内环境卫生，室内栽培可在门窗上安装纱网、防虫网，防止菇蚊成虫飞入繁殖；室外栽培可用杀虫灯、诱虫板诱集成虫并将其杀死；栽培场所用棚虫烟毙（主要成分为异丙威）点燃熏蒸 12 h，用菇虫净杀虫剂喷洒，对幼虫杀灭率为 100%。

25.6.3.4 蛞蝓

蛞蝓又称水蜓蚰、鼻涕虫，是种软体动物。

（1）形态特征

身体裸露、柔软，无外壳，暗灰色、黄褐色或深橙色，有两对触角。

（2）生活习性

喜欢在阴暗潮湿的草丛、枯枝落叶、石块及砖瓦下，多在夜间、阴天或雨后成群爬出取食。卵产在培养料内，为害菌丝体和子实体。

（3）防治措施

清除栽培场所周围的杂草、枯枝落叶及砖瓦碎石，清除场内垃圾，使蛞蝓无藏身之地；利用蛞蝓昼伏夜出的习性，可在黄昏、阴雨天人工捕捉；撒新鲜石灰和食盐，每隔 3～4 d 撒 1 次；用炒香的麸皮或豆饼，拌敌百虫（1∶1）制成毒饵，在傍晚撒于栽培场所及四周。

商洛香菇生产区空气质量优越，只要初春栽培制袋，接种、养菌期安排合理，在气温较低时，不易遭病菌侵染；出菇过程管理科学规范，通过加两层遮阳网和通风等环境调控措施，可有效防治病虫害的发生，保障产品质量安全。偶有病虫害发生，可使用农业农村部允许食用菌生产使用的生物农药进行防治。

25.7 栽培中常见问题及解决办法

25.7.1 培养料中麸皮比例过大

培养料中麸皮比例不能超过 20％。超过 20％ 带来的后果：一是栽培袋营养充足，头茬菇密、小，若出菇时遇到气温高的情况则很容易开伞，使菇质薄，商品价值差；二是培养料营养充足，茬次不明显，每潮菇出菇结束时菌袋没有养菌机会，难管理，对后期产量有影响；三是如果麸皮量加得过大，则难以从营养生长转化到生殖生长，造成难出菇或出菇迟的现象。

解决办法为严格控制麸皮用量，以 15％～18％ 为宜。

25.7.2 培养料中含水量超过 55％

培养料含水量应达到 55％，宁干勿湿。如果含水量过高，筒袋重，后期刺孔不及时或次数少，就有可能导致不出菇。

解决办法为根据木屑干湿程度，合理加水，确保培养料含水量为 50％～55％。

25.7.3 接种后出现不发菌或死穴

（1）原因
①应用劣质菌种，菌种活力较低。
②培养料酸败，培养料拌好后如未及时装袋、灭菌或灭菌温度达到 100 ℃ 的时间太长，就会产生酸败。
③接种时菌棒温度太高（30 ℃以上）会使菌丝烧死。
（2）解决办法
①选择优质菌种，严格按照接种程序操作。
②需要做到当天拌料当天装袋灭菌；灭菌时前期大火攻，短时间内温度升至 100 ℃（4 h 之内）；拌料时加 1％～2％ 的生石灰。
③需要在接种时保持袋内温度在 25 ℃ 左右，不能太热，否则会将菌丝烫死。

25.7.4 刺孔后出现烂袋

（1）原因
①刺孔的时机选择不合理，气温在 30 ℃以上刺孔。

②摆放方式不合理，层数太高，通风不良而造成。

（2）解决办法

①刺孔时气温不能太高，应选择早晨或晚上刺孔，大风、雨天不能刺孔，杂菌易侵染。

②料袋一般摆放 5～6 层，"井"字形或"▲"形摆放，要有通风道散热，做好降温等工作。

25.7.5　出菇期间菇蕾出现死亡

（1）原因

①高温高湿的环境条件下，通风不畅，会导致菇蕾死亡。

②直接在幼小的菇蕾上面喷水。

③袋内水分严重不足或病虫害为害。

（2）解决办法

①选择适宜品种，创造幼菇生长的环境条件。

②不能直接在幼小菇蕾上面喷水。

③补充袋内水分，出菇棚相对空气湿度控制在 70%～80%，通风风速不要太大。

25.7.6　未转色先出菇

（1）原因

①低温，寒流来得早，气温持续低于 15 ℃。

②光照，养菌设施光照充足。

（2）解决办法

保持温度平稳且适宜，养菌时光线保持较暗。

（3）补救措施

①若菌棒未转色，有起泡无菇蕾，要抓紧翻堆转移，促使尽快转色。

②若菌棒未转色，而有较多菇蕾产生时，要抓紧排田进行光温刺激，促使边转色边出菇。

第 26 章　平菇栽培技术

26.1　概述

平菇（*Pleurotus ostreatus*）在真菌分类上属于侧耳科侧耳属。是我国目前五大食用菌栽培种类（香菇、平菇、黑木耳、双孢蘑菇、金针菇）之一，从全国栽培规模和产量来看位居第二。平菇肉厚质嫩，味道鲜美，营养丰富，蛋白质含量占干物质的 10.5%；含有多种维生素和较高的矿物质成分，其中维生素 B_1、维生素 B_2 的含量比肉类高，维生素 B_{12} 的含量比奶酪高。平菇中不含淀粉，脂肪含量极少（只占干物质的 1.6%），平菇中含有的侧耳菌素、侧耳多糖等能增强人体免疫力，被誉为"安全食品""健康食品"。平菇不含淀粉，脂肪少，是糖尿病和肥胖症患者的理想食品。平菇含有大量的谷氨酸、鸟苷酸、胞苷酸等增鲜剂，这就是平菇味道鲜美的原因。多食平菇有防治高血压、心血管病、糖尿病、癌症、中年肥胖症、妇女更年期综合征、自主神经功能紊乱等症的作用，还可以增强体质、延年益寿。

目前平菇的栽培模式有熟料袋栽、发酵料袋栽、畦栽和墙式块栽等，栽培制度由一年两季发展为周年栽培，平菇现已成为城乡居民菜篮子中的花色蔬菜，已进入寻常百姓家，消费市场很旺，前景很广阔。

平菇栽培技术简单，培养料来源广，麦秸、玉米芯、玉米秆、棉籽壳、花生壳、葵花盘、甘蔗渣、锯木屑、粉渣、麸糠、酒糟、食用菌菌糠等农林废弃物都可栽培平菇，成本低、周期短、易栽培、经济效益高，适宜室内也适宜室外，空房屋、房前屋后，树林，山洞人防地道，冬闲地等都可栽培平菇，不与粮食争地，既可鲜销也可深加工，效益可观。因此，平菇栽培是食用菌栽培初学者的一种首选菌类。

26.1.1　市场前景

平菇属于菌类蔬菜，随着人们生活水平的提高和对平菇营养保健价值的认识加深，平菇已成为餐桌中不可缺少的美味佳肴，经常食用具有预防各种疾病和保健的功能；除鲜销外，还可盐渍和制成干品，产品价格较鲜品更高。平菇产品国内、国外两个市场都十分活跃，需求日益增加，市场前景十分优越。

26.1.2　技术应用推广潜力

选择不同温型的品种可实现平菇周年栽培，改变了传统的栽培模式，特别是运用液体菌种后缩短了养菌时间，增加了栽培批次，提高了产量和品质，效益显著，液体菌种深受菇农的欢迎。

平菇的栽培技术简单易操作，适用范围广。栽培技术对于群众来说易学易懂，群众栽培平菇不需要昂贵的仪器设备，一学就会，一种就成。平菇种植范围广，在室内室外、林下间套均可，规模可大可小，当月种植当月见效，是农民增收"短、平、快"和优选的项目。

平菇作为商洛市传统的食用菌品种，因其栽培技术易掌握、产量高、效益好，深受主栽区菇农喜爱。商洛市平菇栽培主要分布在商州区牧护关镇、大荆镇、杨斜镇、杨峪河镇、北宽坪镇，柞水县营盘镇、下梁镇、曹坪镇，洛南县洛源镇、城关镇，丹凤县庾岭镇、商镇、土门镇等地区的基地。全市 2022 年栽培 4 620 万袋，鲜品产量 7.8 万 t，产值 5.5 亿元，全产业链综合收入 6.6 亿元。

26.2　生物学特性

26.2.1　形态特征

平菇是由菌丝体和子实体两部分组成的，其菌丝体呈白色，是多细胞、分枝、分隔的丝状体。平菇属于木质腐生菌，常呈覆瓦状丛生在一起，子实体由菌盖和菌柄两部分组成，菌盖呈贝壳状或扇状，直径一般 5～15 cm，幼时色深，成熟后色浅（光强色深、光暗色浅），菌肉白色肥厚，细嫩柔软，边缘内卷；菌柄生于菌盖的一侧或偏生，中实，上粗下细，肉质白色，基部常相连并有白色纤毛。

26.2.2　生长发育所需的条件

影响平菇生长发育的环境因素有：物理因素、化学因素、生物因素。物理因素有温度、湿度、空气、光照；化学因素有营养成分、酸碱度；生物因素为微生物。

26.2.2.1　营养

平菇在整个生长发育过程中需要的主要营养物质是碳素，如木质素、纤维素、半纤维素以及淀粉、糖类等。这些物质主要存在于木材、稻草、麦秸、玉米秸秆、玉米芯、棉籽壳、油菜荚等各种农副产品中，在实际栽培中以上述物质为培养料即可满足平菇在生长发育过程中对碳素的要求。氮素也是平菇的重要营养源，在培养料中加入少量的麸皮、米糠、黄豆粉、花生饼粉或微量的尿素、硫酸铵等即可满足平菇对氮素的要求。在平菇对碳素、氮素利用过程中，营养生长阶段的碳氮比要求 20：1 为好，而在生殖发育阶段碳氮比以（30～40）：1 为宜。在配制培养基时应加入 1％～1.5％碳酸钙以调节培养料的酸碱度，碳酸钙也有增加钙离子的作用，有时也可加入少量的过磷酸钙、硫酸镁、磷酸二氢钾等无机盐。平菇生长发育过程中还需要微量的矿物质元素，如磷、镁、硫、钾、铁和维生素等，而所有培养料中一般也都含有维生素和钾、铁等微量元素，所以栽培时不必另外添加。

26.2.2.2 温度

平菇属广温型菌类，其菌丝耐寒能力强，在 -20～30 ℃也不会死亡，高于 40 ℃则死亡。菌丝生长范围在 5～35 ℃，菌丝培养最适温度是 20～25 ℃。平菇子实体形成需要的温度范围在 5～20 ℃，在 15～18 ℃时子实体发生快、生长迅速、菇体肥厚、产量最高。10 ℃以下生长缓慢，超过 25 ℃时子实体不易发生（高温型品种例外）。

26.2.2.3 湿度

鲜菇中含水量通常在 85％～92％，因此，水分是平菇子实体的重要成分，而且平菇所需营养物质也都需溶于水后供应菌丝吸收。平菇的生长发育所需水分绝大部分来自培养料，平菇栽培时培养料含水量要求达 60％～65％，含水量太高影响通气，菌丝难以生长；含水量太低则会影响子实体形成。菌丝生长阶段要求培养室的空气相对湿度控制在 50％以下。平菇原基分化和子实体生长发育时，其菌丝的代谢活动比营养生长阶段更旺盛，需要比菌丝生长阶段更高的湿度，此时空气相对湿度应控制在 85％～90％，若低于 70％，子实体的发育就要受到影响。

26.2.2.4 空气

平菇是好气性菌类，在菌丝生长阶段若通气不畅，会导致生长缓慢或停止，出菇阶段在缺氧条件下不能形成子实体或形成畸形菇，所以出菇阶段要注意通风换气。

26.2.2.5 光照

平菇对光照强度和光质要求因不同生长发育期而不同。在菌丝生长阶段完全不需要光线。在强光照射下，菌丝生长速度减慢 40％左右。原基分化和子实体生长发育阶段，需要一定的散射光。

26.2.2.6 pH

平菇喜欢偏酸性的环境，pH5.5～6.5 最为适宜。但平菇具有对偏碱环境的忍耐力，生料栽培时，在 pH8.0～9.0 的培养料中，平菇菌丝仍能生长，这一特性在实际栽培中有很大助力。

26.3　栽培技术

26.3.1　场地与设施

平菇室内栽培，可利用空闲房屋；室外栽培可建塑料中、大拱棚，亦可将蔬菜的塑料大棚或日光温室进行适当改造。半地下式塑料大棚、防空洞等适合平菇设施栽培，无论采用哪类场地，均应增设增温、保湿、遮阳设施。

26.3.2　栽培季节与品种（菌株）选择

按照当地的自然气候特点，选用不同温型的品种，完全可以做到周年栽培，春季栽培选用中温型品种（出菇温度 14~24 ℃），如原生二号、高平 900、春秋 5 号等；秋季栽培选用低温型品种（出菇温度 2~20 ℃），如新科 101、早秋 6105、早秋 509 等；冬季栽培选用低中温型品种（出菇温度 2~20 ℃），如黑优 150、9400、高平 900 等；夏季选用高温型品种（出菇温度 22~33 ℃），如伏夏 200、高平 300 等。

（1）原生二号

原生质体菌株，出菇温度 2~31 ℃，灰至灰黑色，秋季与冬季栽培。大朵丛生，叶片整齐肥厚，菇形紧凑，菇盖乌黑发亮，菌褶细密白色，可连续出菇 6~7 潮。被菇农评为最满意品种，为秋季与冬季栽培的主栽品种之一。

（2）春秋 5 号

出菇温度 3~33 ℃，生物转化率 200%~250%，叶片厚实，韧性好，产量高。

（3）早秋 6105

出菇温度 2~32 ℃，生物转化率 200%~250%，丛生，叶片整齐肥厚，菇形紧凑，总产高。

（4）黑优 150

出菇温度 2~31 ℃，生物转化率 200%~220%，大棵叠生，叶片厚实，光泽好，菌褶细白直立。

（5）高平 300

出菇温度 8~35 ℃，生物转化率 150%~200%，抗高温，抗杂，白色，大朵形美，菇片大。

26.3.3　原料选择与处理

平菇栽培主要原料为棉籽壳、玉米芯、豆秸、麦秸、锯末、菌糠等，辅料为麸皮、米糠及其他微量添加物，如石膏、石灰等。所有原料要求新鲜干燥，无霉变，无虫蛀，不含农药或其他有害化学药品。原料在栽培前应放在阳光下暴晒 2～3 d，以杀死料中的杂菌和害虫。对于玉米芯、豆秸、麦秸等原料，应先将其粉碎或切短。

26.3.4 培养料配方与原料配制

26.3.4.1 培养料配方

配方 1：棉籽壳 99%，生石灰 1%。

配方 2：棉籽壳 50%，玉米芯 49%，石灰 1%。

配方 3：玉米芯 48%，豆秸 48%，过磷酸钙 1%，石膏 1%、石灰 2%。

配方 4：麦秸 82%，麸皮 15%，石膏 1%，石灰 2%。

配方 5：棉籽皮或玉米芯 90%，麸皮 7%，尿素 0.5%，过磷酸钙 1%，生石灰 1.5%。

以上配方应根据当地原料来源进行选择。

26.3.4.2 原料的配制方法

按照配方先将辅料干拌均匀后，再将其与主料混合干拌均匀，将原料先用少量水溶化后逐步随水加入混合料中，搅拌均匀即可，培养料含水量要求 60% 左右。

26.3.5 栽培方式

平菇栽培方式分为熟料栽培、发酵料栽培、发酵料＋灭菌法栽培等栽培方式，此处重点介绍发酵料＋灭菌法栽培。

（1）发酵料＋灭菌法栽培

一年四季均可使用此方法。发酵方法：将选择的配方按比例配制，先在地面铺 1 层麦草，将拌好的培养料堆成宽 1 m、高 1 m 的垛，长度根据料量和地形而定，每隔 30 cm 左右用木棍扎通气孔直至料底，以利通气，然后料堆覆盖农膜，当料中心温度升至 55～60 ℃时，维持 12～24 h，进行翻堆，内倒外、外倒内，继续堆积发酵，使料中心温度再次升到 55～60 ℃，维持 24 h，再翻堆 1 次。经过 2 次翻堆，培养料开始变色，散发出发酵香味，无霉味和臭味，即发酵处理结束，再用石灰水调整 pH 为 8.0 左右，装袋灭菌。

（2）熟料栽培

将料按比例配好，拌匀，不经过发酵，直接装袋灭菌。

26.3.6 装袋、灭菌与接种

选用高密度聚乙烯塑料筒袋，筒袋宽 20～22 cm，长 40～45 cm，厚度为

0.02～0.04 cm，装干料 1～1.25 kg，用装袋机装袋，松紧合适。

灭菌采用常压灭菌，使温度上升到 100 ℃，维持 12～15 h，再焖一夜，料温降至 60 ℃时出料袋，冷却到 30 ℃以下即可接种。

接种一般采用开放式接种的方式，必须按无菌操作规程接种，采用两头接种。用直径 2.5 cm 木锥从上到下扎 1 个通气孔，在两头接入菌种，两头分别用项圈套入，并用消毒过的报纸封口，用种量一般为培养料重量的 10%～15%。

26.3.7　养菌管理

菌种接好后，菌袋放入经过消毒的菇棚（室）养菌，堆成"井"字形，堆的层数要根据气温高低而定，温度高时堆放 3～5 层，温度低时堆 5～7 层（图26-1）。发菌管理的要点有 5 点。

第一，保持温度，注意温度变化。发菌温度以 22～25 ℃为宜，高于 30 ℃应及时散堆，防止"烧菌"；低于 20 ℃应设法增温保温。

第二，通风换气。每天通风 2～3 次，每次 30 min，气温高时早晚通风，气温低时中午通风。

第三，保持干燥。菇棚（室）空气相对湿度为 50%～60%。

第四，光线要暗。弱光有利于菌丝生长，避光养菌，不能强光直射。

第五，翻堆。每隔 7～10 d 翻堆 1 次，使上下、里外菌袋变换位置，使温度均匀一致，若发现有污染菌袋及时处理。

图 26-1　平菇菌袋堆放

26.3.8 出菇管理

在适宜的条件下，一般中高温型品种 25 d 左右，中低温型品种 30～35 d，菌丝即可长满菌袋；当菌袋出现子实体原基时，即可转入出菇管理阶段（图 26-2）。菇棚（室）经过消毒后，按菌丝成熟早晚分别将菌袋整齐堆放于棚（室）内，堆放 6～8 层。一般 150 m² 菇棚可放 6 000～8 000 袋。当有小菇蕾出现时，去掉菌袋两头的封口纸。出菇管理要点有 4 点。

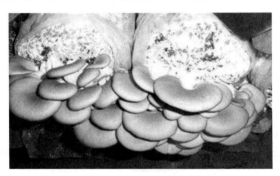

图 26-2 平菇出菇期

第一，拉大温差，刺激出菇。早晚气温低时加大通风力度，使温度降至 15 ℃左右，气温在 20 ℃以上时，应加强通风并喷水降温。低温季节，白天注意增温保温，夜间通风降温，拉大温差，刺激出菇。

第二，加强水分管理。菇棚（室）要经常喷水，使空气湿度保持在 85%～90%。出现菇蕾后，向地面、空间喷水。不能在菇蕾上直接喷水。当菇蕾分化成菌盖和菌柄时，可少喷、细喷、勤喷雾状水，补充需水量，以利菌丝生长发育。在采收第 1 至第 2 潮菇后，袋内水分低于 60% 时可补水。

第三，加强通风换气。低温季节，每天 1 次，每次 30 min，一般在中午喷水后进行；气温高时每天 1～2 次，每次 20～30 min。切忌高湿不透气，通风换气时要缓慢进行，避免气流直接吹到菇体上，使菇体失水，边缘卷曲外翻。

第四，增加光照。菇体在黑暗时不出菇，散射光可诱导出菇，光照不足出现畸形菇，但不能有直射光，以免晒死菇体。

26.3.9 采收与采后管理

在适宜的条件下，从子实体原基长成菇体大约需要 1 周时间，当菌盖充分展开，菌盖边缘出现波状时及时采收，采收时应将大小菇体 1 次采完，勿摘大留小。

采后清理死菇、菇根及杂物等，养菌使菌丝恢复，经 7～10 d 就有菇蕾出现，按照第 1 潮菇出菇管理技术要点管理。采完第 2 潮后，应及时补水。如管理得当、营养充足，可采收 5～6 潮菇。

26.4　生理性病害发生及防治

生理性病害又称非侵染性病害。其发生主要是外界不良环境条件造成的，如低温、高温、湿度过大或过低、二氧化碳浓度过高等原因，导致平菇生长发育出现生理障碍，一旦不良因素被排除，平菇又能恢复正常生长。生产中常见有 5 种生理性病害。

26.4.1　分叉菇

①基本特征。菌柄细长，菌柄上长出小柄，树杈状，菌盖不能正常形成。
②病因。菇棚（室）光照太弱，菌盖发育受阻。
③防治措施。菇棚（室）在白天适当揭膜或遮阳网，增加散射光照时间。

26.4.2　卷边菇

①基本特征。幼菇生长缓慢，菌盖薄而软，有裂纹，边缘卷起，萎缩干枯。
②病因。培养料失水或棚（室）内空气相对湿度偏低，水分不能满足菇体生长发育。
③防治措施。采完每潮菇后，如培养料水分不足，应及时补水，使菇棚（室）空气相对湿度保持在 85％～90％。

26.4.3　高脚菇

①基本特征。菇柄细长，菇盖小而薄，又称长柄菇。
②病因。菇棚（室）覆盖过严、光照不足，促使菇柄迅速生长，菇盖分化慢，或出菇温度偏高，使菇盖发育受阻。
③防治措施。子实体形成阶段，增加棚内散射光照，气温高时，地面喷水，降低菇棚（室）的温度，加强通风。

26.4.4　粗柄菇

①基本特征。菌盖小，菌柄粗且长。
②病因。冬季为保持菇棚（室）温度，不注意定期通风，菇棚（室）氧气严重不足，致使二氧化碳浓度过高。

③防治措施。出菇期间若遇上低温天气，可在中午气温较高时，对菇棚（室）进行通风换气，降低二氧化碳浓度。

26.4.5　烂菇

①基本特征。幼菇水肿软化，最后腐烂。

②病因。喷水过多，喷水后不及时通风，造成菇体积水腐烂。

③防治措施。适时适量喷水，喷水后及时通风，让菇体表面水分及时散发。

26.5　杂菌污染及病虫害防治

预防为主，综合防治，优先采用农业防治、物理防治、生物防治，科学合理使用生物制剂，使平菇生产达到农业生产安全、农产品质量安全、农业生态安全和农业贸易安全的目的。

26.5.1　污染杂菌的原因及防治

平菇栽培最大的危害是杂菌污染，杂菌主要来源于使用的原料、菌种、工具和环境中的尘埃，工作人员在生产过程中没有严格遵守操作规程也会造成杂菌污染。为防止杂菌污染，要求做好7项工作。

第一，选择新鲜培养料，并露天暴晒2～3 d杀菌消毒。

第二，灭菌要彻底，菌袋无破损、微孔。

第三，要认真检查菌种，确保纯正健壮。

第四，接种要严格遵守无菌操作，接种、搬运工具保持清洁干净。

第五，要求培养棚（室）避光、通风良好、保持干净、控温得当，在培养过程中经常检查，发现污染立即将其挑除。

第六，出菇过程中注意通风，防止高温高湿导致杂菌感染。

第七，保持场地和工作人员的清洁卫生，垃圾和污染材料不能随地丢弃，应集中到远距离妥善深埋或焚烧。

26.5.2　主要病害及防治

26.5.2.1　绿霉

绿霉包括绿色木霉和康氏木霉等，在生产上由于表现出的污染现象相似，所以统称绿霉菌。该病害范围广，且为害平菇栽培的各环节，严重时甚至造成绝收。

①基本特征。在菌种块、培养料、菌袋表面或受潮的棉塞上出现绿色霉

斑，绿色霉斑迅速扩大，很快覆盖培养料表面或菌袋，外观呈浅绿色、黄绿色或绿色。

②发生条件。绿霉孢子主要靠空气传播。在高温、高湿和培养料偏酸的条件下极易发生。

③防治措施。在栽培过程中，培养料灭菌必须彻底，培养条件要干燥卫生，栽培场地要经过彻底消毒，喷洒5%石灰水可抑制绿霉生长；必须严格无菌操作，发现绿霉应及时将其挑除；避免高温、高湿条件下养菌。可用药物防治，在培养料出现局部污染时，可用5%石灰水清液涂洒，如在菌袋发现绿霉为害，可用800倍绿霉净喷雾将其杀灭。

26.5.2.2 链孢霉

链孢霉是一种常见霉，在自然界分布较广，生长迅速，为害严重。俗称红霉病、红面霉、红色面包霉、红蛾子。

①基本特征。链孢霉为害多种食用菌，是夏季常见且为害最严重的病霉之一。初期呈绒毛状，白色或灰色，链孢霉的菌丝生长速度极快，菌丝粗壮，在菌丝顶端形成橙红色孢子，大量分生孢子堆集成团时，外观与猴头子实体相似。有时初期形成肉质橙红色球状体，球状体随后变成孢子粉，极易散落。孢子萌发快，传播快。链孢霉感染食用菌后，与食用菌菌丝争夺养分，阻止食用菌菌丝生长。

②发生条件。在高温、高湿条件下，繁殖速度特别快，其分生孢子随空气流动传播造成污染。在制袋和代料栽培中，灭菌不彻底或无菌操作不严格，都会引起病害。

③防治措施。严格选用菌种，确保菌种纯正；栽培原料一定要干燥、新鲜、未霉烂变质；培养料灭菌要彻底，接种时严格无菌操作；培养室（棚）和栽培场地要干燥、通风、干净卫生，远离禽舍畜栏；严格控制养菌温度在20~23℃、空气相对湿度在40%~70%；发现病袋立即挑出处理，及时烧毁或深埋污染的菌袋和菌瓶，防止扩散；发病初期喷洒索霉特、链孢一绝或柴油有一定预防效果。

26.5.2.3 曲霉

曲霉中为害食用菌的主要是黄曲霉、灰绿曲霉和黑曲霉。主要侵染培养基表面，和食用菌菌丝争夺养分和水分，并分泌有害毒素，影响菌丝的发育，同时也危害食用菌子实体，造成烂菇。

①基本特征。培养料表面或棉塞上产生黑色或黄绿色团粒状霉，组成粉粒状的菌落。

②发生条件。适宜在25℃以上，湿度偏高、空气不流通的环境条件下发生，分生孢子借助空气传播。

③防治措施。培养料灭菌要彻底；接种时严格无菌操作；及时清除废弃杂物，减少病原菌基数；栽培场地要求清洁卫生，通风良好，空气相对湿度不宜太大，一旦培养料发生污染，应加强通风，降低湿度；严重污染时，可用 pH 10.0 左右的石灰水喷洒，将曲霉。

26.5.2.4　青霉

青霉在空气中普遍存在，其菌丝前期白色，与多种食用菌菌丝相似，不易辨认；后期转为绿色、灰绿色，与菌丝争夺养分，分泌毒素，破坏菇类菌丝生长，并影响子实体形成。

①基本特征。为害方式是培养料上形成的菌落交织起来，形成一层膜状物，覆盖料面，隔绝料面空气，同时分泌出毒素，对食用菌菌丝有致死作用。

②发生条件。温度在 20～25 ℃时，在弱酸性培养料上生长迅速，分生孢子借助空气传播。

③防治措施。做好接种室、培养室（棚）和栽培场地的定期消毒，保持清洁卫生，加强通风换气，有一定预防效果；用 1‰～2‰石灰水把培养料 pH 调至中性，有一定预防作用。

26.5.3　主要虫害及防治

栽培场所出入口安装纱网、防虫网，防止害虫进入；棚内悬挂黄板诱杀菇蝇、菇蚊等害虫，每亩悬挂 40 张。

26.5.3.1　螨类

螨类俗称菌虱，是平菇生产栽培的主要害虫。

①形态特征。螨类个体小，不仔细观察，肉眼很难发现，粉螨个体稍大，一般不群集，数量多时呈白粉状；蒲螨个体很小，喜欢群集。

②生活习性。螨类喜温暖潮湿的环境，湿度过大时容易引起螨类为害，螨类主要通过培养料、菌种或蚊蝇类害虫的传播进入菇棚。

③发生与为害。螨类主要来源于存放粮食、饮料的仓库和鸡舍，通过培养料、菌种和蝇类被带入菇房或栽培场所。螨类繁殖快，发生严重时，可以吃光平菇菌丝，也为害平菇子实体，造成烂菇或畸形。

④防治措施。培养室（棚）和栽培场地远离库房、鸡舍，保持周围环境清洁卫生；引种时避免菌种带螨类害虫；培养料通过高温发酵后使用，发菌期间和出菇期间出现螨虫，可用除螨类药剂喷洒。

26.5.3.2　菇蝇

①形态特征。成虫似蝇，淡褐色或黑色，幼虫似蝇蛆，为白色或米黄色。

②生活习性。菇蝇咬食菇类菌丝，使菇蕾枯死，还钻到菇体内部啃食菇肉，形成无数个小孔，菇体不能继续发育，丧失商品价值。成虫传播轮枝孢

霉，使褐斑病流行。菇蝇的卵和幼虫通过培养料进入菇棚，成虫则飞进菇棚为害。

③发生与为害。菇蝇的卵和幼虫通过培养料进入栽培场所，成虫则飞进菇棚为害。菇蝇咬食菌丝，使菇蕾枯死，还钻到子实体内啃食菇肉，菇体不能正常发育，丧失商品价值。

④防治措施。搞好出菇棚内外环境卫生，安装纱门、纱窗，防止成虫飞入；及时清除废料，以减少虫源；做好培养料的高温发酵处理，以彻底杀死其中的虫卵和幼虫；加强通风，调节棚内温度、湿度来恶化害虫生存条件；利用蝇类的趋光性和趋味性，在菇棚安装日光灯、糖醋液或挂诱虫板诱集成虫并将其杀死；发菌期或出菇期有菇蝇为害时，用棚虫烟毙烟熏剂点燃熏蒸 12 h（100 m³ 用 1 枚）；用菇虫净杀虫剂 1 000～2 000 倍液喷雾。

26.5.3.3 菇蚊

①形态特征。成虫为黑褐色，具有细长触角，爬行速度很快。幼虫白色发亮。

②生活习性。菇蚊幼虫取食培养料、菌丝体和子实体，造成菌丝萎缩，影响发育；使菇蕾、幼菇枯萎死亡。幼虫在 10 ℃以上开始取食活动，蛀食子实体的菌柄和菌盖，形成许多蛀孔。虫口密度大时，一个菌柄有 200～300 条幼虫，严重发生时，能将菇棚内的全部菌丝吃光，将子实体蛀成海绵状，失去商品价值。成虫不直接为害子实体。

③发生与为害。幼虫钻入培养料内吃食菌丝或将子实体蛀食至海绵状。

④防治措施。搞好菇棚内环境卫生，室内栽培可在门窗上安装纱网、防虫网，防止菇蚊成虫飞入繁殖；室外栽培可用杀虫灯、诱虫板诱集成虫并将其杀死；栽培场所用菇虫净喷雾或烟熏杀虫剂喷洒，对幼虫致死率为 100%。

26.5.3.4 蛞蝓

蛞蝓又称水蜒蚰、鼻涕虫，属于软体动物。

①形态特征。身体裸露、柔软，无外壳，暗灰色、黄褐色或深橙色，有两对触角。

②生活习性。喜欢在阴暗潮湿的草丛、枯枝落叶、石块及砖瓦下，多在夜间、阴天或雨后成群爬出取食。卵产在培养料内，为害菌丝体和子实体。

③防治措施。清除栽培场所周围的杂草、枯枝落叶及砖瓦碎石，清除场内垃圾，使蛞蝓无藏身之地；利用蛞蝓昼伏夜出的习性，可在黄昏、阴雨天人工捕捉；用炒香的麸皮或豆饼拌敌百虫（1:1）制成毒饵，在傍晚撒于栽培场地及四周；撒新鲜石灰和食盐，每隔 3～4 d 撒 1 次，有一定效果。

26.6　盐渍技术

平菇以鲜销为主，规模大时也可以加工成盐渍产品。盐渍加工成的盐水平菇作为一种商品，具有一定的市场份额。

26.6.1　工具及辅助原料

加工前准备好大锅、水缸或水池、笊篱、温度计、竹帘、盐、柠檬酸等。

26.6.2　原料菇预处理

选用适时采收，色、形正常的平菇作为加工盐水平菇的原料。剔除病虫为害的菇体，并按市场需要进行分级，分级也可在漂烫后进行。

26.6.3　工艺流程及技术要点

（1）漂烫

漂烫亦称预煮或杀青。100 kg 5％～10％的淡盐水，一次煮菇 30 kg，每锅水最多连用 3 次，要求沸水下菇，用笊篱慢慢抄动，煮沸 6～8 min，至菇体熟透为止。

检查菇体是否熟透，可采用下述方法：已经煮熟的菇体投入凉水时菇体下沉，若漂浮表示尚未煮熟。已经煮熟的平菇呈半透明状，剖视时，菇体内外均呈黄色。若菌肉中心仍发白，表示尚未完全煮熟，仍需再煮。

（2）冷却

将煮熟的平菇转入冷水缸或池中，尽快冷至菇心。为此，可准备 3～4 口冷水缸，连续冷却，以保持平菇脆嫩的风味。

（3）准备盐液

盐液的浓度单位是波美度，在 15 ℃条件下，盐液波美度（咸度）等于其百分比浓度，即 1 波美度＝1％，饱和盐液的浓度大于或等于 26.5％。100 kg 清水，加入 6～12 kg 食盐，煮沸，搅拌至完全溶化后过滤，所得盐液浓度为5％～10％，可作为漂烫用的淡盐液。100 kg 清水，加入 37～40 kg 食盐，煮沸、搅拌至完全溶化后沉淀过滤，得饱和盐液，将饱和盐液完全冷却后，即可用于盐渍。

（4）盐渍

用饱和盐液浸没已经漂烫、冷却的平菇，并按盐液和平菇总重的 0.4％添加柠檬酸，使盐液 pH 达 3.5 以下，调酸后压盖菇体，使其没入盐液中。经15 d 左右，当移开压盖物时菇体不再漂浮，表示已经盐渍完成，此时盐液浓度约为 22%。

（5）装桶

将平菇捞出，稍沥干盐液，倒入专用蘑菇桶中，加入新配制的饱和盐液至淹没菇体，按步骤（4）加柠檬酸调整盐液 pH 至 3.5 以下，然后按 70 kg 成品菇加食盐 5 kg 的比例，加盐封顶。成品菇重量以沥水断线不断滴为准。按以上操作，每 100 kg 鲜菇用盐 75 kg 左右，得成品盐水平菇 70 kg 左右。

一级盐水平菇，菇盖直径 2～4 cm，菌柄 2 cm，色泽自然，开桶时破损率小于 5%，无霉烂，无杂质。

26.7 栽培中常见问题及解决办法

26.7.1 培养料变质

培养料装袋灭菌接入菌种后，有的料内会散发出一股酸臭味，影响菌丝生长。

（1）原因

①培养料不够新鲜干净，带有大量杂菌，特别是经过夏季雨季的陈料，在消毒灭菌不彻底的情况下，由于料内的各类杂菌大量繁殖滋生，使培养料酸败，产生一股难闻的酸臭味。

②拌料的水分过多，料内氧气供应不足，使厌气性细菌和酵母菌乘机繁殖，导致培养料腐烂变质。

③菌丝培养阶段，由于料袋重叠、料温增高，使杂菌生长速度加快。

④若用麦粒做栽培种时，可能由于麦粒菌种与料袋紧密接触，袋壁凝水浸泡麦粒，使菌种腐烂。

⑤料内氮素营养过高，碳氮比失调，且与加入的石灰起化学反应，产生氨臭。

（2）解决办法

①栽培前选好原料，采用新鲜干净、无霉变无结块的培养料，拌料前在日光下暴晒 2d，拌料时准确掌握水分。

②用生石灰粉或水调至 pH8.0～8.5，有条件的菇农可采用熟料栽培的方式。

26.7.2 只在料袋一端长菌丝

在 1 个料袋两端接入同一菌种，有时只有一端菌丝生长良好，另一端菌丝则萎缩死亡。

（1）原因

①灭菌设施不合理，有冷凝水流入一部分袋口内，使此端培养料吸水过

259

多，从而抑制了菌丝生长。

②一端袋口扎得过紧，造成氧气不足，使菌丝生长受阻。

（2）解决办法

①灭菌灶灶顶建成拱形，使冷凝水沿灶壁能回流入锅。

②料袋摆放与灶壁间应有一定距离，以免进水。

③接种后用透气的无棉盖或报纸封袋口。

④若是麦粒菌种宜在袋中部打孔，就把菌种接入内部，然后把口封好。

26.7.3　菌丝满袋后迟迟不出菇

有的菌袋菌丝生长十分旺盛，但菌丝长满后迟迟不出菇，有的经过 2～3 个月仍不现蕾。

（1）原因

①菌种选择不当。中低温型平菇品种，如在春末夏初接种，当菌丝长满后正值夏季高温季节，就难以出菇。

②培养料的碳氮比不适宜。平菇在菌丝体阶段，培养料中较适宜的碳氮比为 20∶1，在子实体发育阶段以 30∶1 或 40∶1 为宜。如果培养料中碳氮比失调，碳素不足，氮素过多，就会出现营养生长过旺，形成菌丝徒长现象，严重时甚至浓密成团，结成菌皮，使生殖生长受到抑制，推迟出菇，影响产量。麦麸、米糠、薯类、豆饼、酵母、玉米等都含有较丰富的氮素，添加时应适量。

③菌丝长满后，在温度较高、空气湿度较低的情况下，过早地打开袋口，使表面形成一层干燥的菌膜，致使菇蕾不能分化。

（2）解决办法

①应将袋两头扎紧，减少水分流失，待秋季气温降低后再打开袋出菇，可减少损失；也可将塑料袋脱去，将菌块紧密横排在潮湿阴凉的地方，上覆 2 cm 左右厚的一层碎土，盖上草帘经常洒水保湿，待气温适宜时去掉草帘也可大量出菇。

②将浓密的菌块挖去，喷 0.5% 的葡萄糖等含碳物质，调节碳氮比，同时加强通气、光照及加大温差刺激，可使其尽快现蕾出菇。

③可用铁丝在菌袋两头戳洞，再用小铁耙挖去表面干菌膜，然后将菌袋浸入 25 ℃ 以下水中 8～12 h，待吸足水分后，再重新摆放架上给予通风、光照和温差刺激，增加空气湿度也会很快出菇。

26.7.4　有的菌袋中间出现大量菇蕾

（1）原因

①装料不紧密，料与袋之间有空隙，灭菌时压力过大，胀破料袋或使料袋

鼓起。

②在装料或搬动中料袋被刺破。

③菌丝生长阶段环境不良，如温差过大、光照较强、空气湿度较高等均会促使料袋中部产生子实体原基。

（2）解决办法

①装料时要边装边压实，尤其是外周使培养料与栽培袋紧密接触不留空隙，灭菌后要缓慢放气。

②装料搬运，要小心避免料袋破损。

③创造适宜菌丝生长的环境条件，要遮光保温和控制湿度，或者使发菌场与出菇场分开。

26.7.5　出现烧菌现象

（1）原因

烧菌是菌丝生长环境温度过高，超过了菌丝生长的温度范围而造成的菌丝死亡现象。当培养料内温度超过 30 ℃时，菌丝生命力减退，超过 40 ℃就会发生烧菌死亡现象。

（2）解决办法

在栽培时一定要控制料温不能超过 30 ℃。夏季栽培时应在凉爽的室内进行，菌袋以单层排放为宜，若温度仍较高，可洒些冷水，开窗通风。需要注意的是栽培袋中间的温度往往比室温高 3～5 ℃。

26.7.6　接种后有些菌丝不吃料不发菌

平菇接种后有时菌丝不吃料，或开始几天菌丝生长很好，过几天就萎缩死亡。

（1）原因

①培养料保存时间过久，已发霉变质，滋生大量杂菌，播种后菌种受杂菌感染。

②菌种转接次数过多，培养条件不良，或保存时间过久，造成菌种退化、菌龄太老，生命力降低。

③接种箱内使用消毒药物过多，杀死了菌丝。

④培养料中含水量不适，过干或过湿，装料过紧通气不良。

⑤培养温度过低，接种量小。

⑥接种后气温过高，菌种受损伤。

⑦培养料 pH 过高。

（2）解决办法

不用贮存过久发霉变质的培养料，选用生命力旺盛的菌种，培养料含水量适宜，装袋紧实程度合理，pH 应控制在 8.5 以下，并控制适宜的温度。

26.7.7　菌丝未满袋即出菇

（1）原因

①培养环境差和栽培方法不当。如培养料过干或过湿，装料时压得太紧、料内营养成分差，光线太强，温差较大，酸碱度不适宜等。

②菌龄老化，生命力减退。

（2）解决办法

创造适宜菌丝生长的有利条件，注意把控好各个环节关。

26.7.8　菇蕾变黄、坏死

（1）原因

子实体小，菌盖突然变黄发软，子实体基部变粗，且水肿发亮，继而枯萎腐烂成为死菇，常是由于气温过高所致。当由菌丝体阶段转入子实体阶段时，如遇到 22～33 ℃以上的气温，会导致菌柄上端养分停止输送，因而使菌盖趋于死亡。

（2）解决办法

立即摘除死菇，及时采取降温措施。袋式栽培要在清晨傍晚、夜间气温较低时通风降温，同时在棚室加强喷水降温。

26.7.9　大量死菇

（1）原因

①温度过高。无论何种温型的平菇，只要出菇温度超过上限 3 ℃以上就会出现大量死亡。

②湿度过低。出菇后空气相对湿度若低于 80%，小菇就会因菇体水分大量蒸发而萎缩死亡。

③通气不良。菇房或阳畦中通气不良，二氧化碳浓度迅速提高，超过 0.5% 时就会形成大如拳头或柄粗盖小的大脚菇；二氧化碳浓度更高时，幼菇窒息死亡。

④喷水过多。子实体喷水过多，菇体易致水肿，而后变黄溃烂，也易引起病菌感染而死亡。

⑤营养不足也会使一些幼小菇蕾死亡。

（2）解决办法

①因地域、品种适时接种，避开高温季节出菇。

②出菇现蕾后，控制空气相对湿度在 90% 左右。

③随着子实体长大，应加强通风换气，特别是高温时期，更要注意通风，确保空气新鲜。

④掌握喷水量，控制空气湿度，注意喷水方法，主要是经常往地面及四周洒水，尽量避免直接往菇体上喷水。

⑤控制光照，避免阳光直射菇体。

第27章 双孢菇栽培技术

27.1 概述

双孢菇（*Agaricus bisporus*）为伞菌科蘑菇属菌类，又名圆蘑菇、白蘑菇、洋蘑菇、口蘑、双孢蘑菇等。双孢菇属于草腐菌，中低温型菇类。目前我国栽培的双孢菇主要是白色变种，主要适用于鲜品销售或加工成罐头等。

双孢菇人工栽培始于法国路易十四时代，距今约有300年。我国于1935年开始试种，栽培区域多在安徽等南方地区一些省份。双孢菇是当今食用菌商品化生产中历史较悠久、栽培区域广泛、总产量最高的品种。

双孢菇营养丰富，味道鲜美，资料显示，100 g双孢菇鲜品中含蛋白质2.9 g、脂肪0.2 g、碳水化合物2.4 g、粗纤维0.6 g、灰分0.6 g，还含有18种氨基酸及甘露糖、海藻糖等。因此，双孢菇菌肉肥嫩，味道鲜美，被人们视为高档蔬菜和营养保健食品而风靡世界，是一种出口创汇菌类产品。

双孢菇所含的蘑菇多糖和异蛋白具有一定的抗癌活性，能提高人体的免疫力，具有抗癌的功效；含有的酪氨酸酶能溶解一定的胆固醇；含有的核酸类物质，有降低人体胆固醇含量和血压的作用；所含的胰蛋白酶、麦芽糖酶等有助于食物的消化；双孢菇还有防治感冒及肺部疾病的作用。中医认为，双孢菇味甘性平，有健脾益胃降血压之功效。经常食用双孢菇，可以防止坏血病，预防肿瘤，促进伤口愈合和解除铅、砷、汞中毒等功效，兼有补脾、润肺、理气、化痰之功效，能防止恶性贫血，改善神经功能，降低血脂。因此，双孢菇是一种理想的健康食品和保健食品（图27-1）。

双孢菇作为商洛市工厂化栽培规模最大的珍稀菌类之一，主要分布在丹凤县棣花镇的许家塬村、茶房社区、两岭社区；丹凤县商镇的北坪村、东峰村；丹凤县龙驹寨镇；丹凤县铁峪铺镇的化庙村、花魁村、寺底铺村；丹凤县武关镇的段湾村、栗子坪村、毛坪村。常年产量3 000t以上，产值4 600多万元，产业链综合收入6 500万元。2022年，商洛市双孢菇产品远销俄罗斯、日本、法国、埃及等10多个国家，全年出口7 651万元，同比增长118%。

图 27-1　优质双孢菇

27.2　生物学特性

27.2.1　形态特征

27.2.1.1　菌丝体

双孢菇的菌丝无色透明，在营养生长期间以丝状菌丝延长。菌丝在生长中扭结形成菌丝体。菌丝通常生长在培养基和覆土之中，条件具备后，菌丝表面的各处便形成团状菌丝体。子实体一般在线状菌丝的交接点上形成。

27.2.1.2　子实体

子实体多单生，由肉质的菌盖以及菌柄组成。菌盖直径 3～15 cm，幼时呈球状，圆正、白色、无鳞片，菌盖厚，不易开伞，成熟后呈伞状。菌柄与菌盖边缘联结着一层膜，在开伞时菌膜易破裂脱落，菌膜留在菌柄上的残留部分形成菌环。菌褶初期为粉白色，后呈咖啡色，每片菌褶两侧有许多肉眼看不见的棒状担子，每个担子顶端有两个担孢子，子实体成熟后，担孢子自动弹射后下落。

27.2.2　生长发育所需营养条件

27.2.2.1　营养

双孢菇属于草腐生真菌类，不能进行光合作用，所需营养完全依靠菌丝从

265

培养料中吸收。它靠菌丝从腐熟的秸秆（堆肥）中吸收营养物质而生长发育，堆肥作为营养源为双孢菇生长提供营养物质。

27.2.2.2 碳源

碳源作为能源细胞构成物质，适宜的碳源有葡萄糖、果糖、木糖、蔗糖、淀粉、木质素、纤维素、半纤维素等，这些碳源主要在秸秆和有机肥料中，如稻草、麦秸、畜禽粪肥，都是栽培双孢菇的主要原料。

27.2.2.3 氮源

氮源包括蛋白质、蛋白胨、氨基酸等有机物质，存在于如猪、牛、鸡等畜禽类形成的粪肥，菜籽饼、豆饼及含氮化肥（尿素、硫酸铵）等之中。

27.2.2.4 无机盐类

通常在纯料培养中双孢菇菌丝生长所需的无机盐元素有磷、钾、镁、硫等。

27.2.2.5 微生物体

秸秆、粪、辅助材料等通过微生物的活动变成堆肥，在中秸秆表面生成含有无定型微生物细胞的碎片，为双孢菇菌丝提供丰富的营养。

27.2.2.6 堆肥

双孢菇栽培用的培养基称堆肥。堆肥是双孢菇的营养源，是双孢菇正常生长的基本条件，也是双孢菇栽培成功的关键和根本要素。

27.2.3 生长发育所需要的环境条件

27.2.3.1 温度

双孢菇属中温偏低温型的食用菌，具有变温结实性，菌丝体生长的温度范围是 3～34 ℃，最适宜温度为 23～25 ℃；子实体生长温度范围是 6～22 ℃，最适宜温度为 14～18 ℃，低于 12 ℃，子实体生长缓慢，高于 18 ℃以上，子实体生长加快，但菌柄细长，皮薄易开伞，质量低劣。

27.2.3.2 水分

在双孢菇菌丝体生长阶段，培养料含水量应为 60%左右，空气相对湿度应为 50%左右，子实体形成生长阶段培养料含水量应为 60%～65%，覆土层含水量保持在 18%～20%，空气相对湿度为 85%～90%。

27.2.3.3 空气

双孢菇为好氧性真菌，需要充足的氧气，对空气中的二氧化碳含量十分敏感，适于菌丝生长的二氧化碳浓度 0.1%～0.5%，一般在菌丝生长期间，菇房内要维持二氧化碳浓度以 0.03%～0.2%为宜。空气中二氧化碳浓度降至 0.03%～0.1%时，可诱发子实体产生。

27.2.3.4　pH

双孢菇菌丝生长的 pH 范围是 3.5～9.0，最适为 7.0～7.5。

27.2.3.5　游离氨

游离氨对双孢菇菌丝的生长和产量有直接影响，要使菌丝不受影响必须使游离氨减少到 0.074% 以下，以培养料发酵后用鼻子闻不到氨味为宜。

27.2.3.6　覆土

双孢菇具有不覆土不出菇的特性。要求选用富含腐殖质的菜园土、草炭土、透气性好的沙壤土等。覆土时加入一定量的杀虫剂、石灰搅拌均匀并暴晒处理。

27.3　栽培技术

27.3.1　栽培季节选择

在确定栽培季节时，应根据双孢菇菌丝生长和子实体形成所要求的温度范围、当地气候的变化、双孢菇生长高峰期与市场或加工部门的销售或生产能力是否相适等情况而定，一般安排 1 年 1 次，生产在秋季为宜，秋季气温由高到低变化，与双孢菇对温度的适应趋势一致。商洛市播期大约在 7—8 月。即使在同一地区，不同年份、不同品种、不同栽培形式，播期也不相同，应慎重掌握。

27.3.2　堆制时间

一般播期前堆 20～30 d，气温低建堆略高，堆制时间相应要求较长，气温高建堆较低，堆制时间较短。

27.3.3　原料种类

双孢菇栽培原料大部分是农牧业废弃的下脚料。常用的粪肥有牛、猪、鸡、鸭、人的粪尿等；秸秆类有麦草、稻草、玉米秆、玉米芯、高粱秆、豆秸等，添加的辅料为豆粕、米糠、麸皮等。原料种类随着农村产业的发展也在不断变化，使用的原料在各地不断得到更新，如利用沼渣和种植香菇、木耳、杏鲍菇、白灵菇的菌糠为主料栽培双孢菇。

27.3.4　培养料配方

双孢菇培养料配方因原料种类和成分不同，各地采用配方都有差异，但大体可分为两类，即粪草类和合成培养料类。配方搭配以提供双孢菇生长营养和促进发酵为原则进行加减，常用配方有 6 种（以下配方均为每 100m² 用量）。

配方1：干麦草300 kg，硫酸铵2.5 kg，干牛粪300 kg，尿素0.75 kg，棉籽饼（菜籽饼、豆饼、花生饼等）40 kg，石膏粉6 kg，生石灰适量（3～6 kg），调节pH。

配方2：稻（麦）草2 000 kg，干牛粪或鸡粪800 kg，豆饼100 kg，尿素30 kg，过磷酸钙50 kg，石灰50 kg，碳酸钙25 kg，石膏50 kg。

配方3：麦草或稻草100 kg，牛粪或鸡粪1 000 kg，过磷酸钙20～25 kg，生石灰20 kg，尿素10 kg，草木灰20 kg。

配方4：麦草1 000 kg，豆秸1 000 kg，酒渣75 kg，石膏50 kg，硝酸铵30 kg，氯化钾25 kg。

配方5：新鲜干麦秸1 250～1 500 kg，干牛粪400～600 kg，过磷酸钙50 kg，尿素15 kg，石膏粉和生石灰粉各25 kg。

配方6：废菌糠（杏鲍菇、白灵菇等）750 kg，干牛粪250 kg，麸皮100 kg，石灰20 kg，石膏10 kg，过磷酸钙10 kg。

双孢菇培养料必须具有良好的理化性质和丰富的营养，优质的培养料应达到含水量适宜（60%左右），松紧适中，透气性能好，草质的应柔软并富有弹性和韧性，色泽呈深咖啡色到褐色。

27.3.5 菇棚建造

菇棚设计要求：交通便利，背风向阳，水源充足，用水符合国家生活饮用水标准，棚内通风方便，保温性能好。远离有污染的工矿厂区及养殖区。要有足够大的发酵场地（水泥场地最好）。基地良好，土质肥沃，资源丰富，排灌良好。双孢菇棚室对场地要求不高，房前屋后、村边地头均可建棚，棚的大小可视场地条件而定，通常棚以坐北面南为宜（图27-2）。

图27-2 丹凤县标准化双孢菇基地

27.3.5.1　半地下出菇棚

地下深挖 80～100 cm，墙高 100 cm，棚内用木棍或竹片搭起 3～4 层的菇床架（每层床架上下间距 50 cm）棚宽 8 米，长度依地形而定。菇床共设 3 排，两侧床宽为 100 cm，中间床宽 200 cm，两边各留 1 个 50 cm 宽的走道。用竹片搭起棚架后盖上塑料薄膜，膜上加盖麦秸或玉米秸等以免阳光直射。棚室两头一端留通风口，另一端留门，在走道上方每隔 3～3.5 m 设 1 个排气孔，能够随时开关，这样既利于保温、保湿，又可灵活通风换气。

27.3.5.2　钢架中拱棚

棚体宽 8～9 m，长 15 m 左右，肩高 4.5 m，棚内用水泥柱搭制，用竹竿搭 6 层菇床架，床架宽 1 m，层间距 50 cm，采用两侧卷帘机，棚顶通风，同时搭建距离棚顶 50 cm 的双层遮阳网，棚与棚之间留排水沟（图 27 - 3）。

图 27 - 3　钢架中拱棚栽培

27.3.6　堆制发酵

27.3.6.1　一次发酵

即培养料的前发酵，堆制时间一般在 8 月上旬为宜。

（1）预堆

先将麦秸用清水充分浸湿后捞出，堆成一个宽 2～2.5 m、高 1.3～1.5 m、长度不限的大堆，预堆 2～3 d，同时将牛粪加入适量的水调湿后碾碎堆起备用。

（2）建堆

先在料场上铺 1 层厚 1.5～20 cm、宽 1.8～2 m、长度不限的麦秸，然后撒上 1 层 3～4 cm 厚的牛粪，再按 27.3.4 部分中提到的准备量按比例撒入磷肥和尿素，依次逐层堆高到 1.3～1.5 m。但从第 2 层开始要适量加水，而且每层麦秸铺上后均要踏实，同时要将粗木棍或竹竿横向、纵向预埋在堆中，堆好后拔出，增加透气性，以便发酵彻底。

（3）翻堆

翻堆一般应进行 4 次。建堆后 6～7 d，即温度达到 60 ℃以上进行第 1 次翻堆，此后隔 5～6 d、4～5 d、3～4 d 各翻堆 1 次。每次翻堆应注意上下、里外对调位置，堆起后要加盖草帘或塑料膜，防止料堆直接受日晒雨淋。

（4）发酵标准

堆制全过程大约需 25 d。发酵应达到如下标准：培养料的水分控制在 65%～70%，要达到手紧握麦秸有水滴浸出而不下落，外观呈深咖啡色，无粪臭和氨气味，麦秸平扁柔软易折断，草粪混合均匀，松散，细碎，无结块的标准。

采用食用菌废料生产，发酵方法和利用麦草等材料相同。

27.3.6.2 二次发酵

二次发酵即培养料的后发酵一般在室内床面上进行，也称室内发酵，其作用是清除氨味，使大部分游离氨最后转化为菌体蛋白质。后发酵指在控温条件下，利用好气嗜热微生物在 50～55 ℃温度下活动的习性，进一步分解利用简单的糖类和速效氨，将二者转变为菌体蛋白质，最后使二者为菇利用的技术手段，这一技术手段同时消除了培养料中游离氨和易引起杂菌发生的糖类。在后发酵过程中采用巴氏灭菌原理，进一步将不利于双孢菇生长的杂菌、害虫杀死。同时，培养了大量对双孢菇生长有益的微生物（放线菌、高温菌、链霉菌），最终使后发酵的培养料成为只适合双孢菇生长、有选择性的培养基质。后发酵的温度控制在 55 ℃，时间为 7～10 d。

生产上通常把经过一次发酵的堆肥趁热迅速进料，把培养料铺放在床架上，让培养料本身先升温（自然热），5～6 d 后，当料温不再继续上升时，关闭菇棚所有通风孔及门，开始向室内通蒸汽加温，使温度升到 62 ℃，维持 6～8 d，以将料内潜伏的杂菌、害虫杀死。随后通风降温，使料温维持在 50～55 ℃并保持 7～10 d，当有益微生物大量繁殖时，慢慢降低料内温度，直至温度降到 45 ℃时，再迅速降温，后发酵结束。在后发酵过程中，菇棚的通风很重要，使其每隔 3～4 d 通风 1 次，这时杂菌被杀死，高温有益菌休眠。而双孢菇菌丝含有分解死亡或休眠细菌的酶，使这些细菌作为被营养吸收。

二次发酵培养料最终要达到的质量要求：暗褐色的培养料因出现放线菌的菌落而呈霜状，培养料表面转成灰色；秸秆的抗拉力减弱，有弹性，色泽黄亮；用手握紧堆肥不会粘手，感觉不到黏性；含水量 65%～68%；气味变为甜香味或湿玉米味、烤焦的面包气味；游离氨气味消失；含氮量 2%～2.4%，碳氮比（16～17）∶1，pH 6.8～7.4，氨含量在 0.04%以下。

27.3.7　播种及播种后管理

27.3.7.1　品种简介及选择

要根据市场需求和加工企业的要求，选用优质、高产、适应性广、抗逆性强、商品性好的大叶型或小叶型品种，如 2796、2000、2799、196 等品种。菌种选择无病虫、无杂菌、绒毛菌丝多、线状菌丝少、菌丝粗壮、不吐黄水、生命力旺盛的菌种。

（1）2796

子实体单生、个大，菌盖直径 3～6 cm、圆正、白色、无鳞片、菌盖厚、不易开伞；菌柄中粗较直短，菌柄上有半膜状菌环，菌肉白色、紧实；孢子银褐色；菌丝银白色，生长速度较快，不易结菌被，菌丝最适生长温度 20～25 ℃，子实体最适生长温度 10～23 ℃；平均产量 15 kg/m²。

（2）W2000

子实体单生、个大，菌盖半球形，直径 3.0～5.5 cm，圆正、白色、无鳞片、菌盖厚、不易开伞；菌柄近圆柱形，直径 1.3～1.6 cm；菌肉白色、紧实；播种后菌丝萌发快，吃料较快，抗逆性强，爬土速度较快，扭结能力强；子实体生长速度快，转潮快；菌丝最适生长温度 24～28 ℃，子实体最适生长温度 16～22 ℃；平均产量约 15 kg/m²。

（3）W192

子实体单生，菌盖半球形直径 3～5 cm、圆正、白色、菌盖厚、不易开伞；菌柄中粗较直短，菌肉白色、紧实；孢子银褐色；菌丝白色，萌发早，生长速度较快，爬土能力强，菌丝最适生长温度 24～28 ℃，子实体最适生长温度 10～20 ℃；平均产量 16 kg/m²。

27.3.7.2　播种

播种分为点播和混播。

（1）点播

将培养料按要求铺 15～20 cm 厚，床面呈龟背状，整平料面，点播密度为 10 cm×10 cm；用手的拇指、食指和中指捏一撮菌种塞于料下，整平料面，盖住菌种，1 m² 用种 3～4 瓶（袋）。

（2）混播

层架栽培和拱棚地面栽培，将料按要求铺至 15～20 cm 厚，床面呈龟背状，整平料面，将所用菌种掰碎均匀撒于料面，然后用铁叉抖松培养料让菌种漏于料下，拍实即可。

27.3.7.3　播后管理

播种需要注意保湿，调节好温度和通风，以促进菌种萌发定植生长，同时防止其受到杂菌污染，特别是播种后的前 3 d，适当关闭门窗，保持空气湿度在 80%左右，棚内温度不能超过 30 ℃，超过 30 ℃应在夜间通风降温。3 d 后，根据菌丝生长情况，每天夜间通风 30 min。10 d 后，菌丝已开始深入料内部，及时用铁叉松料 1 次，拉断菌丝，促进更多菌丝生长，同时增加通气量，促进菌丝向下部料层发展。

27.3.8　覆土管理

27.3.8.1　覆土准备
选择吸水性好、具有团粒结构、孔隙多、湿而黏、干而不散的土壤，如富含腐殖质的菜园土、草炭土及透气性好的沙壤土，每 100 m² 菇床约需 2.5 m³ 的土，土内拌入占总量 1.5%～2%的石灰粉，均匀喷洒多菌灵等杀虫剂，搅拌均匀堆积发酵处理。湿度以手抓不黏、成团、落地就散为宜。

27.3.8.2　覆土时间
当菌丝基本生长到菌床底部时进行覆土，促进双孢菇生理转化，诱导原基形成。

27.3.8.3　覆土方法
覆土厚度应合适，过厚通气性差，过薄保水能力不足。覆土有一次性覆土和分次覆土两种方法：可将富含腐殖质的菜园土、草炭土一次性覆盖在菌床上；可将沙壤土按颗粒粗、细分次覆盖在菌床上，粗土粒直径 25 mm，细土粒直径 10 mm，先覆粗土，待菌丝开始延伸至土层后再覆细土，覆土总厚度为 40 mm 左右，即粗土 30 mm、细土 10 mm。

27.3.8.4　覆土后管理
覆土后要进行水分调节。粗土含水量在 20%，覆土后 2～3 d 多喷雾状水（安装微喷或用喷雾器）。原则是轻喷、勤喷、均匀，将土内含水量调至要求的标准即可，水分不能进入料内。覆细土后要停水 1d，翌日开始喷水，第 1 次用水量约 0.5 kg/m²，第 2 次约 0.6 kg/m²，第 3 次约 1 kg/m²。4～5 d 菌丝就可长到细土内，此时要加大通风量，抑制菌丝生长，促进原基形成。这时可适当补一些细土，将表面菌丝和原基覆盖，开始重喷结菇水，每天 2～3 次，每次 1 kg/m²，在 2～3 d 内调足水分，一般夜间喷为宜。

重喷结菇水后仍应大通风 2～3 d，以后逐渐减少通风，促进子实体形成与生长。在重喷结菇水之后，菌丝很快吸收营养，原基不断形成。当匍匐型菌丝在重喷结菇水的第 2 天或第 3 天就有大量的菇蕾出现，这时就可以重喷出菇水了。出菇重水的用量每平方米 2.5～2.8 kg，当结菇重水喷得足、粗土湿度大，出菇重水用量就要适当减少，反之可适当增加，出菇重水一般 2～3 d 调足为宜。出菇重水一般在菇蕾普遍长至黄豆粒大小时喷，过早会死菇，过迟则子实体得不到营养，生长缓慢，产量受到影响。同时，要保持菇房或菇棚内温度在 15~18 ℃，空气相对湿度以 85％~90％为宜。

　　一般从覆土到出菇需要 18~21 d，有时会更长一些。子实体从黄豆粒大小到可以采收，在 15~18 ℃时，需要 5~7 d。由于双孢菇子实体成潮出现，采收完每潮后，要及时清理床面并补土，再进行喷水管理及适当的通风换气，一般在 7 d 后就可见第 2 潮菇出现。

27.3.9　出菇管理

　　出菇管理的关键是处理好水分、空气、温度和湿度的关系（图 27 - 4）。

图 27 - 4　出菇期

27.3.9.1　水分、温度、湿度管理

　　水分管理是一项极为细致的工作，除根据菇体生长状态和土壤情况喷水，还应将当地的气候、菇房（棚）的保湿性能、菌株特性、菌丝生长情况、床架布局及土层厚度综合考虑，灵活掌握。一般出菇以后喷水原则是：菇长得多则多喷，长得少则少喷，前期多喷，后期少喷。当每批菇采收到 80％时，需喷 1 次下茬菇的结菇水，空气相对湿度保持在 85％~90％，温度控制在 15~18 ℃。

27.3.9.2　通风换气

　　通风换气应在保持菇房（棚）温度的前提下在白天或夜间通风，使菇生长有充足的氧气，排出二氧化碳和氨等气体。

27.3.9.3　挑根补土

　　每次采菇之后，应及时清除死菇、菇根。同时补土覆盖裸露的培养料。

27.3.9.4　越冬和春菇管理

　　双孢菇栽培时间大多以秋天为主，但进入冬季后由于气温低，出 2~3 潮菇后，当温度低于 5 ℃但高于 3 ℃时不再现蕾。3 ℃以下停止生长。因此冬季以保持和恢复菌丝活力为主，为来年的春菇打基础。应采取措施使土层含水量保持在 15％，可进行通风管理，并保持温度在 3 ℃以上。冬末松土除老根，当温度升到 5 ℃以上则对进行 1 次全面松土，除去老根使菌丝得到恢复。进入春季大气温度回升后，补充水分，用好发菌水，用水量 3 kg/m²，并在调水前补上 1 层半湿半干的细土，将裸露的菌丝保护好。另外在春菇管理中同样要协调好温、湿、气三者的关系，并注意防低湿和高温，以保证春菇生产。

27.3.10 采收

双孢菇要适时采收，才能保证品质和产量。如果采收过早，会影响产量；采收过迟，双孢菇菌褶发黑或开伞形成薄皮菇，品质下降。采收迟，菇床上消耗的养分多，对以后产菇也有一定影响。因此，一般在菌膜未破，菌伞未开，菌盖长至 3～4 cm 时就应该按收购规格采摘。

双孢菇产品分外销和内销两种，内销以鲜菇销售为主，上市鲜菇对规格要求不严，只要不开伞即可。外销主要以制罐头和盐渍菇出口为主，对产品的规格有严格要求。因此采收时必须按收购规格来适时采摘（图 27-5）。

图 27-5 双孢菇采后处理

双孢菇一般都是单生的，可以熟一采一，采大留小。采摘时，动作要轻快，中指、食指、拇指轻捏菇体，稍加旋转，将其拔起即可。轻采轻放，防止指甲划伤菇体；削根要平整，一刀切下，尽量做到菇柄长短一致，避免斜根、裂根、短根及长根。

采收后及时清理床面、补土、喷水及追肥，促进下一潮菇的生长，整个生长周期一般为 70～120 d。

27.4 病虫害防治

27.4.1 主要病害及防治

27.4.1.1 疣孢霉病

疣孢霉病又称白腐病、湿泡病、水泡病、褐腐病、褐豆病等，是菇棚

（房）发生最普遍、为害程度较重的真菌病害由疣孢霉侵染引起。

（1）症状

疣孢霉病只侵染子实体，不感染菌丝体。子实体受到轻度感染时，菌柄肿大成泡状，严重时子实体畸形，分化进程受阻。双孢菇的发育阶段不同，病症也不同：子实体分化阶段被感染，会形成硬皮马勃状的不规则组织块，上覆盖一层白色绒毛状菌丝，逐渐变为暗褐色，病变组织中常渗出具腐败臭味的暗黑色液滴；菌盖和菌柄分化后染病，菌柄变为褐色；子实体发育后期菌柄基部感染，会产生淡褐色病斑，无明显的病原菌生长物。残留在菌棒或菇床上的带病菌柄逐渐长出一团白色的菌丝，最后变为暗褐色。

（2）传播途径

双孢菇从开始感染到发病约 10 d，疣孢霉孢子一般不进入土层，只有当孢子落在发育中的双孢菇附近才会发生感染。第 1 潮菇发病，覆土通常是主要的初侵染源，厚垣孢子可在土壤中休眠数年，以后发病通常由工具、采菇人员、残留的带病菇体等传播。

（3）发病因素

当菇棚（房）内空气不流通且温度高、湿度大时极易暴发，温度在 10 ℃以下很少发生，疣孢霉的孢子 50 ℃经 48 h、52 ℃经 12 h、65 ℃经 1 h 即死亡。

（4）防治措施

①菇棚（房）和菇床应按要求严格消毒，并保持清洁卫生，覆土应经过消毒处理。

②栽培期间开始发病时应立即停止喷水，加强菇棚（房）通风，以降低空气相对湿度，将温度降至 15 ℃以下，每立方米采用噻菌灵或咪鲜胺 0.4~0.6 g 喷淋；发病严重时，将病菇及 10 cm 深处的培养料一起挖除，更换新土，焚烧病菇。

27.4.1.2　褐斑病

褐斑病又称干泡病、轮枝霉病，由轮枝霉侵染引起。危害双孢菇子实体。

（1）症状

双孢菇染病后，先在菌盖上产生许多针头大小的、不规则的褐色斑点，斑点逐渐扩大，病斑中部发生凹陷，凹部呈灰白色，充满轮枝霉的分生孢子，菌柄上有时出现纵向褐色条斑，菌盖、菌柄和菌褶上常有一层白色霉状斑块。子实体染病后，菌盖分化不明显，菌柄过度粗大或弯曲，最后病菇干枯。

与疣孢霉病不同的是感染褐斑病的菇体不腐烂，不分泌褐色液汁，无特殊臭味。

（2）传播途径

轮枝霉的初侵染源为覆土材料，而分生孢子是再侵染源，病原霉的孢子主要通过喷水传播。孢子常黏成一堆，通过菇蚊、菇蝇、螨类及生产人员的手、工具等传播。孢子散开时，也可随气流或土进入菇棚（房）。

（3）发病因素

轮枝霉孢子萌发温度为 15～30 ℃，发病最适温度为 20 ℃。菇棚（房）通风不畅、潮湿以及出菇前覆土过湿等都是此病发生的有利条件。

（4）防治措施

①防止带病菌的覆土和菌种进入菇棚（房），保持环境清洁卫生。

②菇棚（房）应经常按要求通风换气，防止湿度过大。

③将染病子实体小心清除或用盆钵覆盖住染病子实体，防止病霉孢子扩散。

④及时做好菇蝇、螨类等害虫的防治工作。

27.4.1.3　枯萎病

枯萎病又名猝倒病。

（1）症状

此病主要侵害菇类菌柄。染病后，菌柄的髓部萎缩并呈褐色，感染早期在外形上与健康菇类难以区别，只是菌盖色泽逐渐变暗，菇体不再长大，最后变成"僵菇"。枯萎病只能侵染幼菇的子实体，菌盖直径超过 2 cm 以上则不易发病。染病的幼菇初期软绵，渐呈失水状，然后呈软革质状，菇体变褐而枯萎，初期仅是表层变褐，以后从外到内全变褐，有的菌柄基部色更深，呈干腐状，湿润时菌柄基部可见绒白色菌丝，偶尔可见浅红色的分生孢子。

（2）传播途径

主要由带病霉的土壤和培养料传染。菇棚（房）附近的病原菌也可随风进入栽培间。

（3）发病因素

通风不畅，高温高湿环境下易发生此病，大量浇水促使其流行。

（4）防治措施

①覆土应消毒，培养料的堆制和处理应严格按要求进行。

②发病后可用 11 份硫酸铵与 1 份硫酸铜混合，每 56 g 混合物加 18 kg 水溶解后对病菇喷洒。

③注意菇棚（房）的通风换气，防止菇棚（房）内高温高湿，应用少量多次的雾状喷水法。

27.4.1.4　软腐病

软腐病又称树枝状轮枝孢霉病。

（1）症状

发病料床床面覆土周围出现白色病原菌菌丝，蔓延接触子实体后产生棉毛状白色菌丝，可覆盖数个子实体，逐渐变成褐色，呈湿润状软腐形态。蘑菇的整个发育阶段都会受到侵染。

（2）传播途径

病霉的孢子能借气流传播，也能由溅起的水滴或菇体渗出的汁液传播，常是小面积发生，可随覆土进入菇棚（房）。

（3）发病因素

分生孢子 20 ℃时萌发率最高，25～30 ℃的环境条件可抑制萌发。菇床上的覆土过于潮湿，以及中温高湿的环境易发病。

（4）防治措施

①长菇阶段的菇床要采用干湿交替的水分管理方法，并保持良好的通风换气环境。

②转潮期间除做好床面清理工作，还应定期用 1‰～2‰石灰清液喷洒，防止菇床酸化过重。

③减少床面喷水，加快通风换气，降低覆土含水量和空气相对湿度。

④局部发病时，对患病部位撒石灰粉，防止扩散蔓延。

27.4.1.5　褶霉病

褶霉病又叫褐霉病、菌盖斑点病。

（1）症状

染病初期，子实体菌褶上出现少量的白色菌丝，以后蔓延成团，覆盖于整个菌褶上，使菌褶相互粘连，菇体渐变软，最后腐烂。

（2）传播途径

土壤带菌是初侵染源，病霉孢子随水、空气、昆虫及人为操作传播。

（3）发病因素

菇棚（房）湿度过高有利于病害的发生。

（4）防治措施

①加强菇棚（房）通风，降低空气相对湿度。

②将病菇拔除焚烧。

27.4.1.6　菇脚粗糙病

（1）症状

染病双孢菇的菌柄表层粗糙、裂开，菌柄和菌盖明显变色，后期变成褐色，菌柄和菌褶上，可看到粗糙、灰色的菌丝生长物，病菇发育不良而长成畸形菇。生长后期染病时，菌柄稍有变色，菌盖褶面有褶斑，有时有黄色晕圈。

（2）传播途径

病菌产生的孢囊孢子很容易由风和水传播，也能由覆土带入菇棚（房）。

（3）防治措施

①对覆土进行消毒，严防病原菌带入菇棚（房）。

②管理勿忽干忽湿、忽热忽冷。

③及时处理病菇，严防污染覆土。

27.4.1.7　鬼伞

有墨汁鬼伞、毛头鬼伞、粪鬼伞等，鬼伞常发生在双孢菇菇床上，一般在进行发酵料和生料栽培时发生，原因是在堆制发酵过程中，堆温过低，料堆过湿，氨气较多。鬼伞与双孢菇争夺养分，影响产量，有的抑制双孢菇菌丝的生长。

（1）症状

鬼伞菌盖初呈弹头形或卵形，玉白、灰白，表面上多有鳞片毛。菌柄细长，中空。后期菌盖展开，菌褶逐渐变色，由白变黑，最后与菌盖自溶呈墨汁状。发生初期，其菌丝白色，易与双孢菇菌丝混淆，但鬼伞的菌丝生长速度快，且颜色较白，并很快形成子实体。

（2）传播途径

空气中的担孢子沉降到发酵培养料，土壤或粪肥带菌。

（3）防治措施

①选用新鲜、干燥、未霉变的草料及畜粪，在堆制培养料时，合理掌握含水量，如果在早春发酵，应在料堆上加盖草帘、农膜来提高堆温，降低氨气浓度。

②保持合理的碳氮比，防止氮素过多，适当增加石灰用量，调节 pH。

③如发现鬼伞应及时将其摘除，防止孢子扩散，降低温度。

27.4.1.8　细菌斑点病

细菌斑点病又称褐斑病、斑病。

（1）症状

病斑只局限于菌盖表面，开始时菌盖出现 1～2 处小的黄色或黄褐色变色区，然后菌盖变成暗褐色凹陷的斑点，并分泌黏液。当斑点变干后，菌盖开裂，形成不对称的子实体，菌褶很少受到感染，菌肉变色部分直径不超过 3 mm。

（2）传播途径

导致细菌斑点病的细菌在自然界中分布很广，主要通过覆土、气流、病菇、菇蝇、工具、工作人员等传播，高温高湿、通风不畅条件下感染后，几小时就能使菇体产生斑点病。

（3）防治措施

①防止菇盖表面过湿和积水。

②减少温度波动，防止高温高湿，空气相对湿度控制在 85% 以下。

③用 600 倍漂白粉溶液喷洒，或用二氯异氰尿酸钠 500 倍液喷洒，隔日喷洒一次，可防止病害发生。

27.4.1.9　细菌性软腐病

（1）症状

初期在菌盖边缘出现水渍状斑块，后期水渍状斑块遍及整个菌盖乃至菌柄，子实体渐变褐，有时菌盖边缘向内翻卷，整个子实体软腐，有黏性，湿度大时菌盖上可见乳白色菌脓。

（2）传播途径和防治措施

与细菌性斑点病相同。

27.4.1.10　菌褶滴水病

（1）症状

在双孢菇开伞前没有明显的病症。菌膜破裂，就可发现菌褶已被感染，被感染的菌褶上可以看见奶油色小液滴，最后大多数菌褶烂掉而产生褐色黏液团。

（2）传播途径

病菌多由昆虫或操作人员带入，奶油色的细胞渗出菇体后，也可由空气传播。

（3）防治措施

与细菌性斑点病相同。

27.4.1.11　病毒病

（1）症状

双孢菇病毒病的症状复杂，变化无常，常见的有 6 点。

①菇柄细长，菇盖小、歪斜，有的菇体呈水浸状，菇柄受到挤压有液体渗出；有的产生褐色小菇；有的菇体矮化，盖厚、柄粗短；病菇早开伞等。

②菌丝退化，菌丝较短而膨胀，浅黄色，患病菌丝覆土后生长能力衰弱或从覆土中消失。

③料面上出现不出菇的秃斑，双孢菇菌丝并不死亡，也无异样，但菌丝不长入覆土层内，不出菇。

④菌褶硬脆或呈革质，湿软腐败，数日内完全腐败，菌盖及菌柄往往有水湿状黏液。

⑤病菇的孢子平均比正常孢子小一半以上，细胞壁薄，萌发速度比健康孢子快。

⑥无典型症状，但产量逐渐下降。

（2）传播途径

双孢菇病毒主要是通过孢子、病菌、害虫和人工接触携带传播的，也可在活的菌丝体中生存，借菌丝的联结而传播。

（3）防治措施

①老菇棚（房）的床架材料要经过彻底消毒，杀死材料中的双孢菇残存菌丝，以杜绝病毒传染。

②采菇要及时，以防止开伞后带病毒的孢子散落在菇床上。

③培养室通过后发酵进行巴氏消毒。

④保持用具以及采菇人员手部清洁，并进行消毒。

⑤各种材料可用 0.1％高锰酸钾、10％磷酸钠消毒或甲醛熏蒸消毒。

⑥选用抗病毒力强的品种。

27.4.2　生理性病害

27.4.2.1　菌丝徒长

（1）症状

覆土以后，双孢菇的绒毛状菌丝持续不断向覆土表面生长，产生"冒菌丝"而不结菇的现象，菌丝徒长严重时，浓密成团，结成菌痂（菌被）。

（2）防治措施

①双孢菇覆土调水后，加强菇棚（房）通风换气或经常掀动塑料薄膜增强透气，降低表面温度和菇棚（房）温度。

②配料时应注意合适的碳氮比，以抑制菌丝生长，促进子实体形成。

③已结成菌被的，用刀划破，重喷水，加大通风力度，仍可形成子实体。

27.4.2.2　子实体畸形

（1）症状

子实体形状不规则，如盖小柄大、歪斜等。子实体不分化，单个形成一个不分化的组织块。

（2）防治措施

一是尽可能选择富含腐殖质的菜园土、草炭土进行粗、细一次性覆土；二是根据生长情况适时通气喷水；三是出菇期控制菇房内温度 12～16 ℃，空气相对湿度为 85％～90％，经常通风换气。

27.4.2.3　硬开伞

（1）症状

双孢菇未成熟的幼嫩子实体提早开伞。

（2）防治措施

注意减小菇棚（房）的温差，喷水增加菇棚（房）内的空气相对湿度。

27.4.2.4　死菇

（1）症状

出菇期间，在无病虫害情况下，幼菇变黄、萎缩、停止生长直至死亡。

（2）防治措施

一是出菇期应密切注意天气变化，根据气温调控棚温，加温通风换气，严防棚内出现高温；二是注意通风换气，每天 2～3 次，防止二氧化碳浓度过大；三是合理调整出菇密度，防止第 1 和第 2 潮菇出菇过密；四是应选择优质菌种，及时淘汰被污染的菌种，严防高温培养，菌种不宜长时间保存，以防菌丝老化。

27.4.2.5　水锈斑

（1）症状

菇棚（房）通风差，空气相对湿度过高（95％以上），菇面水分蒸发慢，菌盖表面有积水或覆土带有铁锈等，会使双孢菇子实体菌盖表面产生铁锈色斑点，水锈斑只限于表皮，不深入菇肉。

（2）防治措施

可加强菇棚（房）通风，及时蒸发掉菇体表面的水滴以及不使用含铁锈的覆土等，可防止双孢菇水锈斑的发生。

27.4.3　主要虫害及防治

27.4.3.1　眼菌蚊

眼菌蚊又名菇蚊、尖眼菌蚊。眼菌蚊的成虫体长 2～3 mm，褐色或灰褐色；翅膜质，后翅化为平衡棒，复眼发达，形成"眼桥"；触角丝状，共 16 节；产后卵 3～4 d 即可孵化。幼虫细长，白色，头黑亮，无足，老熟的幼虫长 5 mm。蛹黄褐色。

眼菌蚊的小龄幼虫在双孢菇培养料内取食，大龄幼虫咬食子实体，特别是对小菇蕾为害严重。成虫不直接为害，但它们常将螨类、线虫和病原菌带入菇床。

防治方法有 4 条。

①经常保持菇棚（房）内外清洁卫生。废弃的培养料、虫菇、烂菇、老菌块、其他类型废弃物等要清除干净。易发生虫害的季节，菇棚（房）内外要定期喷洒杀虫药物，并在门上加纱帘，在窗上加纱窗，防止成虫进入。

②栽培前，每立方米菇棚（房）用 6～15 g 磷化铝片剂熏蒸，闷 72 h，然后充分通风。也可用 2.5％的溴氰菊酯或 4.3％氯氟·甲维盐甲维 2 000～3 000 倍液，喷洒菇床、墙壁、门窗和地面等处。

③培养料应按要求严格处理。一次发酵保持 62 ℃ 2 h，或后发酵维持 5～7 d，都能杀灭害虫。

④在发菌和出菇期间如有眼菌蚊成虫爬行，应立即用药防治或驱赶成虫，可用蚊香熏蒸和用菇虫净 1 000 倍液喷雾在成虫羽化期内 3～4 d 用药 1 次。

27.4.3.2　瘿蚊

瘿蚊又称菇蚋，成虫体微小，长 0.9～1.3 mm，淡褐色、淡黄色或橘红色，复眼大，触角 8 节，呈念珠状，鞭节上有环生的毛。翅宽大有毛，翅脉简单，后翅化为平衡棒，足细长。幼虫长 3 mm，无足，尖头，常为橘黄色、淡黄色或白色，体为 13 节，老熟幼虫在化蛹前中胸腹面有一凸起剑骨，端部大而分叉。幼虫主要危害双孢菇的子实体和菌丝体，还能以腐烂植物、粪便、垃圾等为食。

防治方法同眼菌蚊。

27.4.3.3　线虫

为害严重的有尖线虫，又称丝线虫；滑刃线虫，又称堆肥线虫。

线虫是一种无色的小蠕虫，体形极小，长 1 mm 左右。一类有枪尖口针，能穿过真菌细胞壁吸吮细胞内含物；另一类无口针，摄食细菌和腐烂有机碎片，通过排泄毒素或其他复杂过程为害双孢菇。线虫在菇体内部繁殖很快，幼虫经 2～3 d 可发育成熟。

受线虫为害的培养料表层有的全部变湿、变黑、发黏，菌丝萎缩或消失，幼菇死亡。死菇呈淡黄色至咖啡色，表面黏，有腥臭味。

线虫普遍存在于堆肥、覆土中。菇棚（房）潮湿、闷热、不通风，易发生线虫。

防治方法有 3 条。

①将培养料进行后发酵，可杀死休眠阶段的线虫。

②老菇棚（房）进料前要经过熏蒸，每平方米用甲醛 10 mL 加 5 g 高锰酸钾，熏蒸 48 h 然后再通风，磷化铝熏蒸每立方米用药片 6～15 g，闷 72 h 然后充分通风换气，兼治菇蚊。

③局部培养料发生线虫后，应将周围的培养料一齐挖掉。

27.4.3.4　蛞蝓

又名水蜒蚰、无壳延螺、鼻涕虫。常见的有野蛞蝓、双线嗜菌蛞蝓、黄蛞蝓、双线嗜黏蛞蝓等。蛞蝓为软体动物，无外壳、身体裸露，畏光怕热，白天潜伏在阴暗潮湿处，夜晚活动，咬食菇原基和子实体，3—5 月为为害期。

防治方法为在夜间 9—10 时进行人工捕捉或在其游动场所喷 5％的食盐水防治，也可用螺灭粉剂 250 倍液、3％的甲酚皂和芳香灭害灵喷杀。

第 28 章　草菇栽培技术

28.1　概述

草菇（*Volvariella volvacea*），又名兰花菇、美味草菇、苞脚菇、麻菇、中国蘑菇等，属于光柄菇科小包脚菇属真菌。

在《广东通志》中记述，200 年前广东南华寺和尚已栽培和食用草菇了。20 世纪 30 年代，华侨逐渐将草菇栽培技术传到马来西亚、缅甸、菲律宾等国，欧美地区国家目前也栽培草菇。

草菇原产于热带和亚热带地区，人工栽培起源于我国，目前除了我国，日本和东南亚地区各国都有栽培。草菇肉质肥嫩，味道鲜美，营养丰富，每 100 g 鲜草菇中维生素 C 含量高达 206.28 mg，比蔬菜和水果高出好几倍，又称"维生素 C 之王"，草菇还能增强体质，治疗创伤，提高人体免疫力及防癌、抗癌。草菇培养料来源广，如麦秸、稻草在农村随处可见，栽培方法简单，生长快，周期短，收益高，是菇类淡季——夏季生产的一种营养胜过绝大多数蔬菜和水果的美味佳肴，深受人们欢迎。

草菇是食用菌中收获最快的 1 个种，从播种到采收只需 2 周左右（10～12 d），1 个栽培周期只要 20～30 d，1 年可种 4～6 潮。室内室外都可以栽培，草菇栽培可以利用农副产品农作物秸秆（如稻草、棉籽壳、麦草、玉米秸、甘蔗渣等）作为栽培原料，草菇不论是鲜菇还是制成干制品或罐头，在国内外市场上都深受广大消费者的喜爱。

草菇作为商洛市近年来新发展的珍稀菌类之一，主要集中在丹凤县棣花镇茶房社区，2022 年种植面积 10 100 m²，年产鲜菇 4 500 t，产值 5 400 万元，全产业链综合收入 6 300 万元。

28.2　草菇的生物学特性

28.2.1　形态特征

草菇由菌丝体和子实体两大部分组成。

28.2.1.1　菌丝体

草菇菌丝分初生菌丝和次生菌丝两种，初生菌丝由担孢子萌发形成，菌丝透明，呈辐射状生长，气生菌丝旺盛，菌丝有横隔和内含物，并且分枝。初生菌丝经发育和融合可形成次生菌丝。次生菌丝更粗，生长快而茂盛，菌丝浅白色，半透明，不具锁状联合，老龄气生菌丝略带黄色。大多数次生菌丝能形成厚垣孢子，孢子多核，呈红褐色或棕色。

28.2.1.2　子实体

子实体单生或丛生，单个子实体由菌盖、菌褶、菌柄和菌托等部分组成。

菌盖似钟形，完全成熟后伸展为圆形，盖边缘完整，中部稍凸起，表面有明显的纤毛，呈鼠灰色、灰黑色或灰白色，菌肉白色细嫩。

菌褶着生于菌盖腹面呈辐射状排列，离生，初为白色，后期为淡红色，最后为红棕色，孢子印褐色；担孢子椭圆形，表面光滑，厚壁，有孢脐，颜色随子实体成熟渐由无色、淡黄色变为粉红、红褐色。

菌柄中生，近圆柱形，上细下粗，长 60～18 mm，直径 8～15 mm，柄的大小与菌盖成正比。白色、内实，由紧密条状细胞组成，内稍带纤维质。

菌托位于菌柄下端，与菌柄相连，前期是 1 层柔软的膜，包裹着菌盖和菌柄；蛋期后由于菌柄伸长，被菌盖顶端突破而残留于茎部。

28.2.1.3　子实体生长过程中形态变化

（1）针头期。菌丝刚扭结，呈针头状突起的白色小点。

（2）细扭期。子实体开始分化，形成绿豆状物质。

（3）扭期。长大似卵，鼠灰色或灰黑色，表面被纤毛，菌褶的子实层还未分化。

（4）蛋期。呈长卵形，外包被未破裂，担子处于形成小梗阶段，未产生担孢子。

（5）伸长期。包被破裂，菌盖、菌柄外露，出现菌托，菌核呈水红色，子实层的担孢子已形成。

（6）成熟期。担孢子发育成熟，并脱离担子释放到环境中去，菌盖平展，菌褶由粉红色变为红棕色。

28.2.2　生长发育所需的条件

28.2.2.1　营养

草菇是一种腐生性真菌，它需要的营养物质主要是碳水化合物、氮素和无机盐等，能利用多种碳源和氮源。稻草、麦秸、棉籽壳、废棉絮、甘蔗渣、麦麸等均可作为栽培草菇的培养料；为了增加营养，在栽培草菇时，有时还加一些辅助材料，如无机肥料、有机肥料、矿质元素、维生素 B_1 等。

28.2.2.2　温度

草菇属高温型菌类。菌丝体生长的温度范围是 20～40 ℃，最适温度为 30～34 ℃，低于 5 ℃或高于 45 ℃时菌丝死亡，子实体形成的适宜温度是 32～38 ℃，孢子萌发以 40 ℃最好。

28.2.2.3　湿度

菌丝体生长要求培养料水量为 70%，空气相对湿度为 80%左右。子实体发育时要求空气的相对湿度为 85%～90%。

28.2.2.4　空气

草菇生长需要充足的氧气，当二氧化碳浓度为 1‰时，会抑制子实体形成。

28.2.2.5　pH

草菇在 pH5.0～8.0 均能生长，但其喜欢偏碱性的环境以 pH7.2～7.5 生长最好。

28.2.2.6　光线

草菇子实体形成需要散射光，直射光对子实体有抑制作用，但在黑暗条件下子实体也难以形成。

28.3　草菇的栽培技术

28.3.1　栽培场地与设施

栽培草菇既可在温室大棚，也可在闲置的室内、室外、林下、阳畦、大田（与玉米间作）、果园等场地。要靠近水源，地势稍高，便于稻草浸水和管理时用水及防止雨季积水。春末秋初应选择向阳的场地；夏季应选择林荫、瓜棚下或进行室内栽培，也可利用牛舍、山洞、地下室作为栽培场地。

在所选择的场地上，先开好畦面的排水沟，然后整理菇床，翻土 15～20 cm深，将经 1～2 d暴晒后的土打碎其中的土粒并除去杂草。把畦面整理成龟背状，高约 15 cm，中央略压实，两旁稍松，菇床宽 1～1.2 m，长约 5～7 m，床距 70 cm。整好菇床后，可灌水使土壤湿润，并喷洒农药或浓石灰水，驱杀蝼蛄、跳甲虫等地下害虫。畦上用竹片搭拱棚，棚高 0.7～0.8 m，棚上覆盖塑料薄膜，四周用土将塑料薄膜压实。

温室、塑料大棚要加覆盖物以遮阴控温，新栽培室在使用前撒石灰粉消毒，老菇棚可用烟熏剂进行熏蒸杀虫灭菌。

28.3.2　栽培季节

草菇是高温型菌类，适宜在夏季栽培，草菇菌丝体生长的适温范围为 20～40 ℃，最适宜温度为 30～34 ℃，子实体生长的温度为 32～38 ℃，最适宜的温度为 28～30 ℃。为了使草菇在播种后能正常发菌出菇，栽培季节应选择在日平均温度 23 ℃（25 ℃）以上进行，这样有利于菌丝的生长和子实体的发育。南方地区利用自然气温栽培的时间是 5 月下旬至 9 月中旬。以 6 月上旬至 7 月初栽培最为有利，因这时温度适宜，又值梅雨季节，湿度大，温湿度容易控制，产量高，草菇的质量好。盛夏季节（7 月中旬至 8 月下旬）气温偏高，干燥，水分蒸发量大。管理比较困难，获得高产优质草菇难度较大。北方地区以 6—7 月栽培为宜。利用温室、塑料大棚栽培，可以酌情提早或推迟。若采用泡沫菇房并有加温设备（有温室菇房的则可一年四季栽培），可周年生产。

28.3.3 栽培品种（菌株）选择与优良菌种制备

28.3.3.1 栽培品种（菌株）选择

依颜色分，有两大品系。一类叫黑草菇，主要特征是未开伞的子实体包皮为鼠灰色或黑色，呈卵圆形，不易开伞，草菇基部较小，容易采摘。但抗逆性较差，对温度变化特别敏感。另一类是白草菇，主要特征是子实体包皮灰白色或白色，包皮薄，易开伞，菇体基部较大，采摘比较困难，但出菇快，产量高，抗逆性较强。依照草菇个体的大小，可分为大型种、中型种和小型种。由于用途不同，对草菇品种的要求也不同。制干草菇，喜欢包皮厚的大型种，制罐头用的，则需包皮厚的中、小型种，鲜售草菇，对包皮和个体大小要求不严格。各地可根据需要选择适合的品种栽培。

根据各地的实际情况因地制宜地选择优质高产的品种非常重要。品种的选择标准是高产、优质、抗逆能力强。优质草菇应该是包皮厚、有韧性、不易开伞、菇形好、有光泽、食用时口感好、有风味。目前生产上可选用 V23（大粒）、农科 42（大粒）、V37（中粒）、V20（小粒）、V35（中粒）等优良菌种。

第一，以破籽棉为栽培主料的，可选用泰国的白色菇种，或广东省微生物所选育的 V20 种或华南农业大学植保系微生物组选育的 VT 种。这类菇适应性强，生长快速，生产周期短，产量高。但菇色较淡，多为白色或灰白色，包皮薄，易开伞，马蹄形，菇味较淡。适宜就地鲜食用，不宜长时间贮运。

第二，以稻草为栽培主料的，可选用广东省微生物所选育的 V23 种。这个菇种抗性较弱，对温度、水分等环境条件反应敏感，而且生长周期为 2～3 d，产量也较高。菇的个头较大，包皮厚，不易开伞，包皮有黑色绒毛，色泽好，菇色为深灰黑色至黑色，卵形，菇肉脆嫩，菇味香浓。适宜罐头加工或长途储运，鲜销市场价格好。

28.3.3.2 优良菌种制备

（1）自然留种

在一些边远的、没有现代制种设备和技术的地方仍有采用此方法的。

①旧草菌种。菇畦采完第 1 潮菇后，第 2 潮菇要长出时，选择产菇多、幼菇生长一致、菌丝旺盛、无病虫害的部位，把稻草抽出，在通风处阴干后，存入清洁干燥的瓦缸内，用土封口保存。翌年种菇前 1 个月，把草种取出，撒上米糠和水，堆沤 3 d，即可将其作为菌种使用。

②菌盖菌种。选肥大且开伞后菌褶变红色的菇，采下，然后剪去菇柄串好，在通风处阴干，用干净纸包好，放入缸中保存。翌年种菇前把干菇取出在水中泡 1～2 h，用浸过菇的水做菌种淋在种菇的稻草上，即可通过孢子产生新菌丝体。

（2）纯种制备

只有通过纯种制备才能获得优良菌种。

①母种制备。用孢子分离法或组织分离法。选取七到八成熟、外形好、色泽好、无病虫害、单生或三两个群生的菇体进行分离。培养基可用：a. 马铃薯葡萄糖培养基；b. 马铃薯 200 g，蔗糖 20 g，酵母膏 6 g，硫酸铵 3 g，琼脂 20 g，水 1 000 mL，pH7.2～7.4；c. 土豆 200 g，麦麸 30 g，葡萄糖 20 g，磷酸二氢钾 3 g，硫酸镁 2 g，干酵母 4 片，琼脂粉 12 g，水 1 000 mL。分离后在 30～35 ℃环境中培养 8～10 d，菌丝体从白色至微黄再到有红褐色厚垣孢子出现即菌种成熟。

②原种和栽培种的制备。原种是从母种扩大移接得到，原种可扩大制作成栽培种，也可直接作栽培种用。原种和栽培种的培养基和种瓶相同，接种方法也基本相同。培养基可用：a. 稻草 80%，切成 3～4 cm 小段，米糠或麸皮 20%，水适量。做法为把稻草切碎，浸水 16～24 h，滤干水后加入米糠并拌匀，含水量以手握料指间微有水渗出为宜，分装于 750 mL 菌种瓶，每天以 121 ℃灭菌 30 min，连续灭菌 2d。b. 麦粒 86%，谷壳 8.6%，牛粪粉 4.3%，碳酸钙 0.4%，磷酸二氢钾 0.2%，石灰 0.5%。做法为参照麦粒菌种制作方法。c. 棉籽壳 90%、麦麸 8%、石膏粉 1%、过磷酸钙 1%。一支斜面母种可接 4～6 瓶原种，一瓶原种可接 40～50 瓶栽培种。母种应控制转管不超过 5 次，以保持菌丝活力。原种也不宜增加传代，否则会因传代多而造成菌丝活力下降、菌种退化。原种、栽培种经过接种后可在 30～32 ℃中培养，菌线向瓶底生长，接近成熟时，把培养温度调在 28～30 ℃，有利于增强形成子实体的能力。可在瓶壁上看到瓶内成熟菌种红褐色的菌块。

菌种制作是草菇栽培的重要环节，采用人工培育的纯菌种栽培草菇，出菇快、产量高、品质好。菌种培养条件 28～30 ℃，10～15 d。草菇原种生产主要有麦粒菌种、棉籽壳菌种和草料菌种 3 种。麦粒菌种的配方为麦粒 87%，砻糠 5%，稻草粉 5%，石灰 2%，石膏或碳酸钙 1%；棉籽壳菌种配方为棉籽壳 70%，干牛粪屑 16%，砻糠 5%，米糠或麸皮 5%，石灰 3%，石膏 1%；

草料菌种的配方为 2～3 cm 长的短稻草 77％，麸皮或米糠 20％，石膏或碳酸钙 1％，石灰 2％。培养基含水量 65％左右，培养条件为 28～30 ℃，750 mL 的菌种瓶或 12 cm×25 cm 的塑料菌种袋培养 20 d 左右。

草菇菌种的保存应在 15 ℃条件下，3 个月左右转管 1 次，各不同菌株要严格标记、分开保存，菌株混杂会引起拮抗作用，不能形成子实体。

28.3.3.3　栽培菌种的选择

（1）草菇菌种的鉴定方法

草菇栽培前要对菌种质量进行鉴定，尽量选用优质菌种。优质菌种外观表现为菌丝粗壮、上下菌丝发育状态一致、气生菌丝呈白色或半透明状。具体鉴定方法有 4 种。

①用来栽培的菌种，菌龄在 30 d 左右，菌丝粗壮浓白，菌丝上有浅褐色的厚垣孢子，拔掉棉塞后能闻到草菇的香味。这种菌种属于优质菌种，播种后吃料快、长势旺。如果厚垣孢子很少，说明菌丝尚幼嫩，可让其继续生长 7 d 再用。

②菌种菌龄 40 d 后，气生菌丝过度密集，开始出现菌被，表面呈现淡黄色。厚垣孢子浓密，呈现红褐色，菌丝活力有变弱趋势。这种菌种属于中老龄菌种，不可再继续贮藏，要立即使用，否则会影响产量。

③如果培养基内的菌丝逐渐变得稀疏，且表面菌被变黄，厚垣孢子布满料面，菌龄超过 50 d，菌丝开始萎缩，就说明这种菌种属于老龄菌种，其生活力明显下降，不宜再将其作为菌种使用。

④凡在菌种或棉塞上发现有黄、绿、黑色斑点的，说明菌种已被杂菌污染。此种菌种属于劣质菌种，绝对不能使用。

（2）选购草菇菌种时注意事项

选购草菇菌种时应注意 5 点。

①菌丝为透明状，银灰色，分布均匀，菌丝较为稀疏，有红褐色的厚垣孢子为正常的菌种。草菇母种、原种、栽培种，若厚垣孢子较多，一般来说，出菇后子实体较小；反之，子实体则较大。

②若银灰色菌丝间掺杂洁白线状菌丝，随后出现鱼卵状颗粒，久之成黄棕色，则可能混有小菌核杂菌；若瓶内菌丝过分浓密、洁白，也可能是混有杂菌，都应被淘汰。

③如果菌瓶内菌丝逐渐消失，出现螨食斑块，说明染有螨虫，应被淘汰。

④瓶内菌丝已萎缩，出现水渍状液体，有腥臭味者不能使用。

⑤草菇栽培种的菌龄以 18 d 左右为宜，超过 30 d 的最好不使用。

28.3.4　栽培方法

28.3.4.1　立体床栽

利用闲置房屋或大棚，进行床架式立体栽培草菇（图 28-1），具体操作要点：第一，间距 0.8～1 m 设置床架，层高 0.6～1 m，长度不限，床架材料可用水泥板、竹、木、角钢等均可，负载重量达到 80 kg/m² 即可，一般可搭设 3 层。第二，连同工具等置于室内，对室内喷洒 100 倍蘑菇祛病王溶液，老菇房应间隔 2 d 再喷 1 次；注意要进行地毯式用药，不留任何死角；密闭2～3 d，即可启用。或使用高锰酸钾、甲醛、敌敌畏熏蒸 1 次，具体用量可按每100 m² 栽培面积采用 2.5 kg 高锰酸钾、5 kg 甲醛、0.5 kg 敌敌畏的比例，密闭房间 48 h，以加强消杀效果。第三，将经过处理后的麦草或稻草（统称基料）铺在层架上并进行播种，方法是在床架上铺 1 层处理土，厚约 10 cm 左右，上撒1 层菌种，铺基料厚 10 cm 左右，上播 1 层菌种后，再铺 1 层基料，料面上再播1 层菌种，呈 "3 种 2 料" 的夹心播种形式，料床总体厚度为20 cm 左右；播完后，料面上均匀覆 1 层土，厚 2 cm 左右，上面再用 1 层塑膜覆盖整个床架，使其内部成为人工小气候区，温度计插入料内 10 cm 用于观测温度。适宜温度条件下，播种第 4 d 即有小菇蕾现出，此后应将塑膜揭去，提高室内空气湿度至90%左右，并打开门窗通风，通风处最好挂上草苦或棉纱布，并将之喷湿，以使通风时进入的空气保持较高湿度，具有一定降温作用。

图 28-1　立体床栽方式

28.3.4.2　小拱棚栽培

第一，建 1.2～1.4 m 宽的畦床，翻深 0.2 m，畦床呈龟背形，两侧修建 10 cm 宽泅水沟，铺料播种同室内床架栽培。第二，播种后第 3 d，间隔 0.3～0.4 m 插入竹拱，现蕾后将料面上的塑料薄膜抽出搭于拱架上，露天棚应再覆 2 层草苫，荫棚下只覆 1 层即可。发菌期间，除掀膜通风外，应将水沟灌满水，一则降温，二则使床基土壤保持较高持水率。气温超过 35 ℃时，每天应将草苫多次喷湿。接种后第 4 d，最迟不超过 7 d，草菇即可现蕾，此后管理应以通风、降温、保湿为重点，阴或小雨天气及夜间可将塑料薄膜揭去，只覆草苫，既利通风又有足够的散射光，并能有效地保湿，但应注意大雨天气不可掀膜；晴好天气时，阳光直射，棚温升高很快，注意加厚覆盖物并喷水，夜间可将棚周塑料薄膜掀开约 10 cm 左右，将泅水沟灌满水，使之加强通风的同时保湿并降温。

28.3.4.3　沟式平面栽培

浓密的树荫下，挖深 20 cm、宽 120 cm 沟槽，灌透水；铺料播种后使料面与地面持平，沟槽上方架设小拱棚，具体播种及管理同小拱棚栽培。该种方式的最大优势在于地温较低、土壤湿度较大，可为基料提供适宜的温度环境和水分条件，尤其在水分管理方面，较之前述栽培方式，确有得天独厚的优势，但应注意防雨排涝，否则极易形成积水涝渍，影响或损害生产。

28.3.4.4　仿野生栽培

选一块栽培场地，要求尽量平坦，面积在 1 000 m² 以上，但也不可过大，以 3 000 m² 以下为宜。用竹木或水泥架杆均可，搭设 2～2.5 m 高的平棚，上架树枝、玉米秆均可，覆 1 层塑料薄膜后，再覆盖柴草、秸秆等，使之成为大型荫棚，四周适当密植栽培丝瓜、南瓜、葫芦类植物，使秧蔓上架，形成郁闭度颇高的绿色荫棚。荫棚四周大于栽培场地 2 m 左右。地面按 20 m×40 m 见方划线，修建运输道；建长 20 m、宽 1.2 m 的栽培畦，畦两边各留 0.1 m 水沟，两畦间距 0.6 m 为作业道，每个栽培方内建 20 个栽培畦，栽培方四周均留置 4～6 m 宽的运输道，以利车辆进出。荫棚四周拉设遮阳网至地面位置，其顶层位置架设输水管线及单向（向内）喷雾头，每个栽培方内纵向架设 2 排双向喷雾头。正常管理时，喷雾头全部工作，增加水分及湿度，有风时，可将上风方向喷雾头打开；中午时分气温过高，可打开南面喷雾头；下午"西晒"时，可将西面喷雾头打开；阴雨天时任其自然即可。

28.3.4.5　大棚栽培

大棚栽培又可分为平面式栽培、立体式栽培两种方式，这 2 种栽培方式各有千秋，可随生产者意愿而自由设定。由于立体式栽培需搭设床架，成本较高，故实际生产中大多采用平面式栽培的方式。具体播种及管理可参考前述有关内容。

28.3.4.6　草菇两段栽培技术

实践证明，草菇传统的堆式栽培、畦（厢）栽和床式栽培均难获得高产。其原因是温、湿环境难达草菇高产要求。而采用袋栽发菌，然后脱袋在塑料小拱棚或蔬菜塑料大棚内覆土出菇的"两段栽培法"，能明显提高产量。采用此法一是可使秸秆类原料能装紧压实，原料紧密相连，有利于发菌，解决因原料泡松，在采菇时常牵动草料损伤菌丝而造成死菇的弊端。二是发菌阶段可从码堆层数增减来调节料温平衡，灵活掌握料温变化，促进菌丝正常生长。三是通过覆土改善出菇场内的小气候环境和物理结构，使草菇子实体的生长发育始终处在一个较为稳定的环境条件下，少受外界不良因素的干扰，有利于产量提高。四是覆土后可充分利用土壤中的营养元素，特别是通过土层所含水分的渗透与输送，来满足草菇生长对水分的需求，从而达到优质高产的目的。草菇栽培一般均处于高温季节，在管理中应特别注意灵活处理好温、湿、气的关系，降温、增湿、透气、遮阳应相互协调，避免因处理不当而引起死菇。覆土时袋应平放，袋间相距 5～50 cm，空隙填土，表层土厚 1.5～2.0 cm，覆土后应一次淋足水分，使料内菌丝能充分利用土层水分供菇生长。在水分管理中，切忌在子实体形成时补水；切忌直接补充自来水或地下井水，避免造成大的温差而出现成批死菇。

28.3.4.7　大面积栽培草菇比较理想的方式

（1）波浪形料垄栽培

将培养料在畦床表面横铺成波浪形的料垄，一般垄中央 15～20 cm（气温高可以铺薄一些，气温低可以增厚一些），垄沟料厚 8～10 cm，在料表面撒上菌种并封住料面，用木板轻轻按压，使菌种与培养料紧密接触。菌种用量，一般为培养料的 10％左右。波浪形料垄栽培可充分发挥表层菌种优势，防止杂菌污染，发菌快，出菇整齐，提高出菇面积和成菇率。

（2）畦栽

做床时，先将畦床挖深 10 cm 左右，把土围四周做埂，做成龟背形床面。畦床宽 80～100 cm，长度不限，埂高 30 cm 左右，周围开小排水沟。播种前 2 d，将畦床灌水浸透；播种前 1 d，在畦床及四周撒石灰粉消毒；播种时，将发酵好的培养料铺入畦内（按 20 kg/m² 下料），铺平后用木板轻轻按压，铺平麦秸料后要踩踏一遍，再在料面上均匀地捅些通气孔，然后把菌种撒在料面上。菌种用量为 10％～15％。

（3）压块式栽培

栽培时，将长 70 cm、宽 20 cm、高 35 cm 的木模放在畦床上，先在木模框铺 1 层发酵好的培养料，适当压平，沿木模四周撒 1 层菌种，接着上面再铺

1层培养料。菌种用量为培养料干重的5%。铺完培养料后，去掉木横，就成了1个立式料块，料块与料块之间应有20 cm以上的距离，以利于通风透光和子实体生长。料块大小，可根据其营养、温度和有效出菇面积而定。麦秸料块以干重5 kg为宜，棉籽壳和废棉渣料块为3～4 kg。在压制麦秸料块时，要用力压实，用脚踩踏，使料块坚实、空隙缩小，以利于草菇菌丝吃料、蔓延和扭结。

28.3.5　培养料的配方与配制

草菇栽培的原料种类广泛，主要是富含纤维素和半纤维素的原料，如废棉渣、棉籽壳、稻草、麦秸、花生秧、花生壳、甘蔗渣、玉米芯或玉米秸秆，以废棉渣产量最高，稻草次之，甘蔗渣较低。草菇栽培料要求新鲜、干燥、无霉烂、无变质、无病虫害感染，并在生产前曝晒2～3 d。以麦麸、米糠、玉米粉等作为氮源辅料，要求无霉变、无结块。

28.3.5.1　废棉渣培养料的配制

废棉渣又称废棉、破籽棉、落地棉、地脚棉，废棉是棉纺厂和棉油厂的下脚料，富含纤维素。废棉渣发热时间长，保温与保湿效果好，非常适合草菇菌丝的生长特性，是目前最理想的草菇栽培材料。每平方米培养料需废棉渣12 kg左右。

（1）常用配方

配方1：废棉渣95%，石灰5%。

配方2：废棉渣85%，麸皮（或米糠）10%，石灰粉5%。

配方3：废棉渣95%，石灰4%，多菌灵1%。

配方4：棉籽壳94%，石灰5%，过磷酸钙1%。

（2）培养料制备方法

培养料制备有2种方法。

方法一为砌一个池子，将废棉渣浸入石灰水中，每100 kg废棉渣加石灰粉5 kg，浸5～6 h，然后捞起做堆，堆宽1.2 m，堆高70 cm左右，长度不限，发酵3 d，中间翻堆1次。控制含水量70%左右（用手抓料，指缝有少量水滴出），加适量石灰将pH调至8.5左右。

方法二为做一个木框，长3.0 m、宽1.8 m、高0.5 m，将其放置在水泥地上。随后在木框中铺1层废棉渣，厚约10～15 cm，薄薄地撒1层石灰粉，洒水压踏使废棉渣吸足水分，然后撒1层麸皮或米糠，再铺1层废棉渣，如此一层层压踏到满框时，把木框向上提，再继续加料压踏，直到堆高1.5 m左右，发酵3 d。

28.3.5.2　棉籽壳培养料的配制

棉籽壳又称棉籽皮。棉籽壳营养丰富，质地疏松，保温与保湿效果好，透气性能好，是栽培草菇的理想原料，不过保温、保湿效果和发热量不如废棉渣。

棉籽壳培养料的配方与废棉渣培养料配方相同。在制备方法方面，除上述 2 种方法，还可将棉籽壳摊放在水泥地上，加上石灰粉或辅料，充分拌湿，然后堆起来，盖上薄膜，发酵 3 d，中间翻堆 1 次，翻堆时，如堆内过干，需加石灰水调节，上床时培养料的含水量为 70% 左右，pH8.0～9.0。

也可在棉籽壳中加入碎麦 30%～40%，麸皮 3%～5%，然后进行堆积发酵。堆成高 1 m、宽 1 m、长度不限的长方体。用木棍自培养料表面向下打洞通气。料堆用双层塑料薄膜覆盖，四周压实。待料堆中心温度上升至 60 ℃时，维持 24 h 后进行翻堆，使上下、里外发酵均匀。当培养料颜色呈红褐色、含水量 70% 左右、pH9.0～10.0、长有白色菌丝、有发酵香味时，发酵即可结束。发酵时间一般为 3～5 d。

28.3.5.3　稻草或麦秸培养料的配制

稻草和麦秸原料丰富，是传统的草菇栽培原料，其配方及栽培模式也多种多样，可生料栽培，也可进行发酵料栽培，用它作为原料，发菌快，技术易掌握，病害相对较少。稻草和麦秸的物理性状较差，且营养缺乏，但只要进行适当处理，增加辅料，也可获得较好的产量。每平方米需要干稻草 10～15 kg。

（1）常用配方

配方 1：稻草或麦秸 87%，草木灰 5%，复合肥 1%，石膏粉 2%，石灰 5%。

配方 2：稻草或麦秸 88%，麸皮或米糠 5%，石膏粉 2%，石灰 5%。

配方 3：稻草或麦秸 73%，干牛粪 5%，肥泥 15%，石膏粉 2%，石灰 5%。

配方 4：稻草或麦秸 83%，麸皮 5%，干牛粪 5%，石膏粉 2%，石灰 5%。

（2）培养料制备方法

稻草或麦秸不需要切碎，用长稻草或联合收割机抛出的整秆麦秸栽培。将稻草或麦秸浸泡 12 h 左右，稻草或麦秸上面要用重物压住，以便充分吸水。浸透后捞出堆制，堆宽 2 m、堆高 1.5 m，盖薄膜保湿，堆制发酵 3～5 d，在此期间翻堆 1 次。栽培时，长稻草或麦秸要拧成"8"字形草把扎紧，逐把紧密排列，按"品"字形叠 2 层，厚度 20 cm。

将稻草或麦秸切成 5～10 cm 长或用粉碎机粉碎，麦秸可用石碾或车轮滚压，使之破碎，浸泡或直接加石灰水拌料，并添加辅料，堆制发酵 3～5 d，在此其间翻堆 1 次。

铺 1 层稻草或麦秸撒 1 层石灰，边喷水边踩，做成宽 1.5 m、高 1 m、长度不限的料堆，建堆后覆盖塑料薄膜保温、保湿，进行预湿发酵，当堆温升到 60 ℃时，保持 24 h，翻堆并搬入菇棚内。将发酵的稻草或麦秸搬入菇棚内再建堆，堆高 1 m、宽 1 m、长不限。建堆时要踩压紧密以利提温，建堆后补足水，关闭门窗，利用太阳的辐射热和堆温使菇棚温度上升到 60 ℃，并维持 10 h，然后在菇棚顶上覆盖遮阳物并加强通风，使棚内堆温降到 48～52 ℃，维持 24 h，没有氨味时铺床。

堆制发酵后，最好经二次发酵，特别是添加了米糠或麦麸、干牛粪的原料，一定要进行二次发酵。

28.3.5.4　混合培养料的配制

为了降低生产成本，可采用废棉渣或棉籽壳加稻草或麦秸的栽培方法，也可取得较理想的效果。混合比例通常是废棉渣或棉籽壳 1/3～2/3，稻草或麦秸可切段或粉碎，加石灰和辅料堆制后使用。

配方一为稻草或麦秸 40%，玉米芯 30%，棉籽壳 30%。配方二为稻草或麦秸 88%，棉籽壳 9%，麦麸 2%，过磷酸钙 1%。将稻草或麦秸碾碎并用 3% 石灰水浸泡过夜后加适量水与其他原料混合堆制。当料温上升到 60 ℃，再维持 1 d 即可散堆铺料。培养料含水量约 70%，pH 8.0 左右。

28.3.5.5　油菜籽壳培养料的配制

用作物的秸秆作为原料生产草菇，产量不稳定且质量较差。而用油菜籽壳作为原料栽培草菇不但可以弥补上述缺点，而且具有产量高、出菇快、周期短、杂菌少等优点。将新鲜的油菜籽壳晒 3～4 d，然后按以下配方配料：油菜籽壳 90%、石灰 3%、草木灰 5%、麦麸 2%。配好料后每 50 kg 培养料中添加敌敌畏 20 g、多菌灵 50 g，然后将其混匀、加水，使其含水量达到 20%。

28.3.5.6　玉米秸秆或玉米芯培养料的配制

这种原料在农村一般当柴烧或沤肥用，未得到充分利用，若将其用来栽培草菇，其经济价值则会大大提高。用这种原料栽培草菇需要注意，应在配方中添加部分营养物质或与其他培养料混合使用，提高草菇产量。

28.3.5.7　废菌糠培养料的配制

用来栽培木耳、平菇、香菇、金针菇、白灵菇、杏鲍菇、双孢菇等食用菌的废料，其营养物质并没有消耗殆尽，还有充分的利用价值，可用来栽培草菇；因草菇的生产周期较短，菌丝所需的营养在这些废料中可得到充分的补充。将没有杂菌生长、无霉变腐烂的食用菌废料粉碎、晒干，掺入 30% 左右与其他栽培料一同建堆发酵后即可进行草菇的播种。

28.3.6　铺料播种

28.3.6.1　铺床

栽培原料建堆发酵，翻堆时应检查调整料内水分，补水时需补充石灰水。发酵结束后，料呈深褐色，松软有弹性，无杂菌虫害，无氨味和酸、臭等异味，料内有大量高温白色放线菌，有酒香味，原料呈现咖啡色时，调整栽培料，使 pH 在 8.0～9.0，含水量 65%（或以含水量达到 70%，用手使劲握能挤出少量水滴为宜），即可入棚播种。

播种前 1 d，床内或畦内要灌透水，先喷 5% 的石灰水，再喷 500 倍辛硫磷，以消毒杀虫。

将发酵好的栽培料铺于床面或畦面。床面呈平面龟背形或波浪式。前者培养料要铺均匀，料面修整成中间稍高、料厚 20 cm、周边料厚 15 cm 左右的缓坡；后者排成约 30 cm 宽的 1 个波浪，波高 12～14 cm，波谷深 1.0～1.5 cm。应将需要二次发酵的培养料先搬入已消毒好的菇房铺在床架上，底下垫薄膜，料厚 5～7 cm，铺好后加温消毒，等菇房内培养料温度达 65 ℃ 左右时维持 4～6 h，然后让其自然降温，再进行铺料与播种的操作。

28.3.6.2　播种

播种前再次检查培养料的温度、含水量、pH 等环境指标。当料温降至 36～40 ℃、无氨味时，即可播种，播种方法可用层播、穴播或混播，播种动作要轻巧快速，用种量为培养料的 10%，最上 1 层播种量宜大，最好占总播种量的 50%。适当加大播种量，可加速菌丝生长，抑制杂菌发生。播种结束后，在床上覆盖薄膜，再在覆盖小拱棚的塑料薄膜上盖草帘保温、保湿。

（1）采用层播法播种

第 1 层床面占 50% 的培养料，第 2 层和第 3 层分别占 30% 和 20% 的培养料，层级之间播菌种。播种完毕后将培养料适当压紧，上面覆盖 1 层细土，并在床的四周培土，然后在床面盖 1 层消过毒的报纸，最后盖上薄膜。播种 2d 后，若薄膜内温度上升至 30～35 ℃，则不需要管理；若温度达 40 ℃，则需揭膜降温；若温度在 30 ℃ 以下，则需设法加温。

用层播法播种，播种量为培养料的 15%。播种后床面用厚约 1 cm 的湿麦秸覆盖，压实，上面再加盖薄膜。料温超过 40 ℃ 时应及时揭膜通风，料面需经常保持湿润。

（2）采用撒播法播种

平面畦式的播种，可以把菌种直接均匀撒布畦面即可。每平方米料面大约用 750 mL 菌种瓶的菌种 1/3～1/2 瓶。天气热时用种少些，天气冷时用种多些。波浪式的播种可把菌种均匀撒布沟底及两个峰的两侧，峰顶不用播种。无论哪种方式的畦面，播种后都要用手掌把菌种轻轻按下，使菌种与培养料结合。播种后畦面用塑料膜覆盖，以保温与保湿，促进菌种定植。播种后也可用肥熟土在培养料表层覆盖。一般上午进料、下午播种，高温下播种有利于发菌，室温 36～38 ℃、培养料表面温度 39～40 ℃时播种最佳。若用 17 cm×33 cm规格的塑料袋菌种，则菌种用量为 2 袋/m²。

（3）采用穴播加撒播法播种

采用穴播播种时，菌种掰成胡桃大小为宜，穴深 3～5 cm，穴距 8～10 cm。用菌种 500 g/m²，采用穴播法播入菌种的 50%，剩下的菌种撒播到菌床培养料的表面，并用木板压实，使菌种与培养料紧贴。播种量以 3 袋/m²为宜，播后可覆土也可不覆土。

（4）其他播种方法

①垄式条播是草菇高产的一种新方法，播种采用三层垄式栽培。先在地面铺培养料，宽 30～40 cm，厚 10 cm，沿四周播 1 层菌种。麦麸用 3%的石灰水拌湿后放在菇房内进行二次发酵。在播种中心撒 1 层 10 cm 宽的麦麸带，按上述方法铺第 2 层培养料、播种、撒麦麸，最上面铺 1 层培养料，料面播 1 层菌种，并覆膜。

②将稻草段或麦草段均匀地铺在挖好的菇床里，铺一层草段则铺 1 层麸皮及 1 层菌种，麸皮用量为总干草量的 5%，菌种的用量为 10%，最上面的 1 层菌种稍多些，然后将小土垄上的土撒在料面上，高 10～12 cm，用木板将培养料压紧。培养料上床后，沿菇畦长度方向架小型拱棚，拱棚高度 50 cm 左右，覆盖薄膜保温。畦间蓄水沟装满水。保持大棚里的空气相对湿度不低于 80%，气温不可低于 28 ℃；过 48 h 以后可揭开小拱棚上的薄膜透气通风，每天早晚各 1 次，每次 0.5～1 h。

③先在畦面铺 1 层稻草或棉籽壳，压实，四周边缘撒播 1 圈菌种，稻草培养料宜在四周同时添加一些营养料，如圈肥、牛粪、鸡粪、饼粉等。第 2 层以后每增加 1 层均应比下层的边缘内缩 4～6 cm，再将菌种撒播于四周。一般 1 层培养料 1 层菌种，可堆集培养料 3～5 层。气温较低时培养料可厚些，反之可薄些。播种完毕及时在畦面覆盖塑料薄膜和草帘，并注意温湿度变化，加强管理。

④先在畦面四周撒一圈草菇栽培菌种，宽 5 cm 左右，将浸泡过的草把基部朝外，穗部朝内，将其一把接一把地紧密排列在畦面上。然后按比例均匀撒 1 层米糠或麸皮。铺好第 1 层后，在草把面上向内缩进 3～4cm，沿周围撒 1 圈菌种，菌种宽度为 5 cm 左右，按第 1 层铺草把的方法内缩 3～4 cm 铺放第 2 层草把，并按第 1 层的方法撒菌种。第 3、第 4 层撒种铺草的方法同第 1、第 2 层，每层都必须浇水、压实，一般堆 4 层左右即可。草堆顶上要覆盖草

被。一般每个草堆用草 100～200 kg，每 100 kg 草用菌种 5～6 瓶。

⑤栽培时，在菇床距畦边 7 cm 的地方撒上 1 圈土肥（稻草连土烧成的火烧土或山上草皮烧成的火烧土），宽 10 cm 左右。然后沿着土肥圈土，堆放第 1 层浸水后的草把，堆放时，草把的弯曲部向外，穗头蒂朝内，一把一把地紧靠，并压实，使外缘整齐，堆放完第 1 层后，就在这层草把距边缘 6 cm 处，按上述方法撒 1 层土肥。并把草菇菌种播于土肥圈上面。接着进行第 2 层草把堆叠，同时进行施肥，按照同样方法连续叠 5～6 层，建成草堆。草堆用草数量，一般夏季以每堆 100～150 kg 稻草为宜，春秋季节以每堆 150～200 kg 为宜。每 100 kg 稻草需要播草菇菌种 4～6 瓶。

28.3.7 发菌管理

播种后床面覆盖薄膜，一般 2 d 内不揭膜，以保温保湿少通风为原则，料温保持在 36 ℃左右，不要低于 30 ℃，也不要超过 40 ℃。

播种 2 d 后，若薄膜内料温上升至 30～35 ℃，则不需要管理；若料温达 40 ℃，则需揭膜降温；若料温在 30 ℃以下，则需设法加温。播种 4 d 后，当料温达到 35 ℃（室温在 30 ℃）以上时，要掀膜通风降温，控制料温在 30 ℃左右，并用锥形棒在培养料上扎通气孔。薄膜白天揭开夜间覆盖，或用竹弓将薄膜架起，直至出现菇蕾再揭去薄膜。

草菇的栽培中也可适时覆土。播种后应于床面覆盖一薄层（10 cm 左右）火烧土或肥沃的沙壤土，并在土层上适量喷些 1% 的石灰水，保持土层湿润，再盖上塑料薄膜以保温。覆土后，室温控制在 30 ℃左右，料温保持 35 ℃。如果白天温度高，可将塑料薄膜掀开，并喷些水保持料面湿润、降温；晚上温度低时，再重新盖上薄膜，待菌丝长到土层后再将薄膜揭开。

检查菌丝定植情况。正常情况下，播种 2 d 后，料温上升，菌丝萌发；3 d 后菌丝向四周蔓延；5 d 左右菌丝布满料面并向料层深处扩展。若播种 3 d 后菌丝不萌发，但料温正常，说明菌种老化，应及时补种。

加强通风。在保证料温的情况下，适当通风。菌丝定植前，每天早、晚通风，每次通风 20～30 min。菌丝定植后，揭开覆盖物以增加散射光照，要加大通风量（每天通风 3 次），并延长通风时间。

调节水分。播种 4～5 d 后，当菌丝布满料面时，要喷催菇水 1 次，水温要与料温相同，喷水后要适当通风换气，切忌喷水后即关闭门窗，否则菌丝会徒长。

刚建的草堆较松散，对草菇菌丝生长发育不利。因此，在堆草中播种 3～4 d 后，每天上午要在草堆上踩踏 1 次，使草堆更紧实，以利于保温保湿和草菇菌丝生长。同时应注意控制堆温，若堆温过高，应掀开草被通风散热。若堆温过低，白天可揭开草被晒太阳增温，早晚和夜间可加厚草被或覆盖塑料薄膜保温。要注意料中的温度一般不能超过 40 ℃，培养料表面的温度一般不能超过 36 ℃；料温低时要尽量保温，料温不要低于 30 ℃。

28.3.8　出菇期管理

一般情况下，播种 7 d 后培养料表面长满网状的气生菌丝，并开始有菇蕾形成。此时应注意保温保湿，并适当通风换气。

调控菇房温度。现蕾后生长很快，子实体生长的适宜温度为 28～30 ℃。若料温过高，应揭开薄膜降温或在棚顶加遮阳物；当料温低时，要减少通风次数，盖实薄膜保温。随着菇蕾的长大，料温要降至 29～31 ℃，最终维持料温在 33～35 ℃，减缓子实体开伞。此时，菇房内温度不能变化太大，也不宜让强风直吹床面，否则幼菇会大量死亡。

勤喷水保持空气湿润。草菇子实体生长要求空气湿度保持在 85%～95%，地面和空间要勤喷水，在走道内灌水保湿或降温；料面湿度一般在 70% 左右，如湿度不够应在草堆喷 1% 的尿素水或在栽培畦内喷水。幼菇时期不能直接向菇体喷水，以防幼菇腐烂。阴天少喷水，早、中、晚都要通风，雨天不喷水，风天适当通风。随着子实体长大，要增加喷水次数。如畦床过干，不可用凉水直接喷洒原料或菇蕾，而要在棚边挖一小坑，铺上薄膜，放入凉水预热后使用，或用 30 ℃ 左右的水喷雾。水分含量偏低时，适当喷水调湿。若水分含量高，应揭开薄膜排湿。

菇蕾陆续发生，这时向地沟灌 1 次大水，但不要浸湿料块，每天向空中喷雾 2～3 次，以维持空气湿度为主。喷水后要通风，待不见水汽再关闭通风口。当菇蕾有纽扣大小时及时补充水分，喷头要朝上，雾点要细，以免冲伤幼菇。注意控温保湿，一般不能直接浇水，主要通过向沟内灌水使土壤湿润、培养料吸水，以保证菇蕾生长发育的需要。

揭开薄膜增加通风量。当子实体原基形成时，立即将薄膜抬高撑起。如温度和湿度适宜要撤膜通风换气，保持菇床空气新鲜，温度不宜超过 36 ℃，以防止高温使菇蕾死亡。

保持一定的散射光。在菌丝体生长阶段应避免光线直接照射料面，光照宜弱不宜强，但出菇期需较强的光照，要揭帘透散光，以利于菇体发育。

如果培养料的 pH 低于 7.0，应向料内喷洒 1% 澄清的石灰水进行调整。

通常播种后 10 d 左右可以采收草菇。用麦秸、稻草作为原料的 12～14 d 出菇；用棉籽壳、棉渣作为原料的 5～7 d 出菇。出菇 4～5 d 后采收第 1 潮菇（图 28-2）。

图 28-2　草菇出菇

28.3.9　采收与加工

28.3.9.1　适时采收

草菇从菌丝体纽结发育成为子实体直至死亡，仅仅生存 10 d 左右的时间，由此可见其生长周期短，生长速度快。子实体刚形成白色小点，经过 1～2 d 就能长到手指大小的菌蕾，再过 3～4 d 便形成蛋形的菌体，之后经 1～2 d，由于菌柄继续冲长，菌盖突破外围菌膜而伸展出来，便形成成熟的草菇。

通常播种后 10～12 d，当子实体长至鹌鹑蛋大小、色泽由深变浅、菌幕紧包菌盖或菌幕稍脱离菌柄时应及时采收。采收过迟易造成菇体开伞，降低商品价值。草菇子实体生长速度很快，一般每天应于早晚各采收 1 次，生产周期 30 d 左右。

28.3.9.2　采收后管理

草菇每茬采收结束后及时清理床面并消毒。用 5％～10％石灰水涂刷墙壁和栽培架，甲醛用量为 10 mL/m²、高锰酸钾 5 g/m² 密闭熏蒸消毒。向床南面和室内四周喷 4.3％甲维·高氯氟和多菌灵后通气半天，再覆盖薄膜。

每采完 1 潮菇，要进行 1 次压草，使草堆保持一定的温度和湿度。同时，每潮采后可在料面上喷洒各种营养液，如用 30％人粪尿和 70％清水，喷洒于草堆和畦旁的土面；也可用 0.3％～0.5％的尿素溶液喷施，以延长采收期和提高产量。采完 1 潮菇后，用 pH 12.0～14.0 的 2％石灰清液喷洒床面，水温与棚温相同。保持温度在 30～32 ℃，5～7 d 后可出第 2 潮菇，出菇 4～5 d 后采收第 2 潮菇。

28.3.9.3　加工与销售

采收后的草菇很难保鲜，采下的菇还会继续发育，在 30 ℃ 以上高温的季节，菌蛋采收后 4～5 h，开伞率可达 50％左右，故应及时处理。用作鲜销的草菇要尽快上市；制罐头的要及时加工处理。加工处理的方法：先将草菇基部杂质用小刀剔除，分好等级，然后再按要求加工。

28.4　草菇病虫害防治

28.4.1　杂菌病害防治

草菇栽培一般采用生料栽培或二次发酵栽培，培养料没有彻底灭菌，栽培的全过程均处在高温高湿环境中，杂菌危害较多。常见的杂菌主要有鬼伞、木霉、青霉、毛霉、曲霉和链孢霉等。

28.4.1.1　木霉

木霉在 4～42 ℃都能生长，木霉孢子萌发喜高湿环境，侵害草菇培养基时，初期为白色棉絮状，后期变为绿色。菌种如果经木霉为害，必须报废处理，即使轻度感病的菌种也应弃置不用。针对木霉至今没有理想的根治性药物，常用的杀菌药对木霉只是抑制，而不是杀死，加大药量，只能同时杀死木霉和草菇菌丝。因此，创造适合草菇菌丝生长而不利于木霉繁殖的生态环境，是减轻为害程度的根本措施。一旦发生木霉为害，要立即通风降温，以抑制木霉的扩张；处于发菌阶段的培养料染病以后，可采用注射药液的方法抑制木霉扩张，常用的药液有 5％的苯酚（C_6H_6O）、2％的甲醛、1∶200 倍的 50％多菌灵、75％甲基托布津、pH10.0 的石灰水。此外，往污染处撒石灰，防治效果也很好。

28.4.1.2　链孢霉

链孢霉生长初期呈绒毛状，白色或灰色，生长后期呈粉红色、黄色。大量分生孢子堆集成团时，外观与猴头菌子实体相似，链孢霉主要以分生孢子传播为害，是高温季节最易发生的杂菌。链孢霉菌丝顽强有力，有快速繁殖的特性，一旦发生，对于食用菌栽培便是灭顶之灾，其后果是菌种、培养袋或培养块成批报废。链孢霉的药物防治可参照木霉的防治。菌袋生产时，如果发现链孢霉，在其分生孢子团上滴柴油，可防止链孢霉的扩散；菌袋发菌后期受害，一般不要轻易报废，可将受害菌袋埋入深 30～40 cm 透气性差的土壤中，经 10～20 d 缺氧处理，可有效减轻病害，菌袋仍可出菇。

28.4.1.3　毛霉

毛霉又称黑霉、长毛霉。其菌丝初期白色，后灰白色至黑色，说明孢子囊大量成熟，该菌在土壤、粪便、禾草及空气中到处存在。在温度较高、湿度大、通风不良的条件下发生率高。发生的主要原因有基质中使用了霉变的原料、接种环境含毛霉孢子多、在闷湿环境中进行菌丝培养等。防治方法同木霉。

28.4.1.4　白绢病

白绢病又称罗氏菌核病。该病为害子实体，使整个菇体软腐。该病病菌常见于覆土表面。菌丝为白色、棉絮状，稀疏有光泽，比草菇菌丝粗壮。在草菇子实体顶出土面时为害子实体的基部，导致草菇子实体表面潮湿，有黏性，最后腐烂。防治方法：结合原料浸水，可用 5％～7％的石灰水浸泡稻草、麦秸1～2 d，再用清水冲洗，使原料 pH 不超过 9.0。若在菇床局部发生，可在发病草菇上撒生石灰粉抑制病菌发生。

28.4.1.5　鬼伞

鬼伞为草生类腐生菌，是一种营养竞争性杂菌。由于鬼伞的生活周期比草菇短 2～3 d，其生长快，一般在播种后 1 周或出菇后出现，一旦发生，与草菇争夺养分和水分，从而影响草菇菌丝的正常生长和发育，致使草菇减产或绝收。

鬼伞类杂菌包括黑汁鬼伞、粪污鬼伞、长根鬼伞等。子实体呈伞状，幼菇呈卵形或弹头形，表面有鳞片，伸展后呈钟形或圆锥形，初为白色、黄白色或灰白色，后变为铅灰色或黑色，成熟后开伞，菌褶与菌盖自溶成墨汁状液体。鬼伞腐烂时，菇房气味难闻，由此常常会导致霉菌的产生。

鬼伞主要靠空气及堆肥的传播，培养料发酵时过湿、过干或含氮过多均有利于鬼伞的发生，特别是培养料中添加的禽畜粪或尿素等发酵不充分时常常会导致鬼伞的大量发生。因此，避免鬼伞的发生及发生后有效防治，是提高草菇产量的关键。

鬼伞发生的原因主要有 4 点。

（1）栽培原料质量不好

在栽培草菇时利用陈旧、霉变的原料作为栽培料，容易发生病虫害。因此，在栽培时，必须选用无霉变的原料，使用前应先将新鲜、干燥、无霉变的稻草、麦秸、棉籽壳等培养料在太阳下翻晒 2～3 d，利用太阳光中的紫外线杀死原料内的鬼伞孢子和其他杂菌孢子，或播种前用 1％～2％石灰水浸泡原料。

（2）培养料的配方不合理

培养料的配方及处理方法与鬼伞的发生也有很大关系。鬼伞类杂菌对氮源的需要量大于草菇对氮源的需要量，鬼伞约比草菇高 4 倍，因此氮含量高的培养料更适于鬼伞生长。所以在配制培养料时要控制料中氮元素的比例，如添加牛粪、尿素过多，使碳氮比降低，培养料堆制过程中氨量增加，可导致鬼伞的大量发生。因此，在培养料中添加尿素、牛粪等作为补充氮源时，尿素应控制在 1％左右；牛粪控制在 10％左右；麦麸或米糠添加量不要超过 5％；禽畜粪以 3％～5％为宜，且经过充分发酵腐熟后方可使用。

（3）培养料的 pH 太小

培养料的 pH 偏酸性也是引起杂菌发生的重要原因之一。草菇喜欢碱性环境，而杂菌喜欢酸性环境。因此，在配制培养料时，适当增加石灰，一般为培养料的 5％左右，以提高 pH，使培养料的 pH 达到 8.0～9.0；子实体生长时 pH 不能低于 7.0，pH 低于 6.0 时常常会导致鬼伞的大量发生。另外在草菇播种后随即在料表面撒 1 层薄薄的草木灰或在采菇后喷 3％石灰水，来调整培养料的 pH，也可抑制鬼伞及其他杂菌的发生。

（4）培养料发酵不彻底

培养料含水量过高，堆制过程中通气不够，堆制时发酵温度低，培养料进房后没有抖松，料内氨气多，均可引起鬼伞的发生。无论用何种材料栽培，最好对培养料进行二次发酵，可使培养料发酵彻底，是防止发生病虫害的重要措施，可大大减少鬼伞的污染，也是提高草菇产量的关键技术。发酵时控制培养料的含水量在 70％以内，以保证高温发酵获得高质量的堆料。如果太湿，会造成腐烂和 pH 降低，进而促生鬼伞。

接下来阐述针对鬼伞的防治措施。

（1）栽培前场地要严格冲洗、消毒

用 pH9.0 的石灰水清洗，用 50％可湿性粉剂托布津 1 000 倍液或 25％可湿性粉剂多菌灵 300～500 倍液喷洒消毒；如果是室内，栽培前要用新洁尔灭消毒，用甲醛熏蒸 3 d（甲醛用量为 40 mL/m³，甲醛中需加入高锰酸钾 20 g，随甲醛等比例加入），也可喷石灰水或其他杀菌剂消毒。

（2）创造适宜环境条件，促使草菇健壮生长

草菇菌丝生长时温度维持在 28～32 ℃，子实体发育阶段温度维持在 25～30 ℃；草堆湿度在 60％～65％，菇棚湿度在 85％～90％最适合草菇菌丝生长，控制温湿度加快草菇菌丝生长速度，提高抗杂菌能力，可抑制鬼伞发生。

（3）适当加大菌种量，让草菇菌丝尽快长满菌床

改进接种方法，将 3/4 菌种和培养料混匀铺平，再将余下的 1/4 菌种覆盖在培养料表面，最后适当压紧，可控制鬼伞菌污染。

（4）及时拔除菇床上的鬼伞

菇床上一旦发生鬼伞要及时拔除，以防蔓延。并用 50％石灰水进行局部消毒。

（5）合理拌料和喷洒

用 5％的明矾水拌料或喷洒能有效地控制或减少鬼伞的发生。

产菇后期喷适量 0.1％～0.2％的尿素，既可防止鬼伞发生，又可延长出菇期。

28.4.2　虫害防治

在草菇栽培中，主要虫害有菇螨、菇蝇、菌蚊、线虫、蛞蝓等。这些害虫均会吞食菌丝体，使草菇枯萎死亡。害虫的为害程度经常比杂菌更高，且更难防治。防治效果的好坏直接影响草菇产量的高低，为害严重时，会导致绝收。

28.4.2.1　菇螨

菇螨也称菌虱、菌蜘蛛、螨虫，为害多种食用菌。菇螨取食菌丝，使菌丝萎缩甚至消失，造成栽培失败。常见的菇螨有蒲螨、粉螨。菇螨虫体小，肉眼不易看清，集中成团时呈粉状。培养料、老菇房、菌种等是菇螨的重要传染源。

防治方法以预防为主。菇房尽可能远离仓库、饲料间、禽畜舍等；栽培原料进行二次发酵，为害严重时，菇房在重新铺料前要用 4.3% 甲维·高氯氟 500 倍液喷雾或熏蒸 24 h。一旦发现体小呈扁平或椭圆形、白色或黄色、长有多根刚毛的菇螨时，立即用 4.3% 甲维·高氯氟 1 000 倍液或甲基阿维菌素苯甲酸盐等喷雾杀螨；用洗衣粉 400 倍液连续喷雾 2~3 次，也有很好的杀螨效果。

28.4.2.2　菇蝇

菇蝇以蛆形幼虫取食菌丝和子实体，并传播病原菌。为害严重时，使草菇菌丝迅速退化，子实体枯萎腐烂。

防治方法主要有 5 点。

第一，门窗应装纱门，以防害虫成虫飞入产卵。

第二，搞好菇床卫生，清除菇床周围垃圾，并在地面上撒施生石灰。在菇场四周设排水沟，排除积水，并定期用高效氯氟氰菊酯喷杀。

第三，对培养料进行二次发酵，培养料堆制发酵时要用薄膜盖严，杀死料内幼虫和卵。

第四，用 4.3% 的菇净 1 500~2 000 倍液喷洒菇床，或用速灭杀丁 2 000 倍液灭杀。

第五，用黑光灯诱杀。在场地或室内安装 1 盏电功率为 3W 的黑光灯，下放糖水盆，盆内加几滴杀虫剂，可诱杀大量害虫成虫。

28.4.2.3　菌蚊

菌蚊幼虫取食菌丝和培养料，影响草菌丝生长和菇蕾扭结，子实体被害后形成不规则的孔洞，在幼虫爬行和取食之处还留有无色透明的黏液，干后可见光亮的液迹，严重影响产量和品质。

防治方法主要有 4 点。

第一，搞好菇房内外卫生，保持菇房干净，栽培场地应远离垃圾堆及腐烂物质。

第二，及时清除草菇废料，并彻底清扫菇房（场、床）中隐藏的残存虫源。

第三，跟踪幼虫爬过的痕迹，进行人工捕捉。

第四，虫口密度大的菇床，出菇前或采菇后喷晶体敌百虫1000倍液进行防治。

28.4.2.4　线虫

栽培草菇期间，偶有大量"针头菇"死亡的问题，其原因之一是线虫的为害，巴氏消毒不彻底时会发生大量的线虫。堆料时水分过高，发酵过程达不到足够的温度，堆料会腐烂。即使后来用了蒸汽，堆料也达不到巴氏消毒的目的。过高的水分含量会使料床中心温度达不到足够杀死线虫的温度（50 ℃），因而使其中的线虫在巴氏消毒过程中残存下来，之后进行接种时，料温会逐渐下降。因为线虫繁殖的温度正好在子实体形成的温度区间，所以造成培养料中大量的线虫滋生。线虫会吃草菇菌丝，当"针头菇"下面的菌丝被线虫啃食后，菇体便因失去营养和水分的供应而死亡。线虫耐不适宜的温度与湿度条件。菇房、生产工具、栽培料及堆料场所均可成为线虫的潜伏地点而造成后来对菇床的侵染。然而活跃期的线虫不能在50 ℃高温下生存。了解线虫的传播方式及其致死温度后，可采用4种措施进行防治。

第一，培养料含水量严格控制在60%～70%范围内，这样的含水量可使拌料时人为脚踏而生成的团块大大减少。

第二，加温消毒时，最好在铺床6～12 h后进行，主要是要保持室温低于床温，料中心部位的线虫将爬到温度相对低的料面上来，这时再给蒸汽，线虫就很容易被杀死。如果不按上述程序操作，培养料上床后马上通蒸汽，则导致培养料表面温度高于料中心温度使线虫钻到料中心部位的干料团块中躲避高温而残存下来。当料温降低并接种后，线虫再度繁衍而严重为害菇床。

第三，进行二次发酵。

第四，栽培前，认真打扫卫生，通风干燥后，在墙面、地面、床架上喷晶体敌百虫1000倍液。

28.4.2.5　蛞蝓

蛞蝓即鼻涕虫，常在夜晚活动，啃食菇体组织，分泌许多黏液，阻碍害草菇生长及降低产品质量。防治方法为在场地周围和蛞蝓出没地撒1层石灰粉或喷洒5%浓盐水，防止蛞蝓入侵或在夜晚及阴雨天气进行人工捕捉。

28.5 草菇栽培中常见问题与对策

28.5.1 菌丝萎缩

一般情况下，草菇播种后 12 h 左右菌种块就开始萌发，并不断向料内生长。如果播种 24 h 后菌丝仍未萌发或仍不向料内生长，就可能是发生了菌丝萎缩。

（1）菌丝萎缩的原因

①栽培菌种的菌龄过长。草菇菌丝生长快，衰老也快，如果播种后菌丝不萌发，菌种块菌丝萎缩，往往是菌龄过长或在过低的温度条件下存放的缘故。选用菌龄适当的菌种，一般选用菌丝发到瓶底 1 周左右的栽培种进行播种为最好。

②培养料温度过高。如培养料铺得过厚，床温就会自发升高，如培养料内温度超过 45 ℃，就会致使菌丝萎缩或死亡。播种后，要密切注意室内温度及料温，如温度过高时，应及时采取措施降温，如加强室内通风，拿掉料面覆盖的塑料薄膜，空间喷雾，料内撬松，地面洒水等。

③培养料含水量过高。播种时，培养料含水量过高，超过 75%，这样料内不透气，播种后塑料薄膜覆盖得过严且长时间不掀开，加上菇房通风不好，使草菇菌丝因缺氧窒息而萎缩。

④料内氨气的危害。在培养料内添加尿素过多，加上播种后覆盖塑料薄膜，料内氨气挥发不出去，对草菇菌丝造成危害。

⑤药物影响。草菇对农药十分敏感，播种后，有的菇农为了防病杀虫会喷洒农药，致使菌丝因药害而萎缩。

⑥温差过大。草菇的菌丝对温差较敏感，如白天气温在 32 ℃以上，夜间温度在 28 ℃以下，喷水后即会发生菌丝萎缩。

⑦发生虫害。培养料中出现害虫，由于害虫的咬食，致使菌丝萎缩。

（2）菌丝萎缩的预防措施

①防止温度过高。露地阳畦栽培时，最好搭简易的遮阳棚，防止中午高温时烧坏菌丝。堆制培养料的过程中，料温达到 75 ℃左右时，翻堆 2 次。进床时铺料的厚度视季节而定，早春及晚秋温室栽培时铺料宜厚一些。

②不用农药。防治病虫害要在处理原料时就办妥，播种后不能再向料面施药。

③水分要适宜。播种时培养料的含水量 62% 左右，以用手紧握料有 1～2 滴水珠从指缝中渗出为宜。在培养料水分及温度偏高的情况下，应将覆盖在料面上的薄膜撑起，以利通气。

④预防氨害。尿素的添加量不能超过 0.2%，而且要在堆料时加入。

⑤选用优质菌种。草菇菌种以菌龄在 15～20 d，菌丝分布均匀，生长旺盛整齐，菌丝灰白有光泽，有红褐色厚垣孢子，无杂菌、虫螨为好。菌龄超过 1 个月的菌种不宜使用。

⑥依气温用水。培养料的含水量，要根据当时的气温灵活掌握，喷水的水温要与气温基本一致。

⑦搞好环境卫生，注意防虫。栽培场地要远离畜禽圈舍，材料要干净无霉变，用前暴晒 2～3 d。菇房彻底消毒，以杜绝虫源。

28.5.2　菌丝徒长

在发菌阶段，当料面出现大量白色绒毛状气生菌丝时即为菌丝徒长。菌丝徒长后，不能及时转入生殖生长，现蕾推迟，成菇少，产量低。

（1）菌丝徒长的原因

多由于通气不畅，致使料床内温度高、湿度大、二氧化碳浓度高，刺激了菌丝徒长。

（2）菌丝徒长的预防措施

料面覆盖塑料薄膜，2～3 d 后根据菌丝生长情况，白天定期揭膜，以适当通气和降温、降湿，促使草菇菌丝往料内生长。

高温高湿条件下，喷完出菇水后，打开门窗或揭膜通风换气，使料温适当降低，通风至料面不积水或无水珠时再适当关闭门窗或盖上薄膜，菇房内空气相对湿度不超过 95%。

气温低时，棚内保温且湿度大，通风不够。培养料不能太湿，含水量不要超过 70%。气温低时选中午或午后适当通风。

培养料含氮量过高。用棉籽壳或废棉渣栽培时，无需添加含氮量高的辅料。

28.5.3　菌种现蕾

草菇接种 2～3 d 后，裸露料面的菌种上出现白色菇蕾的现象即为菌种现蕾。

（1）菌种现蕾的原因

菇棚光线过强，菌种受光刺激，使一部分菌丝扭结，过早形成菇蕾；用菌龄过长的菌种，也容易在菌种上过早产生菇蕾。

（2）菌种现蕾的预防措施

选用菌龄合适的菌种；接种后在菌种上覆盖一薄层培养料，不使其外露；棚上覆盖草帘，使棚内光线偏暗，有利于菌丝萌发和吃料。

28.5.4　脐状菇

草菇在子实体形成过程中，外包膜顶部出现整齐的圆形缺口，形似肚脐状，即脐状菇。脐状菇生长既影响产量，又影响品质。

（1）脐状菇的原因

出菇场地通风不良、二氧化碳浓度过高。

（2）脐状菇的预防措施

草菇子实体形成期间，呼吸量增大，需氧量增加，管理上应定期进行通风，保持空气新鲜，即可有效地防止脐状菇的发生。

28.5.5　子实体长白毛

在草菇子实体表面，长出白色浓密的绒毛。影响子实体成熟，甚至引起子实体萎缩死亡。

（1）子实体长白毛的原因

主要原因是通风不畅、缺氧、二氧化碳浓度过高，抑制了草菇的生殖生长，激发了其营养生长。

（2）子实体长白毛的预防措施

加强通风换气，保持清新空气，白色绒毛可自行消退。

28.5.6　草菇死菇

草菇在出菇期间，菇床上经常出现幼小菇蕾萎缩变黄、最后死亡的现象，给草菇产量带来严重的损失。

幼菇大量死亡的原因及各自的防治措施如下。

（1）通气不畅

草菇是高温型好气性真菌，生长发育过程需要足够的氧气。在栽培过程中为了提高堆温，有时薄膜覆盖时间过长，使料堆中的二氧化碳过多而导致缺氧，小菇因通气不佳、排气不畅，难以正常长大而萎蔫。加之菌丝呼吸旺盛，产出的热量不能很快散发，幼菇闷热而死。在播种后 4 d 内，要注意每天通风0.5 h，4 d 后揭去薄膜时，随着菌丝量的增加和"针头菇"的出现，要适当增大通气量。要用小竹棍向料堆均匀扎一些通气孔，促使菌丝正常结蕾，小菇正常生长。

（2）水分不足

草菇的生长需要大量的水分，若建堆播种时水分不足或采菇后没有及时补水；草被过薄保湿性能差，均会导致小菇萎蔫。堆料播种时要大水保湿；播种后待菌丝长满形成"针头菇"前，如水分不够，可补一次重水；头潮菇采收结束后要补足水分，晴天草被要喷水防止料内水分蒸发。在高温条件下大量喷水，使幼菇蕾表面蒙上一层水膜，呼吸代谢受阻而萎蔫死菇。尤其在通风不畅和二氧化碳含量过高的情况下更为严重。在菌丝生长过程中，空气相对湿度75％左右即可。出菇期间，在注意通风的同时，要确保菇房内空气相对湿度在90％左右。子实体较小时，喷水过重会导致幼菇死亡，培养料偏干、空气湿度低时，通常采用空间喷雾的方式提高湿度；当子实体长至指头大时，可直接向床面喷雾加湿。喷水时尽量让空气对流，加大通风换气力度，不宜立即盖严薄膜，以防闷死幼菇。

（3）培养料偏酸

草菇菌丝适宜在偏碱性的环境中生长，当 pH 小于 6.0 时，虽可结菇，但难长成菇。酸性环境更适合绿霉、黄霉等杂菌的生长，其与草菇菌丝争夺营养引起草菇的死亡。因此，在配制培养料时，要适当调高培养基的 pH，堆料前用 2％～3％新鲜石灰水泡料，堆好的料 pH 要在 9.0 左右。pH 下降一般出现在第 2 潮菇后。培养料变酸，菌丝生长能力很弱，造成菇蕾枯萎。防治措施为采完头潮菇后，可喷 1％石灰水或 5％草木灰水，以维持料内 pH8.0 左右。

（4）温度骤变

草菇菌丝生长和子实体发育对温度有不同要求，一般结菇温度在 30 ℃左右。但寒潮来临导致气温急剧下降或盛夏季节持续高温会使小菇成批死亡。因此，遇寒流要尽量采取保温措施。遇持续高温时若没能及早通风降温，或喷洒在地板上的水过多，降温太快，小菇承受不了温度骤变也会成批死掉。故盛夏酷暑要选择阴凉场地堆料栽培，料上加盖草被并多喷水，堆上方须搭棚遮阳。

（5）水温不适

草菇对水温有一定的要求，一般要求水的温度与室温差不多。如在炎热的夏天喷 20 ℃左右的水或喷被阳光直射达 40 ℃以上的水，到第二天小菇会全部萎蔫死亡。喷水要在早晚进行，水温 30 ℃左右为好。

（6）采摘损伤

草菇菌丝比较稀疏，极易受损，若采摘时动作过大，碰到了旁边正在生长的幼菇或触动周围的培养料造成菌丝断裂，周围幼菇菌丝断裂而使水分、营养供应不上就会造成死亡。采摘草菇时动作要轻，一只手按住菇的生长基部，保护好其他幼菇，另一只手将成熟菇拧转摘起。如有密集簇生菇，则可一起摘下，以免由于个别菇的撞动造成多数未成熟菇死亡。

（7）菌种退化

草菇菌种无性繁殖的代数和转管培养的次数过多，栽培种菌龄过大、菌种老化、生活力下降，影响养分的积累，第 2 潮菇现蕾后因养分不足而萎缩死亡。为防止这种情况发生，可用草菇幼龄菌褶分离菌种，斜面扩大繁殖培养不要超过 3 代，栽培菌种的菌龄应控制在 1 个月以内。菌种须年年分离，适温保存。

(8) 病虫为害

害虫、螨类啃食和伤害菇蕾而枯萎；残留菇脚引起的软腐病，导致下潮菇蕾枯萎等。用已霉变的稻草等原料作为培养料，在不清洁的场地栽培，会导致害虫大量发生。防治病虫害，原料要新鲜、充分干燥、未变质，并在阳光下得到暴晒，场地要干净卫生，可预防病、虫、杂菌的发生。堆料时加 3% 茶饼粉或 0.2% 敌百虫溶液，能起到防治害虫的效果。草菇对农药很敏感，在防治病虫杂菌时，使用方法不当，会因药害而造成死菇。所以应提前做好培养料的灭菌杀虫。用药剂量要准，喷雾要均匀，切忌重喷，当菇蕾出现时，切忌使用农药。

(9) 料温偏低

草菇生长对温度非常敏感，出菇期间，棚内温度以 28～32 ℃为宜，料温以 33～35 ℃为宜，一般料温低于 28 ℃时，草菇生长会受到影响，甚至死亡。在草菇栽培过程中，要使料温在适宜范围内尽可能保持恒定，保持菇房温度在 30 ℃左右。

(10) 幼菇过密

播种量过大，通风换气过少，幼菇蕾又十分密集，其中的大菇蕾吸收养分的能力强，部分小菇蕾因得不到充分的养分而死亡。面对此种情况应补盖细土，防止菌丝长出土面，压低出菇部位，以免出菇过密。

第29章 羊肚菌栽培技术

29.1 概述

羊肚菌（*Morchella esculenta*）又叫羊蘑、羊肚菜、编笠菌，羊肚菌为羊肚菌科真菌羊肚菌、小顶羊肚菌、尖顶羊肚菌、粗柄羊肚菌、小羊肚菌等的子实体。由于羊肚菌的菌盖表面凹凸不平，形状与羊肚相似，所以被称为羊肚菌。羊肚菌是一种珍稀野生食药用菌，在我国分布广泛，目前我国已发现的羊肚菌有 20 多种，其中常见的有梯棱羊肚菌、尖顶羊肚菌、粗柄羊肚菌、黑脉羊肚菌等。羊肚菌是一种珍稀名贵的野生食用菌，有"菌中之王""蘑菇皇后"等美誉，是世界上历代皇家贵族的健康养身佳品，它含有丰富的蛋白质、氨基酸和矿物质元素、维生素，具有较高的营养价值。研究发现，羊肚菌对咳嗽、消化不良、脾胃虚弱、肠胃炎症和饮食不振有良好的治疗作用。

羊肚菌作为近年来商洛市发展较快的珍稀菌类之一，因其经济效益较好，企业和种植大户积极性高，种植面积快速扩大。主要分布在柞水县凤凰镇、下梁镇，洛南县石门镇、寺耳镇、保安镇，商南县富水镇、城关街道办事处、赵川镇，商州区金陵寺镇、杨斜镇、夜村镇等地的基地。2022 年，商洛全市共种植 62.9 hm²，鲜品产量 0.022 万 t，产值 2 851 万元，全产业链综合收入 4 000万元。

29.2 羊肚菌的形态

羊肚菌属于子囊菌门、盘菌纲、盘菌目、羊肚菌科、羊肚菌属。羊肚菌菌盖椭圆形或卵圆形，顶端钝圆，长 4~8 cm，直径 3~6 cm，表面有多数小凹坑，外观似羊肚。小凹坑呈不规则形或类圆形，棕褐色，直径 4~12 mm，棱纹黄棕色。菌柄近圆柱形，长 5.5~8 cm，直径 2~4 cm，类白色，基部略膨大，有的具不规则沟槽，中空。体轻，质酥脆。鲜羊肚菌与干羊肚菌分别见图 29-1 和图 29-2。

图 29-1　鲜羊肚菌

图 29-2　干羊肚菌

29.3　羊肚菌栽培

29.3.1　栽培季节

羊肚菌是一种偏低温型菌类，一般在 11 月初播种栽培，翌年 3—4 月出菇，翌年 4 月底基本完成出菇。

29.3.2　菌种选择

羊肚菌人工栽培在技术等方面成熟的菌种多为六妹系列、梯棱系列、七妹系列。购买菌种一定要多方对比，最好能实地考察，选择有资质的菌种厂家。

（1）六妹羊肚菌

子囊果高 4.0～10.5 cm，菌盖长 2.5～7.5 cm，最宽处 2.0～5.0 cm，圆锥形至宽圆锥形；竖直方向上有 12～20 条脊，很多是比较短的，具次生脊和下沉的横脊，菌柄与菌盖连接处的凹陷深 2～4 mm、宽 2～4 mm，脊光滑无毛或具轻微绒毛，幼嫩时苍白色，随着子囊果成熟颜色加深呈棕灰色至近乎黑色，幼嫩时脊钝圆扁平状，成熟时变得锐利或侵蚀状；凹坑呈竖直方向延展，光滑，暗棕褐色至黄白色、粉红色或近黄色；菌柄长 2.0～5.0 cm，宽 1.0～2.2 cm，通常呈圆柱状或有时基部似棒状，光滑或有轻微的白色粉状颗粒物，菌柄白色，肉质白色，中空，厚 1～2 mm，有的六妹羊肚菌基部有凹陷腔室；不育的内表层白色，具短绒毛；八孢子囊孢子（18～25）×［10～16（～22）］μm，椭圆形，表面光滑，同质；孢子印亮橙黄色；子囊（200～325）×（5～25）μm；圆柱形顶端钝圆，无色；侧丝（175～300）×（2～15）μm，圆柱形具圆形、尖、近棒状或近纺锤状的顶端，有隔，在 2% 的氢氧化钾作用下呈无色状；不育脊上的刚毛（50～180）×（5～25）μm，有隔，紧密堆积在一起，在 2% 的氢氧化钾作用下呈棕色至棕褐色，顶端细胞圆柱状具圆形、近纺锤形或近棒状的顶端。

（2）梯棱羊肚菌

子囊果高 6.0～20.0 cm，菌盖高 3.0～15.0 cm，最宽处 2.0～9.0 cm，圆锥形至宽圆锥形，偶见卵圆形；12～20 条竖直方向的主脊以及大量交错的横脊，呈现出梯子一样的阶梯状；菌柄与菌盖连接处有 2～5 mm 深，2～5 mm宽的凹陷；脊光滑或具轻微绒毛，幼嫩时苍白色至深灰色，随着成熟逐渐变为深灰棕色至近乎黑色；幼嫩时脊整体上钝圆状，成熟后变得锐利或呈长条形侵蚀状；凹坑在各个发育阶段上呈竖直方向延展，光滑或具轻微绒毛，老熟后呈开裂状，从幼嫩时的灰色至深灰色随着成熟逐渐变为棕灰色、橄榄色或棕黄色；菌柄高 3.0～10.0 cm，宽 2.0～6.0 cm，通常基部呈棒状至近棒状，表面光滑或偶见白色粉状颗粒，成熟过程中逐渐发育有纵向的脊和腔室，特别是在菌柄基部的位置；菌柄白色至浅棕色，菌肉白色至水浸状棕色，中空，1～3 mm厚，菌柄基部有时呈叠状腔室；不育的内层表面白色，具绒毛；八孢子囊孢子（18～24）×（10～13）μm，椭圆形，光滑，同质；子囊（125～300）×（10～30）μm；圆柱形顶端钝圆，无色；侧丝（150～250）×（7～15）μm，圆柱形具圆形到近棒状、近锥形或近纺锤状的顶端有隔，在 2% 的氢氧化钾作用下呈无色至棕褐色；不育脊上的刚毛（125~300）×（10~35）μm，有隔，在 2% 的氢氧化钾作用下呈无色或棕色至棕褐色，顶端细胞圆柱状具圆形顶部，近头状、圆锥状或近纺锤状。

（3）七妹羊肚菌

子囊果高 7.5~20.0 cm，菌盖长 4.0~10.0 cm，最宽处 3.0~7.0 cm，圆锥形至近圆锥形；竖直方向上有 14~22 条脊，大多比较短，具次生脊和横脊，菌柄与菌盖连接处的凹陷深 1~3 mm、宽 1~3 mm，脊光滑无毛或具轻微绒毛，幼嫩时棕褐色至棕色，随着子囊果成熟颜色加深呈深棕色至黑色，幼嫩时脊钝圆扁平状，成熟时变得锐利或侵蚀状；凹坑沿竖直方向延展，光滑，颜色变化从幼嫩时的黄褐色至黄褐棕色、粉红色或从棕褐色加深到成熟时的棕色至棕褐色；菌柄长 3.5~10.0 cm，宽 2.0~5.0 cm，通常基部似棒状，顶端略微扩张变大，具白色粉状颗粒，菌柄白色，随着菇体的老熟，颜色变深至棕褐色；肉质白色，中空，厚 1~2 mm，有的基部有凹陷腔室；不育的内表层白色，具短柔毛；八孢子囊孢子 [（17~）18~25（~30）]×[10~15（~20）] μm，椭圆形，表面光滑，同质；孢子印亮橙黄色；子囊（175~275）×（12~25）μm；圆柱形顶端钝圆，无色；侧丝（100~200）×（5~12.5）μm，圆柱形具尖的、近棒状或纺锤状的顶端，有隔，在 2% 氢氧化钾作用下无色；不育脊上的刚毛 60~200×7~18 μm，有隔，在 2% 的氢氧化钾作用下呈棕褐色，顶端细胞近棒状（少量的近头状或不规则形状）。

29.3.3　栽培种、营养袋配方

以下配方中的生石灰、石膏是另加入杀菌和调节 pH 的，不占主料配比。

栽培种配方 1：杂木屑 70%，麦粒 20%，腐殖质土 10%，生石灰 1%~2%，石膏 1.5%。

栽培种配方 2：杂木屑 30%，小麦 30%，稻谷壳 30%，腐殖质土 10%，生石灰 1%~2%，石膏 1.5%。

营养袋配方：小麦 30%~50%，木屑 20%~30%，谷壳 10%~20%，土 0%~20%，石灰 1%，石膏 1%。

29.3.4　栽培技术

29.3.4.1　场地选择

可利用中拱棚、日光暖棚进行栽培也可露天搭建小拱棚栽培。土壤要求弱碱性至微酸性，疏松、透气，有一定的持水性。水质要清洁、无污染。同时还应具备水电便利、交通方便等条件（图 29-3）。

图 29 - 3　羊肚菌标准化生产基地

29.3.4.2　整地建畦

每畦长度按照土地位置和面积合理规划，预留操作道并安装微喷装置。畦宽应满足方便管理和采摘的要求，以 80～100 cm 为宜；畦高应满足灌水要求，以 10 cm 左右为宜。

29.3.4.3　播种

可采用沟播、撒播的方式播种。将菌种块在干净的容器中捏成碎块后预湿。沟播是先在畦面沟出 2 cm 深的小沟，然后将菌种洒进沟内再覆盖 1～2 cm 厚土的播种方式；撒播是将菌种撒在畦面并覆盖 1～2 cm 厚土的播种方式。

29.3.4.4　菌丝管理

播种后向沟内灌水，棚内温度保持在 2～22 ℃。湿度保持在 75％左右，根据天气条件、菌丝生长情况通风。一般播种后温度与湿度适宜的情况下 3～4 d 后播种沟可见白色菌丝，10～15 d 后畦面土壤表面出现白色粉状物，此即为羊肚菌分生孢子。

29.3.4.5　摆放营养袋

一般播种 15 d 后即可摆放营养袋（图 29 - 4）。将营养袋划口或扎孔后将划口或扎孔面压在畦面上，使菌丝长进营养袋内。营养袋摆放密度为 4 袋/m² 左右。

图 29 - 4　羊肚菌营养袋

29.3.4.6　出菇管理

待 2 月气温升高到 6～10 ℃时，根据天气情况搭建遮阳网，3 月后搭建第 2 层遮阳网。在羊肚菌现蕾前用微喷浇 1 次出菇水，用水量 5 kg/m²，土壤湿度 60%～80%，空气湿度 85%～95%。后期原基形成期间不用补水。幼菇期少量喷水，1～2 次/d。大菇期加大喷水量和次数，中午高温期间勿喷（图 29 - 5）。

图 29 - 5　羊肚菌管理

29.4 采收晾晒

羊肚菌子囊果菌盖表面的脊和凹坑明显开裂，即达到成熟阶段，应立即采收，避免过熟影响品质。采收时不要将菌柄基部留在地里，否则易引起杂菌感染。

剪去菇柄，去掉基部带入的泥土、干草等杂质后，在晴天摊开晾晒，至羊肚菌完全干燥后可将其置于阴凉干燥处存放。

29.5 病虫害防治

羊肚菌在土壤中生长，环境开放复杂，极容易发生病虫害，尤其是在连续栽培的场地更容易暴发病虫害，导致大面积减产甚至绝产现象发生。栽培前应对土壤进行处理，有条件的要对场地进行消杀，新栽培场地用 150 g/m² 生石灰预撒土壤，老栽培场地用 250 g/m² 生石灰预撒土壤，尽可能降低土壤、环境中病虫害基数。一旦发现真菌性病害要及时剔除病菇，如有小面积发生红体病、软腐病可用石灰覆盖土壤表面，避免病菌传播而发生整棚羊肚菌死亡情况。

第 30 章　玉木耳栽培技术

30.1　概述

玉木耳（*Auricularia cornea*）又名白玉木耳，玉木耳是吉林农业大学原校长、菌物学教授、中国工程院院士李玉和他的团队于 2016 年选育的一个食用菌新品种，该品种属于毛木耳的白色变异菌株。玉木耳耳片通体白色，温润如玉，色泽洁白，晶莹剔透，白璧无瑕，肉质滑嫩，味道鲜美，口感清脆，含有丰富的氨基酸和多糖，具有较高的抗癌活性，还有清肺益气、降血脂、降血浆胆固醇、抑制血小板凝聚等诸多功效。玉木耳出耳温度高，抗杂能力强，生物学效率高，生物转化率达 120% 以上，单位面积产量是黑木耳的 2 倍左右，营养丰富，外观漂亮，商品性好，市场售价高，前景良好，是黑木耳之外的珍稀品种，是名副其实的食用菌界"白富美"。

李玉院士工作站位于陕西省商洛市柞水县下梁镇。商洛市农业科学研究所食用菌研究室于 2019 年引进玉木耳品种并进行种植示范，柞水县陕西秦峰公司、中博公司等企业先后采用大棚吊袋立体种植玉木耳，玉木耳种植在商洛市已蓬勃发展。玉木耳种植主要分布在柞水县下梁镇、山阳县户家塬镇、商州区沙河子镇。2022 年，商洛全市种植 8.6 万袋，干品产量 3 010 kg，产值 24.08 万元。

30.2　玉木耳的生物学特性

30.2.1　形态特征

玉木耳圆边，单片，小碗，无筋，肉厚，状如耳朵。新鲜的玉木耳呈胶质片状，晶莹剔透，耳片直径 4～8 cm，有弹性，腹面平滑下凹，边缘略上卷，背面凸起，并有纤细的绒毛，呈白色或乳白色。

干燥后收缩为角质状，硬而脆性，背面乳白色，入水后膨胀，可恢复原状，柔软而半透明，表面附有滑润的黏液，质地柔软，味道鲜美，营养丰富，可荤可素。

优质玉木耳表面呈现米黄色，腹面光滑，颜色喜人，用手摸上去感觉干燥，无颗粒感，复水后颜色雪白，嘴尝无异味（图30-1）。

图30-1　玉木耳

30.2.2　生长发育所需的条件

30.2.2.1　温度

温度是左右玉木耳生长发育速度和生命活动强度的重要因素。玉木耳属中高温型菌类，它的孢子萌发温度在22～32 ℃，以30 ℃最适宜。菌丝在8～36 ℃均能生长，但以22～32 ℃为宜，在8 ℃以下以及38 ℃以上时菌丝生长受到抑制，玉木耳菌丝能耐高温但不耐低温。长时间低温下可以致玉木耳菌丝死亡，所以玉木耳的保藏温度最好在8 ℃以上。

玉木耳属于恒温结实性菌类。子实体所需的温度低于菌丝体，玉木耳菌丝只要在15～32 ℃条件下便能分化为子实体，而生长最适宜温度20～28 ℃。38 ℃以上受到抑制。在适宜的温度范围内，温度稍低，生长发育慢，生长周期长，菌丝体健壮，子实体色白，肉厚，有利于获得高产优质的玉木耳；温度越高，生长发育速度越快，菌丝徒长，易衰老，子实体肉薄，质量差。

30.2.2.2　水分和湿度

水不仅是玉木耳的重要成分，也是它新陈代谢、吸收营养必不可少的基本物质。玉木耳在生长发育的各阶段都需要水分，在子实体发育时期更需要大量水分。

玉木耳的孢子萌发需要水分，在固体培养基上萌发的时间稍长。常规培养基的含水量可以满足孢子萌发时对水分的要求。

玉木耳在菌丝体的定植、蔓延、生长时期，培养料的含水量应为 60%～70%。水分过少，影响菌丝体对营养物质的吸收和利用，生活力降低；水分过多，导致透气性不佳，氧气不足，使菌丝体的生长发育受到抑制，甚至可能使其窒息死亡。

子实体形成时期对湿度要求比较严格，除培养基要求含水量 70%，还要求空气相对湿度保持在 90%～95%，这样可以促进子实体生长迅速，从而耳大、肉厚；空气相对湿度低于 80%，子实体形成迟缓，甚至不易形成子实体。

30.2.2.3　光照

玉木耳各个发育阶段对光照的要求不同。在黑暗或有散射光的环境中，菌丝都能正常生长。光照对玉木耳从营养生长转向生殖生长有促进作用。

在黑暗的环境中玉木耳很难形成子实体，只有具备一定的散射光，才能生长出健壮的子实体。玉木耳不喜直射光，直射光影响玉木耳品质，玉木耳在阳光直射下易受到青苔的侵染。因此，玉木耳在整个生长发育过程中必须保持处于暗光或散射光的环境。总之，玉木耳在出耳管理阶段有一定散射光就可以。

30.2.2.4　空气

玉木耳是好气性真菌，它的呼吸作用是吸收氧气排出二氧化碳。当空气中二氧化碳含量超过 1% 时，就会阻碍菌丝体生长，造成子实体畸形，使其变成珊瑚状，往往不开片；超过 5% 就会导致子实体中毒死亡。因此，在玉木耳整个生长发育过程中栽培场地应保持空气流通和新鲜，另外空气流通清新还可以避免烂耳，减轻病虫害的为害。

30.2.2.5　pH

玉木耳适宜在微酸性的环境中生活。菌丝体在 pH4.0～7.0 都能正常生长，以 pH5.0～6.5 为最适宜。

30.3　玉木耳栽培技术

30.3.1　栽培季节、场地及模式

玉木耳属于毛木耳的变异品种，整个生育期 65～68 d，适宜栽培毛木耳的季节也能栽培玉木耳。玉木耳菌丝生长温度 8～36 ℃，以 22～32 ℃ 为宜。子实体生长温度 18～32 ℃，最适温度 20～25 ℃，温度高时，耳片薄且颜色发黄。1 年可栽培 2 潮，春季栽培可在 3 月制袋，4—7 月出耳；秋季栽培可在 7 月制袋，8—10 月出耳。

　　栽培应在食用菌大棚内或者使用黑木耳大棚。栽培模式有 2 种：大棚地栽模式（图 30-2）或大棚立体吊袋栽培模式（图 30-3）。

图 30-2　大棚地栽模式

图 30-3　大棚立体吊袋栽培模式

30.3.2　栽培原料及配方

适合玉木耳栽培的原材料很多，一般以杂木屑、玉米芯、玉米秆、棉籽壳、杏鲍菇废料等为主，可根据当地的原材料资源优势选择不同的配方。

木屑需堆积发酵半年以上，经过不断淋水，发酵软化才能使用，堆积发酵时间越长越好，颜色逐渐从米黄色变成黄褐色。选择当年新鲜的、无霉变、无虫害、无结块的棉籽壳，提前 1 d 预湿。玉米芯颗粒直径以 0.2～0.5 cm 为宜，使用前要添加适量石灰水进行浸泡，使玉米芯充分预湿，选择新鲜无霉变、无虫害、无结块的麸皮。

配方 1：杂木屑 60%，棉籽壳 20%，麸皮 19%，石膏粉 1%。

配方 2：杂木屑 60%，玉米芯 20%，麸皮 19%，石膏粉 1%。

配方 3：杂木屑 64%，杏鲍菇废料 20%，麸皮 15%，石膏粉 1%。

配方 4：杂木屑 58.5%，玉米芯 20%，棉籽壳 8%，麸皮 12%，碳酸钙 1%，石灰 0.5%。

30.3.3　装袋灭菌

采用 18 cm×35 cm 聚乙烯短袋或 15 cm×55 cm 长袋，用装袋机装袋。短袋填料高 18 cm，湿重 1.1 kg/袋；长袋长度 40 cm，湿重 1.55 kg/袋。将装好袋的培养料常压灭菌，温度上升到 100 ℃保压灭菌 16～18 h，当温度降低至 30 ℃出锅入冷却室冷却。

30.3.4　接种及培养

接种时温度在 25 ℃以下，严格按照无菌操作规程在超净工作台上接种。每袋菌种接 50 袋培养料，接种后置于 23～25 ℃培养室中避光培养，适当通风，菌丝培养阶段要特别防止高温和强光照射，高温易造成菌袋变褐，后期出耳时，耳基部容易发黑影响品质。一般情况下 50 d 后菌丝可长满袋。

30.3.5　刺孔

菌丝长满袋后经过 5～7 d 采用木耳专用刺孔机进行刺孔，孔直径 4～5 mm，孔深约 5～8 mm，短袋刺孔 110～120 个，长袋刺孔 200～240 个，刺孔后养菌 5～7 d 使菌丝尽快恢复，保持空气流通，及时散热。

30.3.6　催芽

菌袋刺孔后进入大棚，采用大棚地栽或大棚吊袋立体栽培。先让菌丝恢复

5～7 d，等菌丝恢复变白便开始催芽。菌袋刺孔后到耳芽形成前的相关栽培管理，通常称催芽管理。春季出耳，当温度稳定在 18 ℃就可进行催芽；秋季出耳，当棚内温度下降到 30 ℃就可进行催芽。气温及空气相对湿度是影响耳芽形成的主要因素。大棚内保持散射光，适时通风，每天 2 次，温度控制在 18～25 ℃，经常给地面浇水，使大棚内空气相对湿度保持在 80％左右，2～3 d 后菌丝完全恢复就可以在菌袋上喷水，使空气相对湿度达到 90％，促进玉木耳原基形成，7～10 d 左右耳芽即可形成原基。

30.3.7　出耳管理

经过催芽管理，玉木耳耳芽形成以后，耳片进入了生长期，新陈代谢旺盛，要注意喷水和通风。

30.3.7.1　温度管理

耳片生长期，保持大棚内温度 18～30 ℃，最适温度 20～25 ℃。温度低，耳片生长缓慢，耳片洁白、肉厚；温度高，耳片生长迅速，耳片颜色偏黄、肉薄；温度超过 32 ℃时，耳片生长受到抑制，严重时会出现耳片生长停止或流耳现象。

30.3.7.2　湿度管理

水分是影响玉木耳生长发育的重要因素，大棚内空气相对湿度控制在 85％～90％，耳片小时，小水少量多喷，耳片大时大水少喷，干干湿湿、干湿交替。晴天时每天喷水 3～4 次；阴天或雨天时少喷或不喷水；中午温度高时不宜喷水。

30.3.7.3　光照管理

玉木耳生长发育喜欢黑暗条件，但是要有一定的散射光。光照强度对玉木耳耳片颜色和厚度有较大影响，避免让其受到直射光或强光照射，直射光影响玉木耳的色泽，也会使玉木耳受到青苔的侵染，强光照射会抑制玉木耳生长。

30.3.7.4　通风换气

玉木耳在耳片生长阶段需要充足氧气，对二氧化碳不敏感。每天通风 3～4 次，气温低时，中午前后通风 0.5 h 以上；气温高时，早晚通风。

30.3.8　采收和晾晒

玉木耳耳片为单片，当耳片充分展开、耳基变细时即可采摘，采收前 1 d 停止喷水，采收后停止喷水 2～3 d，菌丝复壮后再喷水，采收后的玉木耳应及时烘干或晒干（图 30-4）。

图 30 - 4 玉木耳晾晒

30.4 玉木耳常见病虫害防治

病虫害的防治原则，以预防为主，防治结合。在玉木耳生产的全过程中，都要做好清洁卫生，对场地、环境消毒，从根本上降低或消除杂菌害虫。

30.4.1 烂耳

烂耳分为水分过饱和烂耳与过熟烂耳。

水分过饱和烂耳：原因为浇水过多，昼夜湿度 80% 以上，严重时从耳芽到子实体都发生溃烂。防治方法为适量浇水。

过熟烂耳：原因为不及时采收。防治方法为适时采收。

30.4.2 流耳

原因为玉木耳生长中后期，大棚内高温高湿，当温度超过 30 ℃，空气相对湿度超过 85% 时，通风不畅、采摘不及时就会引起流耳。防治方法为高温高湿时，盖遮阳网，掀开大棚四周塑料膜通风降温降湿，做到及时采摘。

30.4.3 线虫

玉木耳子实体根部发红，有时可明显看见线虫寄生在子实体根部，防治方

323

法是在出耳期保持好环境卫生，出耳大棚每 7 d 喷一次 0.5％食盐水或
0.5％～1.0％石灰水。

30.4.4　螨虫

螨虫主要为害玉木耳菌丝，要以预防为主，防止菌种带螨，防止培养料带
螨，应提前对地面或草帘消毒杀螨，若是出现螨虫，可在第 1 潮耳全部采收以
后喷 4.3％甲维·高氯氟防治。

30.4.5　菇蝇、菇蚊类

玉木耳出第 2 潮耳时遇到高温高湿容易出现菇蝇、菇蚊类害虫，从无公害
角度，不使用药物熏蒸，可以采用物理防治方法，使用吸虫灯、黄板防治。

吸虫灯诱杀：大棚内安装吸虫灯，每 100～200 m² 挂一盏，距灯下 0.3～
0.4 m 处放一收集盘，盘内盛水，夜间开灯时蚊蝇飞到灯下，掉入水中淹死。

黄板诱杀：大棚中隔 3～5 m 挂一黄板，当黄板上粘满菇蝇、菇蚊时更换
黄板，用此方法可粘住大量菇蝇、菇蚊的成虫和部分跳虫。

30.4.6　蛞蝓

玉木耳在出耳管理阶段环境高温高湿，正是蛞蝓为害的时节。防治方法为
在蛞蝓为害时于大棚周围和蛞蝓出没地撒一层石灰粉或用 5％浓盐水喷洒防
治，为害严重时可在夜晚或阴雨天人工捕捉防治。

30.4.7　青苔

青苔又称青泥苔，是丝状绿藻的总称。青苔是水生藻类植物，影响玉木耳
菌丝生长，使子实体产生杂色，影响玉木耳品质，同时加剧栽培袋内积水量，
导致栽培袋腐烂。

玉木耳出耳期间在栽培袋内培养料表面生长青苔，随着玉木耳一起生长，
后期造成玉木耳停止生长而减产。发生原因有 3 点：第一，所喷之水受到污
染；第二，栽培袋内长期有积水，并且有阳光直射就会发生青苔；第三，栽培
袋脱壁，袋料分离。防治方法有 4 点：第一，使用清洁水源；第二，避免栽培
袋内长期积水，避免太阳光直射栽培袋；第三，生产高质量栽培袋，装料紧实
无空隙，无脱壁现象；第四，发生青苔后可用 1 000～1 500 倍硫酸铜溶液喷洒
栽培袋，对青苔有较好防治效果。

第 4 篇　中药材

第 31 章 丹参栽培技术

31.1 概述

丹参（*Salvia miltiorrhiza*）又名赤参、血参，为唇形科鼠尾草属多年生草本植物，以干燥根及根茎入药。其主要有效成分为丹参酮，味苦，性微寒，有活血祛瘀、通经止痛、清心除烦、凉血消痈之功效，用于胸痹心痛、脘腹胁痛、症瘕积聚、热痹疼痛、心烦不眠、月经不调、痛经经闭、疮疡肿痛等症。

丹参喜温暖湿润、阳光充足的环境条件，耐寒、怕旱及涝。丹参根系发达，深可达 60～80 cm，故土层深厚、质地疏松的沙质壤土最利于根系生长，过沙过黏的土壤多生长不良。土壤酸碱度从微酸性至微碱性都可以生长。丹参的吸肥力很强，可以从表层土壤，也可以从深层土壤吸收养料，所以一般中等肥力的土壤就可以使其生长良好。丹参在我国主要分布在安徽、山西、河北、河南、山东、陕西、四川等地，在商洛各县（区）均有分布，目前商洛全市人工种植面积约 2 668 hm²，野生面积约 1 694.18 hm²（图 31 - 1）。

图 31 - 1 丹参示意图

31.2　种植技术

31.2.1　选地与整地

育苗地应选择地势较高、土层疏松、灌溉方便的地块，翌春播种前再深翻2次，结合整地施足基肥，将地整细耙平后修高畦，四周开好排水沟。种植地宜选择向阳、土层深厚疏松且肥沃、地势较高、排水良好、富含腐殖质的壤土或沙质壤土地块。若在山地种植，宜选向阳、坡度不太大的低山坡，土壤酸碱度以中性或微碱性、微酸性为宜，前茬作物以小麦、玉米等禾本科作物为宜，整地一般应在秋冬进行，亩施有机肥 2 000 kg 和氮、磷、钾三元复合肥25 kg，深翻 40～50 cm，将地耙细整平，修高畦或作 1.2～1.5 m 宽的平畦待种（图31－2）。

图 31－2　丹参种植基地

31.2.2　繁殖方法

31.2.2.1　种子繁殖

（1）育苗地的选择

选择离水源较近、地势平坦、排水良好、地下水位低于 50 cm、耕作土层不少于 30 cm、中性或微酸性或微碱性的沙壤土地块，地点最好选在种植基地范围内。播种之前每亩施充分腐熟的羊粪 500 kg 或牛粪、猪粪共 1 000 kg 或鸡粪 800 kg，配施磷酸氢二铵 10～12 kg，尿素 8～10 kg，硫酸钾 6 kg。机械翻耕深 25 cm 以上，耙细整平，清除石块、杂草等。作畦，畦宽 1.2～1.5 m，畦间开宽 30 cm、深 20 cm 的排水沟。

（2）播种

应在种子收获后及时播种，一般在 7 月上旬至 7 月下旬。播种量为一级种子每亩播 2.5 kg 或二级种子每亩播 3 kg，将种子与 2～3 倍细土混匀以后，均匀撒播在苗床上，用扫帚或铁锨轻轻拍打，使种子和土壤充分接触后，用麦秸或麦糠盖严至种子不露土为宜，再浇透墒水，保持足够湿度。

（3）苗期管理

播种后，每天检查苗床一次，观察苗床墒情和出芽情况，如天旱可在覆盖物上喷洒清水以保持苗床湿润。一般播种后第 5 d 开始出苗，第 15 d 苗基本出齐。待出苗率达到 70％以上后，于傍晚或阴天分多次揭去覆盖物。8 月上、中旬若因缺肥导致种苗瘦弱，可结合灌溉或雨天每亩施尿素 5 kg 促苗；9 月下旬可施肥 1 次，结合灌溉或雨天每亩施尿素 5 kg，以利苗子生长。出苗后如有杂草，应及时将其拔除，以防荒苗。如苗过稠，应间苗，保持苗株距 5 cm 左右，一般每亩苗田可供 10～12 亩大田移栽。

31.2.2.2　根茎繁殖

（1）芦头栽培

芦头栽培出芽率和成活率都较高，分根多、产量高。芦头也分为冬栽和春栽，但以冬栽为宜。芦头栽培方法：在采挖丹参时，选取生长健壮，无病虫害的植株，主根（粗根）切下供药用，将径粗 0.6 cm 以下的细根连同根茎上的芦头作为种子栽植，按行株距 25 cm×20 cm 挖窝或开沟，深度以细根能自然伸直为宜，然后将芦头栽入窝或沟内，覆土压实，覆盖地膜，以保持土壤温度和湿度，促使早发芽。芦头栽培出苗快而苗整齐，生长期长，产量高。

（2）切根繁殖（又称分根栽培）

种根在运输、保存中都应注意通风透气，切忌集中堆放，以免发热烧坏发芽点。冬栽、春栽均可，但以冬栽为宜。分根栽培方法：秋冬收获丹参时，选择色红、无腐烂、无病虫害、发育充实、直径 0.7～1 cm 的根条作为种根。亦可选留生长健壮、无病虫害的植株在原地不起挖，留作种根，待栽种时随挖随栽。选种根时，尽量截取上部 2/3 的根为最佳。春栽于早春 2—3 月，在经过整平耙细的畦上，按株行距 20 cm×25 cm 开沟或挖窝，窝深或沟深 7～9 cm，窝底施入适量的粪肥或土杂肥，与底土拌匀，然后将种根切成 5～7 cm 的小段作为种根，按原生长方向栽种，不能倒置，每窝栽入 1 段，再盖厚度 2～3 cm 的细土，每亩需种根 100 kg 左右。栽植后用地膜覆盖，待出苗后打孔放苗。

31.2.3　种苗移栽

（1）起苗

一般应随起随栽，起苗后要立即在荫蔽无风处选苗，剔除不合格苗，每100 根苗用麦秆或稻草扎成一把，捆扎不能过紧。

（2）种苗检验

种苗在移栽前要进行筛选，烂根苗、色泽异常苗及病虫害苗、弱苗要除去（特别要注意根部有小疙瘩的苗必须除去，此为感染根结线虫病的苗）。

（3）种苗运输

种苗要用干净的筐或透气性好的袋子包装，用清洁卫生的车辆运输，最长储运时间不超过 48 h，以防止发热烧苗。

（4）大田土壤处理

如所选地块属根结线虫病等病害多发区，要用以下方法作好土壤处理。结合整地，每亩施入 3% 辛硫磷颗粒 3 kg，撒入地面，翻入土中，进行土壤消毒；或用 50% 辛硫磷乳油 200～250 g，加 10 倍水稀释，喷洒在 25～30 kg 的细土上，拌均匀，使药液充分吸附在细土上，制成毒土，结合整地均匀撒在地面，翻入土中，或者将此毒土顺垄撒施在丹参苗附近，如能在雨前施下，效果更佳。施后 20 d 方可栽种。

（5）大田的清理及起垄

清除大田内及四周杂草并集中焚烧，按施肥规程施基肥后，将田地深翻30～35 cm，耙细整平、作垄。垄宽 1.2 m，高 25 cm，垄间留沟宽 25 cm。大田四周开好宽 40 cm、深 40 cm 的排水沟，以利田间排水。

（6）移栽时间及方法

秋季种苗移栽在 10 月下旬至 11 月上旬（寒露至霜降之间）进行，春栽在3 月初。株行距 20 cm×25 cm，视土地肥力而定，肥力强者株行距宜大。在垄面开穴，穴深以种苗根能伸直为宜，苗根过长的，要剪掉下部，保留 10 cm 长的种根即可。将种苗垂直立于穴中，培土压实至微露心芽，栽植密度为每亩12 000～15 000株，栽后视土壤墒情浇适量定根水，忌漫灌。

31.2.4　田间管理

31.2.4.1　查苗补苗

每年 4 月上旬前，对种植地块进行检查，若出苗率、成活率低于 85% 的，则要抓紧时间补苗。补苗时，首先选择与移栽时质量一致的种苗，于晴天的下午 3 时以后补栽。如种苗已经出苗或抽薹，则需剪去抽薹部位，只留 1～2 片单叶即可，移栽后需要浇透定根水。

31.2.4.2　中耕除草

一般中耕除草 3 次，4 月幼苗高 10 cm 左右时进行 1 次，6 月上旬开花前后进行 1 次，8 月下旬进行 1 次，平时应做到有草就除。总之，除草要及时，防止造成草荒。

31.2.4.3　追肥

（1）追肥的时间及种类

开春后，丹参要经过 9 个月的生长期才能收获，除栽种时多施基肥，在生长过程中还需追肥 3 次。第 1 次在 3 月中旬丹参返青时，结合灌水施提苗肥，每亩施配方肥 1 号 8～10 kg。第 2 次在 4 月底至 5 月中旬，不留种的地块，可在剪过第 1 次花序后再施；留种的地块可在开花初期施，喷施配方肥 2 号、EM 液肥等叶面肥，每亩施 5～10 kg。第 3 次在 8 月中旬至 9 月上旬丹参旺盛生长期，每亩施配方肥 3 号 10～15 kg。

（2）追肥的方法

追肥可结合中耕除草进行，第 1 次追肥采用沟施法，即在行间开沟，沟深 3～5 cm，在沟中施肥，覆土至平，然后进行浇灌；第 2 次采用叶面施肥的方式，将配方肥 2 号稀释成 0.3% 的水溶液，EM 液肥稀释成 400～500 倍水液于晴天上午和下午 4 时以后或阴天进行喷施，避免中午水分蒸发快而引起叶片受害，每周 1 次，连喷 3 次。

31.2.4.4　灌溉

5—7 月是丹参生长的茂盛期，需水量较大，如遇干旱，土壤墒情不足时，应及时由畦沟放水渗灌或喷灌，禁止漫灌。

31.2.4.5　排水

遇连续阴雨天气，大田出现积水时，应及时排除积水。丹参根系增重最快的时期在 8 月中旬至 10 月中旬，因此这一时期营养、水分充足与否对产量影响很大，必须加强田间管理，防止积水、干旱、缺肥和草荒。

31.2.4.6　摘蕾

除留种子田块，其余地块均应摘蕾。在 4 月下旬至 5 月上旬，主轴上和侧枝上有蕾芽出现时立即将其剪掉，以后应随时剪除，以促进根的发育。实验证明，在施肥、整地、播种、追肥、浇水等措施完全相同的情况下，剪花蕾比不剪花蕾的植株鲜根增产 12.98%～18.75%，干根增产 20%～22.22%（图 31-3）。

图 31 - 3　丹参开花期

31.2.5　病虫害防治

31.2.5.1　根腐病

（1）为害症状

植株发病初期，先是须根、侧根变褐腐烂，逐渐由须根、侧根向主根蔓延，最后导致全根腐烂，外皮变为黑色，随着根部腐烂程度的加剧，地上茎叶自下而上枯萎，最终全株枯死。拔出病株，可见主根上部和茎地下部分变为黑色，病部稍凹陷，维管束呈褐色。

（2）防治方法

合理轮作；加强栽培管理，采用高垄深沟栽培，防止积水，禁止大水漫灌，发现病株及时拔除；栽植前用50％多菌灵或70％甲基托布津800倍液蘸根处理；发病期用50％多菌灵800倍液或70％甲基托布津1 000倍液灌根，每株灌液量250 mL，每隔7～10 d灌1次，连灌2～3次。也可用70％甲基托布津500倍液或75％百菌清600倍液喷射丹参茎基部，每隔10 d喷1次，连喷2～3次。

31.2.5.2　叶斑病

（1）为害症状

发病初期叶片出现深褐色病斑，近圆形或不规则形，后逐渐融合成大斑，严重时叶片枯死。一般5月初开始发生，6—7月发病严重。

（2）防治方法

实行轮作，同一地块种植丹参不能超过 2 个周期；收获后将枯枝残体及时清理出田间，集中焚烧；发病时应立即摘去病态的叶子，并集中焚烧以减少传染源；增施磷钾肥或于叶面喷施 0.3％磷酸二氢钾，提高丹参的抗病力；发病初期每亩用 50％可湿性多菌灵粉剂配成 800～1 000 倍的溶液喷洒叶面，隔 7～10 d 喷 1 次，连续喷 2～3 次；用 300～400 倍的 EM 复合菌液，隔 5d 左右喷 1 次，进行叶面喷雾 1～2 次。

31.2.5.3　根结线虫病

（1）为害症状

被害丹参根部生长出许多瘤状物，用针将其挑开，肉眼可见其内部的半透明白色粒状物，直径约 0.7 mm，此为雌线虫。在显微镜下，压破白色粒状物，可见大量线状物，头尾尖者即是线虫。线虫为害后致使植株矮小，发育缓慢，叶片褪绿，逐渐变黄，最后全株枯死。拔起病株，须根上有许多虫瘿，难以将虫瘿外面附着的土粒抖落。

（2）防治方法

实行轮作，同一地块种植丹参不能超过 2 个周期，最好与禾本科作物如玉米、小麦等轮作；结合整地进行土壤处理，方法同大田土壤处理。

31.2.5.4　蛴螬

（1）为害症状

在地下咬食丹参植株的根茎，使植株逐渐萎蔫、枯死，严重时造成缺苗断垄。一般于 5—6 月大量发生，全年为害。

（2）防治方法

精耕细作，深耕多耙，合理轮作倒茬，合理施肥和灌水，都可降低虫口密度，减轻为害；夜晚用黑光灯诱杀成虫；结合整地，深耕土地进行人工捕杀，或每亩用 5％辛硫磷颗粒剂 1～1.5 kg 与 15～30 kg 细土混匀后撒施；施用充分腐熟的厩肥；大量发生时用 50％的辛硫磷乳剂稀释成 1 000～1 500 倍液或采用 90％敌百虫 1 000 倍液浇根，每蔸 50～100 mL，或者用 90％晶体敌百虫 0.5 kg，加 2.5～5 kg 温水化匀，喷在 50 kg 碾碎炒香的油渣上，搅拌均匀做成毒饵，在傍晚撒在行间或丹参幼苗根际附近，隔一定距离撒小堆，每亩毒饵用量 15～20 kg。

31.2.5.5　金针虫

（1）为害症状

将丹参植株的根部咬食成凹凸不平的空洞或咬断，使植株逐渐枯萎，受害严重者枯死。在夏季干旱少雨，生荒地以及施用未充分腐熟的厩肥时，为害严重。一般 5—8 月大量发生，全年为害。

（2）防治方法

同蛴螬的防治方法。

31.3 采挖与加工

21.3.1 采挖

丹参栽种后，在大田生长 1 年或 1 年以上即可采挖。于 10 月底至 11 月初，丹参地上部分开始枯萎，土壤干湿度合适时，选晴天采挖。采挖时割去地上枯萎的茎秆，挖出根部，剪去秆茎、芦头等地上部分，除去沙土（忌用水洗），及时运到晾晒场，运送过程中不得遇水或淋雨（图 31-4）。

图 31-4　丹参根部

31.3.2 加工

将运回的参根，放在太阳下晒至半干，除净根上的泥土，集中堆闷发汗 3～4 d，再晾 1～2 d，使根条中央由白转为紫黑色时，即摊开晒至全干。用火燎去根条上的须根，将根条装入竹箩内摇动，使其互相撞擦，除去根条上的泥土和须根，剪去芦头即可。丹参一般亩产干品 300～350 kg（图 31-5）。

图 31 - 5　丹参干品

第 32 章　黄精栽培技术

32.1　概述

黄精（*Polygonatum sibiricum*）为百合科多年生草本植物，以根茎入药，又名鸡头参。黄精富含黏液质、淀粉、糖分、蒽醌类化合物、多种氨基酸、维生素等成分，味甘，性平，是一种滋补药，具有补脾润肺、益气养阴、降压降脂、增强免疫、抗衰老之功效，用于脾胃气虚，体倦乏力，胃阴不足，口干食少，肺虚燥咳，劳嗽咯血，精血不足，腰膝酸软，须发早白，内热消渴等症。

黄精适宜阴湿气候条件，具有喜阴、怕旱、耐寒的特性，多生于阴湿的山地灌木丛中及林缘草丛中。主要分布于华北、华东、华南、华中等地区的省份，陕西省为黄精的主要分布区，近年来人工栽培在陕南山区逐步开展，商洛市主要分布在商南县、山阳县、镇安县等地，目前商洛全市人工种植面积约 333.5hm²。

32.2　种植技术

32.2.1　选地整地

选择湿润和有充分荫蔽条件的地块，土壤以质地疏松、保水力好的壤土或沙质壤土为宜。播种前进行土壤耕翻，耙细整平后作畦，畦宽 1.2～1.5 m。

32.2.2　繁殖方法

（1）根茎繁殖

于晚秋或早春的 3 月下旬前后，挖取地下根茎，选择先端幼嫩部分，截成数段，每段有 3～4 节，伤口稍加晾干，按行距 20～25 cm、株距 10～15 cm、深 5 cm，种于整好的畦内。种后覆土 3～5 cm，稍加镇压并浇水。以后每隔 3～5 d 浇水 1 次，使土壤保持湿润。于秋末种植的，应在上冻后盖一些牲畜粪或圈肥，以利保暖越冬。第 2 年化冻后，将粪块打碎、耧平，出苗前保持土壤湿润。

（2）种子繁殖

8月种子成熟后，立即进行沙藏处理（将种子与沙土按 1∶3 比例混合均匀，存放于背阴处 30 cm 的坑内），保持湿润。待翌年 3 月下旬筛出种子，将种子按行距 12～15 cm，均匀撒播于畦面的浅沟内，盖土约 1.5 cm，稍压后浇水，并盖 1 层草。出苗前去掉盖草，苗高 6～9 cm 时，过密处可适当间苗，1年后移栽。为满足黄精荫蔽的生长习性，可在畦埂上种植玉米遮阴。

32.2.3 田间管理

32.2.3.1 中耕除草

黄精生长前期要经常中耕除草，每年于 4、6、9、11 月各进行 1 次，宜浅锄并适当培土。

32.2.3.2 追肥浇水

若遇干旱或种植在向阳、干旱地方的情况需要及时浇水。每年结合中耕除草进行追肥，前 3 次中耕后每亩施用土杂肥 1 500 kg，与过磷酸钙 50 kg、饼肥 50 kg 混合拌匀后于行间开沟施入，施后覆土盖肥。黄精忌积水、喜荫蔽，应注意排水和间作玉米遮阴（图 32 - 1）。

图 32 - 1 黄精田间长势

32.2.3.3 摘除花蕾

黄精的花果期持续时间较长，并且每一茎枝节腋生多朵伞形花序和果实，造成大量的营养消耗，影响根茎生长。为此，除留种地块外，要在花蕾形成前及时将花芽摘去，以促进养分集中供应到根茎部，以提高产量。

32.2.3.4　病虫害防治

（1）黑斑病

①症状。黑斑病为黄精主要病害，为害叶片。发病初期，叶片从叶尖出现不规则黄褐色斑，病、健部交界处有紫红色边缘，之后病斑向下蔓延，雨季则更严重，病部叶片枯黄。

②防治方法。收获时清园，消灭病残体；发病前及发病初期喷 1∶1∶100 的波尔多液或 50％退菌特 1 000 倍液，每 7～10 d 1 次，连续数次。

（2）蛴螬、地老虎

①为害情况。主要是蛴螬和地老虎，蛴螬幼虫常常咬断黄精幼苗或嚼食苗根，造成断苗或根部空洞，地老虎为害幼苗及根茎。

②防治方法。可用 75％锌硫磷乳油，按种子量 0.1％拌种；田间发生期，用 90％敌百虫 1 000 倍液浇灌；用黑光灯或毒饵诱杀成虫；施用粪肥要充分腐熟，最好经过高温堆肥再使用。

32.3　采挖与加工

32.3.1　采挖

种子繁殖的 3～4 年、根茎繁殖的 1～2 年即可采挖。一般秋末或春初萌发前均可采挖，以秋末、冬初采挖的根茎肥壮而饱满，质量最佳（图 32-2）。

图 32-2　黄精地下根状茎

32.3.2　加工

采收后，去掉地上部分茎叶及须根、烂疤，洗去泥沙，太大者可酌情将其分为 2～3 段。将黄精置蒸笼中蒸 10～20 min，以透心、呈油润状时取出晒干或烘干；或置水中煮沸后捞出晒干或烘干。以蒸法为佳。晒干时要边晒边揉，直至全干。

第33章 黄芩栽培技术

33.1 概述

黄芩（*Scutellaria baicalensis*），别名黄金条根、山茶根，系唇形科黄芩属多年生草本植物，以根入药，其主要成分为黄芩甙、黄芩素、汉黄芩素和黄芩新素等，味苦、性寒，具有清热燥湿、泻火解毒、止血安胎等功效，主治肺热咳嗽、湿热泻痢、咯血、黄疸、肝炎、目赤、胎动不安等病症，为临床常用中草药之一。

黄芩喜温和气候，喜阳光，耐干旱和寒冷，忌积水，喜生于中高山地温凉、半湿润、半干旱环境。生长最适宜的温度为 15～25 ℃，空气相对湿度为 60%～80%，年均降水量 400～800 mm，日照时数≥1 800 h，无霜期≥150 d。黄芩在我国主产于西北、华北、东北地区各省份，在商洛市的栽培历史悠久，各县（区）均有分布，目前商洛全市种植面积 4 000 余公顷。

33.2 种植技术

33.2.1 选地与整地

33.2.1.1 选地

选择海拔 1 500 m 以下，地势高而干燥、光照充足、土层深厚、排水良好的坡地或缓坡地，土壤以富含有机质、疏松肥沃、通透性好的沙质壤土为宜，前茬作物以豆科、禾本科作物为佳，不宜选用前茬种植过蔬菜的地块，忌连作。

33.2.1.2 整地

整地宜于秋冬季进行。黄芩根系较深，整地时应深耕 25～30 cm，并结合深翻施足基肥。整地过程中应去除石块、草根，打碎土块，整平耙细。平地种植应作成宽 1.2～1.5 m、高 15～20 cm 的畦或垄，四周开好排水沟。

33.2.2　繁殖方法

分直播种植和育苗移栽两种，生产上多以直播种植为主，直播种植省工、根条直、侧根少，商品外观质量好。

33.2.2.1　种子采收

选择生长健壮、无病虫害的 2 年或 3 年生植株作为采种母株，于 8—9 月种子果皮有 60%～70% 变为浅褐色或黑褐色时即可采收。采收时连果枝一并剪下，然后晒干、脱粒，除去瘪粒和杂质，收获籽粒饱满、大小均匀的种子，置于阴凉干燥处贮藏待播。

33.2.2.2　种子播前处理

播种前将种子用始温 40～45 ℃温水浸种自然冷却 4～6 h，或在室温下用自来水浸种 12～24 h，捞出晾干表皮水分即可播种。

33.2.2.3　播种时间

春、夏、秋均可播种，但以春播为宜。春播在 3 月中旬至 4 月中旬，夏播宜在 5 月下旬至 7 月上旬，秋播在 9 月至 10 月上旬。

33.2.2.4　播种方法

分条播和撒播两种，但以条播为宜。条播时，在整好的畦面或垄面上，按行距 20～30 cm 开沟，沟深 2～3 cm，将种子与细沙以 1∶10～1∶5 比例拌匀撒入沟内，盖土 1.5～2 cm，播种量 2～3 kg/亩。撒播时，将种子与细沙以 1∶10～1∶5 比例拌匀撒在畦面或垄面上，覆土 1 cm 左右，播种量 3～4 kg/亩。播后覆盖塑料薄膜或秸秆，保持土壤湿润，防止板结，以利出苗。播后半个月左右即可出苗，出苗后应及时揭除覆盖物。苗齐后，应拔除过密的幼苗。

33.2.3　田间管理

33.2.3.1　松土除草

幼苗出土后，要及时松土除草，确保田间无杂草。松土除草要按先浅后深的原则，以免伤根，并结合松土向幼苗四周适当培土。

33.2.3.2　间苗定苗

当幼苗破土长至 3～5 cm 时及时间苗，间苗时留优去劣，拔除病苗、弱苗和过密的苗。当苗高长至 8 cm 左右时，按株距 8～12 cm 定苗，缺苗时要及时补苗。

33.2.3.3　追肥

每年 6—7 月是黄芩生长旺季，应根据地力和苗情追肥 1～2 次，一般每亩施硫酸铵 10 kg、过磷酸钙 20 kg，也可每亩追施腐熟人畜粪尿 300～400 kg。追肥以沟施为宜，天旱时追肥应配合浇水进行，施肥后应及时盖土。

33.2.3.4 排灌

黄芩耐旱不耐涝，通常生长期非特别干旱则不需要浇水。雨季要及时排涝，防止积水造成烂根。

33.2.3.5 摘蕾

7—8月植株生出花蕾时，除留种地块，其余地块应及时摘除花蕾，减少开花结果的营养消耗，促使根部生长，提高产量（图33-1）。

图33-1 黄芩花

33.2.3.6 病虫害防治

①叶枯病。一般6月初开始发病，病原菌主要为害叶片，雨季发病严重。防治方法：秋后及时清理田园，消灭越冬病原菌；实施轮作；发病初期用75％戊唑醇肟菌酯3 000倍液或6％春雷霉素1 000倍液或50％多菌灵1 000倍液对茎叶喷雾，每隔7～10 d喷1次，连喷2～3次。

②根腐病。一般发生在6—8月，常与地下线虫为害有关，且在土壤黏重、板结，田间积水过多以及重茬连作时发病严重。防治方法：选择排水良好的地块种植，低洼地或多雨地区种植，应作高畦；合理密植，确保田间通风透光；雨季及时排除田间积水，降低田间湿度；轮作；整地前用70％甲基硫菌灵每亩2.5～3 kg拌细土10 kg均匀撒施地表，然后耕翻入土；发病初期用50％甲基托布津1 000倍液和叶面肥混合喷施；发现病株及时拔除，病穴用生石灰消毒。

③根结线虫。主要为害根部，以侧根和须根受害较重，常在侧根和须根上形成许多大小不等的瘤状物。根结线虫为害后造成伤口，又会引起根腐菌侵染，使根瘤部位糜烂，严重时导致全部根系糜烂，病株死亡。防治方法：种植前用10％噻唑膦颗粒剂2.5～3.0 kg每亩拌细土10 kg均匀撒施地表，然后耕翻入土。

④黄芩舞毒蛾。主要以幼虫取食叶肉，是黄芩的主要害虫。防治方法：清洁田园；发生期用90％晶体敌百虫喷雾防治。

33.3　采挖与加工

33.3.1　采挖

黄芩种植 3 年后即可采挖，采挖应在秋季茎叶枯萎后至翌年春季尚未萌动前进行。采挖时割去地上枯萎的茎秆，挖出根部，抖净泥土，剪除病根烂根、毛根及芦头，除去杂质，采挖过程中尽量避免伤根。

33.3.2　加工

采挖出的黄芩应按根部大、中、小分开，及时运至晾晒场晾晒，晒至半干时撞去粗皮，晒干或 40～45 ℃烘干。晾晒过程中要防止雨淋，以免根条变绿发黑而影响品质。黄芩一般亩产干品 300～400 kg，以根条粗长、质坚实、色黄者为佳品（图 33 - 2）。

图 33 - 2　黄芩干品

第 34 章 苍术栽培技术

34.1 概述

苍术（*Atractylodes lancea*）为菊科苍术属多年生草本植物，以干燥根茎入药。主要成分为茅术醇、β-桉油醇、苍术素、苍术醇等，其性温，味辛、苦，具有燥湿健脾、祛风散寒、止痛明目的功效，临床用于湿阻中焦、脘腹胀满、泄泻、水肿、风湿痹痛、风寒感冒、夜盲、眼目昏涩等症。

苍术喜温凉气候，耐寒冷，怕高温与高湿，生长最适宜的温度为 15～25 ℃，空气相对湿度为 60%～80%，年均降水量 400～800 mm，日照时数≥1 800 h，无霜期≥110 d。苍术主要分布于江苏、浙江、安徽、河南、山西、陕西、湖南、湖北、四川等地，大体分为两大类，即北方产的北苍术和南方产的南苍术，这两类在商洛市各县（区）均有分布，目前商洛全市人工种植面积在 2 668hm² 以上（图 34-1）。

图 34-1 苍术示意图

34.2　种植技术

34.2.1　选地整地

34.2.1.1　选地
选择海拔 1 800 m 以下，地势高、阳光充足、土层深厚、排水良好的坡地或缓坡地，土壤以富含有机质、疏松肥沃、通透性好的中性至微酸性壤土或沙质壤土为宜。前茬作物以禾本科作物为佳，忌连作。

34.2.1.2　整地
种植前应深翻整地。整地时每亩施充分腐熟的有机肥 2 000～2 500 kg、复合肥 25 kg 作为基肥，深耕 25～30 cm，捡净杂草、石块，打碎土块，耙细整平。然后作成宽 1.3～1.5 m、高 10～20 cm 的畦或垄，四周开好排水沟。

34.2.2　繁殖方法

分直播种植和育苗移栽两种，一般以育苗移栽为主。

34.2.2.1　种子采收
选择生长健壮、无病虫害的 2～3 年生植株作为采种母株，于 9—11 月采收充分成熟的种子，晾晒、脱粒、干燥、净选后，获取籽粒饱满、无病虫害的种子置阴凉干燥处贮藏待播。苍术种子寿命较短，在室温条件下贮藏寿命只有半年，故自然条件下贮藏的隔年种子不能使用。

34.2.2.2　种子播前处理
将种子用自来水浸泡 5～6 h，捞出晾干表皮水分即可播种。

34.2.2.3　播种时间
一般以 3 月中旬至 4 月上旬播种为宜。

34.2.2.4　播种方法
分条播和撒播两种，但以条播为宜。条播时，在整好的畦面或垄面上，按行距 15～20 cm 开沟，沟深 2～3 cm，将种子拌 5～10 倍的细沙均匀撒入沟内，盖土 1～2 cm，播种量每 1～2 kg/亩。撒播时，将种子拌 5～10 倍的细沙均匀撒在畦面或垄面上，覆土 1 cm 左右，播种量 2～3 kg/亩。播后覆盖塑料薄膜或秸秆保温保湿，防止土壤板结，待出苗后应及时揭除。

34.2.2.5　移栽
苍术苗生长 1 年后，即可于翌年春季移栽到大田。移栽时完整挖出根茎，按行距 20～25 cm 开沟，沟深 3～4 cm，将根茎均匀放入沟内，株距 4～5 cm，覆土稍加镇压，浇足定根水，使根部与土壤密结。

34.2.3　田间管理

34.2.3.1　松土除草

在苍术幼苗期要及时松土除草，保持田间土壤疏松无杂草。松土除草要避免伤根，并结合松土向植株四周适当培土。

34.2.3.2　追肥

每年5—8月根据地力和苗情追肥2～3次，第1次于5月每亩施清淡粪水1 000～1 500 kg，以后于6—8月生长盛期每亩施人粪尿1 500 kg或硫酸铵5 kg，并加施适量磷钾肥。追肥以沟施为宜，可结合松土除草进行，天旱时追肥应配合浇水进行，施肥后应及时盖土。

34.2.3.3　排灌

苍术耐旱怕涝，除幼苗期和移栽后要经常保持土壤湿润，生长期非特别干旱一般不需要浇水，雨季要及时排涝，防止积水造成烂根。

34.2.3.4　摘蕾

6—8月植株抽蕾开花时，除留种地块，其余不准备留种子的地块都要及时摘除花蕾，以减少营养消耗，促进根茎生长（图34-2）。

图34-2　苍术花

34.2.3.5　病虫害防治

病害主要是根腐病，一般5—6月发病，田间湿度大时发病严重，要注意开沟排水，发现病株立即拔除。发病初期用50％嘧菌酯可湿性粉剂1 500倍液，或50％甲基托布津800倍液喷雾防治，每隔10 d喷雾1次，连续3～4次。虫害主要是蚜虫，为害叶片和嫩梢，尤以春季和夏季最为严重，可用

10％吡虫啉可湿性粉剂 1 000 倍液或 4.5％高效绿氰菊酯 1 000 倍液茎叶喷雾防治。

34.3　采挖加工

34.3.1　采挖

苍术直播种植后 3～4 年或育苗移栽后 2～3 年即可采挖。一般应在秋季苍术茎叶枯萎后至翌年春季地上部分尚未萌动前，选择晴天采挖。采挖时，先割去地上枯萎的茎秆，然后挖出根部，采挖过程中尽量避免伤根。

34.3.2　加工

将挖出的根茎抖净泥土，剪除病根、腐烂根，除去杂质，晒干或烘干后，摘去须根即可。一般亩产干品 350～450 kg，以个大、质坚实、断面朱砂点（棕红色油点）多、香气浓者为佳品。

第 35 章 桔梗栽培技术

35.1 概述

桔梗（*platycodon grandiflorus*）是桔梗科桔梗属多年生草本植物，以干燥根入药。味苦、辛，性微温。其主要成分为桔梗皂苷 D、桔梗皂苷 D_2、远志皂苷 D、远志皂苷 D_2、桔梗皂苷 A、桔梗皂苷 C 及少量桔梗酸 A、桔梗酸 B、桔梗酸 C 及糖等。具有宣肺、祛痰、利咽、排脓等功效，用于痰多咳嗽、咽喉肿痛、咳痰不爽、咳吐脓血、支气管炎、肺脓疡等症。桔梗不仅是一味传统中药，还是一种食品，其根可用来制成美味的菜肴。

桔梗喜凉爽湿润的气候，耐寒、喜阳光，生长最适宜的温度为 18～25 ℃，空气相对湿度为 60%～80%，年均降水量 600～1 000 mm，日照时数 1 600 h 以上，无霜期 224～280 d。

桔梗在全国大部分地区均有分布，以东北地区为主，陕西各地多野生植株或栽培植株，在商洛市各县（区）均有种植，目前商洛全市种植面积 4 000 hm^2 以上。

35.2 种植技术

35.2.1 选地与整地

选土层深厚、疏松、肥沃、排水良好的沙质壤土地块。于秋季深翻 30 cm 以上，结合深翻每亩施基肥 2 500 kg，加过磷酸钙 20 kg，草木灰 150 kg。耙平，作宽 1.2～1.5 m、高 15～20 cm、沟宽 30 cm 的高畦或垄。

35.2.2 繁殖方法

主要采用种子繁殖、根头繁殖、扦插繁殖。

35.2.2.1 种子繁殖

桔梗 9 月时果实相继成熟，选 2 年生根部粗壮肥大、长条形、分叉少、无病害的单株，当果柄由青变褐、果实呈黄绿色、种子饱满变黑时应及时分次采收，以获得优良种子。采收的种子应在通风处后熟 4～5 d，再进行日晒脱粒，经风选筛选，除尽杂质、小籽、瘪籽后干燥至含水量 7％以下，贮藏备用。隔年的陈种子发芽率低，不能使用。种子繁殖分直播和育苗移栽两种方法。直播主根挺直粗壮，分叉少，便于剥皮加工，质量优；育苗移栽根条分叉多，产品质量较差，所以生产上一般常用直播的方式。

（1）直播

春秋两季均可，但以秋播为宜。春播在 3 月中旬至 5 月上旬进行，秋播以 10 月下旬至 11 月上旬为宜。播种前将种子用 0.4％高锰酸钾溶液浸种 24 h 或用温水浸种 24 h，捞出冲洗干净晾干再播。播种方法多用条播，在畦或垄上按行距 15～20 cm、深 3～4 cm 开沟，将种子拌细沙均匀撒入沟内，播种量 2～3 kg/亩，覆土厚 1～2 cm，轻轻镇压。播后浇水，覆盖农膜或柴草，保持土壤湿润，出苗后将覆盖物去掉。

（2）育苗移栽

播种及管理方法同直播，播种时行距为 10～15 cm。当小苗长到 6～7 cm 高时即可移栽。最好在秋季或春季按株距 5～6 cm、行距 15～20 cm、覆土 3 cm 移栽，栽后浇定根水。

35.2.2.2　根头繁殖

栽植期为 3 月下旬至 4 月上旬，将采掘的根头部（根茎或芦头）切下，长 4～5 cm，按行株距 20 cm×8 cm 开穴，穴深 8～9 cm，每穴栽 1 个，栽后覆土、浇水。

35.2.2.3　扦插繁殖

挖深 15～20 cm，宽 1～1.2 m，长度按地形而定的苗床，铺基质（蛭石：沙＝1：1）10 cm 厚，浇适量水待扦插。选择健壮植株的当年生枝条，在中下部剪取 10 cm 长的插条，用萘乙酸（NAA）100 $\mu g/g$ 浸条 3 h，在备好的苗床上扦插。

35.2.3　田间管理

35.2.3.1　间苗定苗

直播地块当苗高 4～5 cm 时，按株距 6～8 cm 定苗，发现缺苗要及时进行补苗。

35.2.3.2　松土除草

桔梗第 1 年除草 4 次，第 1 次在幼苗期间，由于根浅芽嫩，除草时只能用手拔草，以后可及时锄草，之后每年除草 2～3 次。

35.2.3.3　追肥

在苗高 8～10 cm 时，用 0.5％尿素液喷洒叶面，隔 10 d 喷 1 次，连喷

2～3次；7—8月用0.5％磷酸二氢钾液喷洒叶面，隔15 d喷1次，连喷3次；翌年初春未发芽之前在行间每亩开沟埋施氮磷钾复合肥100～120 kg或1 000 kg有机肥。

35.2.3.4　浇水

桔梗不喜大水，一般生长期非大旱不浇水。在秋后浇1次水，翌年春结合施肥浇水。雨季需及时排水防涝，以免烂根。

35.2.3.5　摘除花蕾

对非种子田，在7—9月植株生出花蕾需及时剪掉，抑制其生长，促进根部生长发育。或于开花盛期喷750～1 000 μg/g的40％乙烯利，可达到很好的疏花疏果效果（图35-1）。

图35-1　桔梗花

35.2.3.6　病虫害防治

①根腐病。在夏季高温多雨期常发生，特别是在雨季田间积水时发生较重。防治方法：选择有坡度、排水良好的地块种植；初发病时可向地面撒草木灰，或采用生石灰：硫酸铜：水＝1：1：100的波尔多液喷洒，预防病害的发生和蔓延。

②轮纹病。多在6月开始发生，7—8月严重，主要为害叶部。防治方法与根腐病类似，可喷洒波尔多液。

③炭疽病。7—8月的雨季易发生，主要为害茎秆基部，初期在茎秆基部出现褐色斑点，逐渐扩大蔓延，后期病部收缩，植株茎叶逐渐枯萎死亡。防治方法：在春季发病前喷洒7％退菌特500倍液预防发病，或用65％代森锌500倍液喷洒。

④红蜘蛛、蚜虫。主要为害叶片及幼嫩部分。防治方法：可用8％阿维菌素2 000倍液或40％的三氯杀螨醇乳油1 000～5 000倍液喷雾防治。

⑤地老虎。主要的地下害虫，为害时咬断幼根，造成缺苗。防治方法：成

虫期可在田间设置糖醋诱蛾器或使用黑光灯诱捕；在幼虫期可用 35％硫丹每亩 0.5～1.5 kg，混细土 15 kg 撒在苗间隙防治，或早晨在被害植株根际附近捕杀。

35.3　采挖与加工

35.3.1　采挖

直播种植的桔梗 2～3 年就可采挖，育苗移栽的桔梗当年即可采挖。一般在 10 月中、下旬桔梗茎秆枯萎变黄或翌年春季地上部分尚未萌动前采挖，以秋季桔梗营养生长中后期为最佳采收时期，此期折干率为 30％左右。采挖过早，根部营养物积累尚不充分，折干率低；过迟收获不易刮皮。采挖时把根挖起，抖去泥土，除去茎叶。

35.3.2　加工

收获的桔梗根，趁鲜时用瓷片刮去根皮，洗净，晒干。刮皮后的桔梗根应及时晒干，否则易发霉变质。经过加工后的桔梗根应贮藏于干燥通风处，温度在 30 ℃以下，相对湿度 70％～75％，注意防潮、防虫蛀（图 35-2）。

图 35-2　干桔梗

第 36 章　金银花栽培技术

36.1　概述

金银花的学名为忍冬 (*Lonicera japonica*)，别名二花、银花，为忍冬科多年生藤本植物，以干燥花蕾入药，为我国传统常用药材。味甘，性寒。金银花花蕾中含有有机酸、挥发油和黄酮类物质。具有清热解毒、凉风散热的功效，广泛用于急性热病及外科感染性疾病的治疗，如上呼吸道感染、急性扁桃体炎、咽炎、疥疮痈肿、乳腺炎、痢疾等。

金银花适应性很强，对土壤和气候的选择不严格，山坡、梯田、地堰、堤坝、瘠薄的丘陵都可生长，除黑龙江、内蒙古、宁夏、青海、新疆、海南和西藏，全国各地均有分布，河南、山东是传统的金银花道地产区。商洛市各县（区）均有分布，目前商洛全市金银花总面积在 11 339 hm² 以上，其中人工种植面积约 2 001 hm²（图 36-1）。

图 36-1　金银花

36.2　种植技术

36.2.1　选地整地

金银花抗性较强，对气候、土壤等条件要求不太严格，易于栽培。最好选择光照充足、土壤为疏松肥沃的沙质壤土、排灌方便的地方种植，根据良好农业规范（GAP）的要求应远离"工业三废"等污染源及交通要道。种植前翻耕整地，并按株行距各 0.75 m 挖穴，每穴内施入腐熟的有机肥 5～10 kg，待栽种。

36.2.2　繁殖方法

金银花藤茎易生不定根，较易繁殖。最常用的繁殖方法是用藤茎扦插，亦可采用压条、分株或种子育苗的方式。

36.2.2.1　种子繁殖

（1）采种

11 月时浆果成熟，由绿变黑，这时种子成熟。采集的果实，置清水中揉搓，漂去果皮、杂质及秕粒，捞出沉入水底的饱满种子，晾干贮藏备用。对于采种田，一般仅收头茬花后便不再采收，让其结果形成种子。

（2）育苗移栽

在春季将上年采收的成熟种子用 35～40 ℃温水浸种 24 h，在整好的苗床上按行距 25 cm 开沟条播，覆土 1 cm，然后在畦面上盖一层薄稻草并浇水，播后半个月可出苗，出苗后，移去稻草，待苗高达 15 cm 时进行打顶，促进分枝形成，在当年秋季或第二年春季选阴天定植。幼苗需带土移栽，以保证成活率，每穴栽植 2 株。

36.2.2.2　扦插繁殖

金银花扦插可在春秋两季进行，春季宜在新芽未萌发前；秋季以 8 月底至 10 月中旬为宜。一般选择 1～2 年生健壮且无病虫害的枝条作为插穗。插穗剪成长 25～30 cm（下部呈斜面）的小段。扦插繁殖又分扦插育苗和直插定植两种方式。若是扦插育苗，苗床要起成高畦，畦宽 1～1.5 m，按行距 20 cm 开沟，将插穗按株距 5 cm 斜插于沟内，插穗露出土面 2/5，覆土后踩实，遇旱要及时浇水。插穗在插后半个月开始发根，待苗高达到 20 cm 时即可移栽定植，方法同上，采用直插定植时，在整地挖好的穴内，每穴分散插 5～6 个插穗，以保证全苗。

36.2.2.3　分株繁殖

将母株挖出，然后分开种植。此法影响次年开花，适宜种源短缺或观赏栽培使用。

36.2.3　田间管理

36.2.3.1　松土除草

每年松土除草 4～5 次。第 1 次在春季发出新叶时，最后 1 次在秋末冬初；

除草应从根系外围开始，先远后近，先深后浅，注意切勿损坏根系。

36.2.3.2　追肥

金银花为喜氮、磷植物。每年早春萌芽后和第 1 批花收完时，开环状沟每墩施尿素 100 g；在初夏每墩追施磷酸氢二铵 50 g；在入冬前最后 1 次除草后，施腐熟的有机肥或堆肥（饼肥）于花墩基部，然后培土。

36.2.3.3　修枝

定植后前 2 年的冬季，剪去嫩枝的上部，促进茎的下部逐渐粗壮，促成直立生长，使长出的枝藤形成伞形。若控制植株高度，既有利于通风透光、多开花，也方便采花。以后每年秋冬季整枝时应去老枯枝、弱枝，去内膛无效枝及徒长枝；长枝短截，生长旺的壮花墩轻剪，生长弱的老花墩要重剪；使内外分出层次，以利通风透光，提高产量。

36.2.3.4　搭架

自然生长的金银花必须搭架，否则容易匍匐地面，接触土壤处易发新根，形成许多新苗，影响通风透光。成株后在植株的一侧设立支架，支架高 1.5 m 左右，让茎蔓缠绕架上生长，可促使多开花。

36.2.3.5　病虫害防治

①褐斑病。1 种真菌病，多在夏秋季（7—8 月）高温多雨时易发生。发病严重时可使叶片脱落，引起植株生长衰弱。发病初期叶片上出现褐色小点，以后逐渐扩大成褐色圆形病斑，有的叶片受叶脉限制在其上出现不规则的病斑，病斑背面有灰黑色霉状物，一张叶片如有 2～3 个病斑，就会脱落。防治方法：秋季集中烧毁病残植株或枝条；增加有机肥，加强水分管理；发病期可用 1∶1.5 的 300 倍波尔多液或 65% 代森锌或 50% 多菌灵 1 000～1 500 倍液喷雾，隔 7 d 喷 1 次，连喷 2～3 次。

②炭疽病。真菌病的 1 种，叶片上形成的病斑近圆形，褐色，可自行破裂，潮湿时其大量分生孢子，孢子为橙红色点状黏性物。防治方法同褐斑病。

③锈病。由真菌引起，受害后叶背出现茶褐色或暗褐色小点，有的叶面出现圆形病斑，中心有一个小疱，严重时叶片枯死。防治方法：每 10 d 喷 0.3 波美度石硫合剂，连喷 2～3 次。

④白粉病。主要为害叶片，发病初期，叶上产生白色小点，逐渐扩大形成大小不一的白色粉斑，进而合并成大片使叶面布满白色粉末状物，造成叶片发黄、皱缩变形，引起落叶落花甚至枯枝。

⑤天牛。5 月初成虫出土，于枝条上端表皮产卵，夏季孵化出的幼虫就在表皮下生存。幼虫成长时，先在表皮为害，后逐渐钻入木质部，直至树心，再向茎基部蛀食，秋后钻到近地面部分或根部，以成虫形态越冬。幼虫钻树心时，常排出粪便堵塞虫孔，不易被发现，但受害花墩枝条往往表现为衰老、枯

萎，新发枝条少，并逐渐枯死。防治方法：在天牛幼虫孵化时，用 90％敌百虫 1 000 倍液喷雾；发现有蛀孔，可用药棉蘸 30％敌敌畏原液，塞入蛀孔或剪下虫枝烧毁。

⑥蚜虫。危害嫩枝和叶片，5—6 月危害严重，特别是天气阴而有霾时蔓延更快，可导致叶和花蕾卷缩，停止生长，枝条停止发育，造成严重减产。防治方法：可在发芽前先喷施 1 次石灰硫黄合剂预防；发生时每亩用 10％吡虫啉可湿性粉剂 30 g 或 4.5％高效氯氰菊酯乳油 25 mL，兑水 40 kg 喷雾防治，但要注意在开花前 10～20 d 停止用药。

36.3　采收加工

36.3.1　采收

适时采摘是提高产量和质量的关键之一。金银花的花期很长，一般从 5 月下旬持续至 10 月，约 150 d。金银花属无限花序，花蕾发育不一致，应根据不同的生育期，因花而异，分批采摘。最适宜的采摘期应为花针膨大成白色时，即俗称的"大白针期"。采得过早，则花针青白嫩小；采地过晚，则花针开放变黄，均影响产量和质量。正确的方法是：在花蕾尚未开放之前，先外后内，自下而上进行采摘。这样采摘不仅采摘得快，而且采摘得干净，可提高产量和质量。有效的采花时间，要集中在每天上午，以当天的花能晒至七、八成干为宜。当天的大白针要当天采完，采不完者 16：00—17：00 时即开放，影响产量和质量。无烘干条件的地方，下午采花要注意摊晒，防止过夜发热变黑。

36.3.2　加工

将采摘的鲜花撒在苇席上晾晒，花针厚度以 2 cm 为宜，晒至七八成干方可翻。达干燥标准后收起并分级包装贮藏。也可将鲜花花针放在烘房或烘干设备内烘干。

第 37 章　连翘栽培技术

37.1　概述

连翘（*Forsythia suspensa*）为木樨科植物，连翘的干燥果实，分为青翘和老翘。秋季的果实初熟尚带绿色时采收，除去杂质，蒸熟，晒干，这种果实习称"青翘"；果实熟透时采收，晒干，除去杂质，这种果实习称"老翘"。连翘果实主要成分有木脂素类（连翘苷、连翘苷元、右旋松脂酚、右旋松脂醇葡萄糖苷），连翘酯苷 A，连翘醇苷 A、C、D、E，黄酮类，三萜类，挥发油等，其味苦，性微寒，归肺、心、小肠经。具有清热解毒、消肿散结、疏散风热等功效。用于痈疽、瘰疬、乳痈、丹毒、风热感冒、温病初起、温热入营、高热烦渴、神昏发斑、热淋涩痛等症。

连翘喜温喜光，耐旱耐寒怕涝。适宜生长于海拔 600～1 800 m 的半阴山或向阳山坡的疏灌木丛中，适宜亚热带和暖温带气候，适宜生长的温度为 18～25 ℃，空气相对湿度 60%～80%，年日照时数≥1 800 h，无霜期 ≥150 d。连翘在我国主要分布于河北、山西、陕西、甘肃、山东、江苏、安徽、河南、湖北、四川等地，主产于山西、河南、陕西、湖北、山东等省份，在陕西主产于黄龙县、商洛市、韩城市、华阴市、华州区等地。商洛市 7 县（区）均有发布，目前商洛全市连翘资源总面积约 5.8 万 hm²。

37.2　种植技术

37.2.1　选地整地

应选择坡度较缓、土层深厚、排灌方便、背风向阳的山地或缓坡地种植。种植地宜选择土壤肥沃、质地疏松、透气性和排水良好、pH6.5～7.5、相对湿度 50%～70% 的沙质壤土丘陵地块，亦可利用荒地、路旁、田边、地角、房前屋后、庭院空地零星种植。播前或定植前，于秋季深翻 30～40 cm，并结合整地施足基肥，每亩施充分腐熟的有机肥 2 000～2 500 kg，然后将土地耙细整平。

37.2.2　繁殖方法

连翘繁殖有种子繁殖、扦插繁殖、压条繁殖、分株繁殖 4 种方法。一般大面积生产主要采用播种育苗，其次是扦插育苗，零星栽培也有采用压条育苗或分株育苗的。

37.2.2.1　种子繁殖

可用种子直播，这种方法亦可用于育苗移栽。

（1）种子采集

9 月中下旬，选择生长健壮、无病虫害的结果母株，采集发育成熟、籽粒饱满的果实，千粒重 4.5 g 以上，净度和发芽率均在 85% 以上的种子。

（2）播前处理

将种子放入 30 ℃ 干净温水中浸泡 4～6 h，捞出后与种子量 3 倍的细湿沙混合均匀，装入盆内，用塑料薄膜封严，置 25 ℃ 左右室温处催芽。待 1/3 种子萌动露白，即可下种。

（3）播种期

春播宜 3 月下旬至 4 月中、下旬，夏播宜 6 月下旬至 7 月上旬，秋播宜 9 月至 10 月初。

（4）播种

分条播和撒播，但以条播为宜。

①条播。在整好的畦面或垄面上，按行距 30～40 cm 开沟，沟深 2～3 cm，将种子拌细沙均匀撒入沟内，覆土 1 cm。播后覆盖塑料薄膜或秸秆保温保湿，促进种子萌发出苗，待出苗后分次逐渐揭除。每亩播种量为 2.5～6 kg。

②撒播。将种子拌细沙均匀撒在畦面或垄面上，覆土 1 cm，上面覆盖秸秆，保持土壤湿润，以利于出苗。每亩播种量为 8～10 kg。

37.2.2.2　扦插繁殖

扦插时间以 6—8 月扦插为宜。

（1）插条选取与处理

晴天上午采集结果性能良好、健壮无病虫害的 1～2 年生半木质化枝条，将其剪成 20～30 cm 长、带有 2～3 个节、留顶部 2 片叶子的插条，节点上端剪成平口，节下 1 cm 处剪成平滑的斜口，然后将插条 30～50 枝捆扎集束，用生根粉对插条基部 1～2 cm 处蘸根 0.5 min，或浸泡约 1 h 后，取出晾干扦插。

（2）扦插方法

应选用透气、保湿的纯细河沙或沙、土各半作为扦插基质。扦插前先将苗床耙细整平，扦插苗床以宽 1.2 m、高 15 cm 为宜，长度可根据地形条件确定。扦插时将插条以株距 20 cm、行距 30 cm 斜插在苗床内，最上 1 节和叶片露出地面，然后埋土压实，覆盖遮阳网，苗床浇足水分，保持湿润。待半个月左右根系形成后，撤去遮阳网，减少浇水次数，保持苗床湿度为60％左右。

（3）移栽方法

春季 3—4 月，当苗高 40～60 cm 时，应出圃移栽。随起、随运、随栽。挖长、宽、深各 60 cm 的穴，每穴施入有机肥 5 kg 与土混匀。将幼苗栽入穴内，分层填土踏实，使根系舒展。栽后浇水，水渗后，盖土应高出地面 10 cm，以利保墒。栽植株行距为 2 m×2 m，每亩 167 株。连翘苗木质量等级见表 37 - 1。

表 37 - 1　连翘苗木质量等级表

苗龄	级别	苗高/cm	地径/cm	主根系/条	主根长/cm	冠幅/cm
2 年生	一级	＞75	＞1.0	5～10	＞20	25
	二级	＞50	＞0.6	3～4	＞15	20

37.2.2.3　压条繁殖

选择连翘母株靠近地面带有生长节的当年生半木质化下垂枝条，在春季将其弯曲并刻伤后压入土中，深度 3～4 cm，覆细肥土踏实，保持湿润，使其在刻伤处生根而成为新株。当年冬季至翌年春季，将生出的幼苗与母株截断，连根挖取，移栽定植。

37.2.2.4　分株繁殖

连翘萌发力极强，在秋季落叶后与春季萌芽前，将母株根际分蘖枝条带根劈开栽植，或将母株旁萌发出的幼苗与母株分离，带土移栽，浇足定根水。

37.2.3　田间管理

37.2.3.1　移栽定植

冬季落叶后至早春萌发前均可移栽定植，以雨后为宜，春分后，气温回升，定植苗容易成活。宜选阴天定植，先在选好的定植地块上，按株行距各 2 m 挖穴。然后，每穴栽苗 1 株，分层填土，填足土后提苗踩实，使其根系舒展，然后浇足定根水，每亩定植连翘 167 株。连翘属于同株自花不孕植物，自花授粉结果率极低，只有 4％，如果单独栽植长花柱或者短花柱连翘，均不结果。因此，定植时要将长、短花柱的植株相间种植，这是增产的关键措施。

37.2.3.2　松土除草

苗期要经常松土除草，定植后 1～2 年，每年 4、6、7 月的中、下旬各松土除草 1 次，第 3～4 年可减少松土除草次数。

37.2.3.3　追肥

定植后，每年冬季结合松土除草施入腐熟厩肥、饼肥或土杂肥，苗期勤施少量肥，幼树每株用量 2 kg，结果树每株 10 kg，采用在连翘植株旁挖宽 30 cm、深 20 cm 环状沟带施入的方式，每亩施复合肥 15～20 kg，施肥应选择距植株 30 cm 处，施后覆土，壅根培土保墒，以促进幼树生长健壮，多开花结果。

37.2.3.4　整形修剪

连翘每年春、夏、秋抽生 3 次新梢，而且生长速度快。春梢营养枝能生长 150 cm，夏梢营养枝生长 60～80 cm，秋梢营养枝生长近 20 cm。因此，连翘定植后 2～3 年，整形修剪是连翘综合管理过程中不可缺少的 1 项重要技术措施。连翘树整形以自然开心型为主。常用的整形方法有短剪、疏剪、缩剪，用以处理主干或枝条。在造型过程中也常用曲、盘、拉、吊、扎、压等办法限制连翘植株生长，培植有利于多开花、多结果的树形。修剪是对连翘植株的茎、枝、叶、花、果、芽、根等部位进行剪截或剪除的措施。连翘每年应进行 3 次修剪，即春剪、夏剪和冬剪。春剪即及时打顶，适当短截，去除根部周围丛生的竞争枝；夏剪即在花谢后对强壮老枝和徒长枝短截 1/3～1/2，促进萌发并生枝、丛生枝；冬剪即连翘幼树长到 1 m 高时，于冬季落叶后，在主干离地 70～80 cm 处剪除顶梢，或在 5—7 月对其摘心，选择 3～4 个发育充实的侧枝，将其培养成为主枝。以后在各主枝上再选留 3～4 个壮枝，培育成副主枝。通过 2～3 年的整形修剪，使植株形成低干矮冠、通风透光的自然开心树型，从而能够早结果、多结果。

37.2.3.5　补水排水

苗期应保持土壤湿润，视气温及降水情况及时补水、少量补水或不补水。在降雨多的区域或连阴雨季节，应修建排水设施。遇涝及时排水，以免积水烂根。

37.2.3.6　辅助授粉

连翘的花芽全部在 1 年生以上枝上分化着生，花有长花柱和短花柱 2 种，长花柱花的花柱比较长，短花柱花的花柱较短，这 2 种不同类型的花生长在不同植株上（图 37 - 1）。研究表明：短花柱型连翘花粉发芽率较高，长花柱型连翘花粉发芽率较低。2 种连翘的花粉均在 15％蔗糖＋400 mg/L 硼酸的培养基上萌发率最高，花粉管长度最长。因此，在连翘盛花期时喷施 15％蔗糖＋400 mg/L 硼酸溶液能够有效提高坐果率。

图 37-1　连翘花

37.2.3.7　野生抚育

连翘 5～12 年为结果盛期，12 年后产量明显下降，对于野生连翘需进行人工抚育，采取更新复壮措施。连翘枝条的结果龄期较短，其产量主要集中在 3～5 年生枝条上，5 年龄以后每个短枝上的平均坐果数逐年降低，产量明显下降。树冠的不同部位结果量不同，一般树冠的阳面多于阴面，树冠上部多于中部，树冠下部内侧多于外侧。针对野生连翘的分布特点和生长环境，应实施野生老连翘更新复壮、人工补植、连翘优势群落抚育等管理抚育措施，不断提高连翘的产量和质量。

37.2.3.8　病虫害防治

连翘有强烈的杀菌、杀虫能力，很少有病虫害发生。主要病虫害有 6 种。

①叶斑病。一般在 5—10 月发生，主要为害叶片部位。受害严重时，叶片枯萎，造成植株死亡。防治方法：确定合理的种植密度，合理施肥，及时修剪，集中销毁病枝；发病初期用 50% 多菌灵可湿性粉剂 800 倍液，75% 百菌清 1 200 倍液喷雾防治，每隔 10 d 喷一次，连续 3～4 次。

②钻心虫。幼虫钻入茎秆木质部髓心为害，严重时被害枝不能开花结果，甚至整枝枯死。防治方法：成虫期可采用灯光诱杀，及时剪除受害枝并烧毁或深埋，亦可用扎针法直接扎为害虫孔杀虫；幼虫孵化期未蛀茎前，用菊酯类，如 4.5% 氯氰菊酯 1 000 倍液、2.5% 联苯菊酯乳油 2 000 倍液等喷雾防治，强调喷匀打透，视虫情把握防治次数。

③蜗牛。主要为害幼芽、叶及嫩茎，叶片被吃出缺口或孔洞。若 9 月以后潮湿多雨，仍可大量活动为害，10 月转入越冬状态。上年虫口基数大、当年苗期多雨、土壤湿润，蜗牛可能大发生。防治方法：于早晚或阴天人工捕杀，或用杂草、蔬菜叶等聚诱集堆诱集捕杀，适时中耕，翻地松土，彻底清除田间杂草、石块等蜗牛栖息场所，撒生石灰，减小蜗牛活动范围，提高卵及成贝死

亡率；可用 1％甲氨基阿维菌素苯甲酸盐 2 000 倍液，或 25％氯虫苯甲酰胺与 30％食盐水混合液喷雾防治。

④蝼蛄。以成虫、幼虫咬食刚播下或者正在萌芽的种子或者嫩茎、根颈等，咬食根颈至麻丝状，造成受害株发育不良或者枯萎死亡。防治方法：冬前深耕多耙，破坏洞穴，提高对卵及低龄幼虫杀伤力。严禁施用未腐熟的有机肥，减少引诱蝼蛄为害；每亩用 50％辛硫磷乳油 0.25 kg 与 80％敌敌畏乳油 0.25 kg 混合，均匀撒施田间后浇水，或用 3％辛硫磷颗粒剂 3～4 kg 混细沙土 10 kg 制成毒土，在播种时撒施防治。

⑤盾蚧。全生育期为害，受害严重的植株，介壳密集重叠，像覆盖了一层棉絮，受害植株枝叶开始萎蔫，严重时导致全株死亡。防治方法：加强苗木检疫，严禁带虫种苗；及时清除并集中销毁病枝；合理密植，科学施肥，保持通风透光；保护天敌，以虫治虫；选用 50％杀螟松1 000倍液喷雾防治。

⑥蜡蝉。全生育期为害，主要为害嫩茎，严重时造成幼苗死亡。防治方法：及时修剪老枝，保持通风透光；喷洒 10％吡虫啉可湿性粉剂 2 000 倍液，若虫卵化盛期喷洒 95％蚧螨灵乳剂 400 倍液，或 20％速克灭乳油 1 000 倍液。

37.3　采收加工

37.3.1　采收

在商洛，青翘一般宜在 7 月下旬至 8 月上旬采收，采收时果实呈青绿色，尚未发育成熟（图 37 - 2）。老翘一般在 9 月中、下旬至 10 月上旬采收，采收时果实熟透变黄、果壳开裂或即将开裂。采收后应于当日运送至加工点进行晾晒加工。运输新鲜药材的工具应清洁、干燥、无异味、无污染，严禁与有毒、有异味、易污染的物品混装。

图 37 - 2　青翘

37.3.2 加工

青翘应去除杂物和表面灰尘，用沸水或蒸笼蒸煮 15 min 后晾干或烘干，干品以身干、不开裂、色较绿为佳；老翘应在去除枝叶等杂物后，进行晒干或烘干即可，干品以身干、瓣大、壳厚、色较黄为佳（图 37-3）。

图 37-3　老翘

研究试验表明，野生老树开花、坐果、果实成熟均早于人工栽培小树。因此，生产上优先采收野生连翘果实，商洛野生连翘果实 7 月底千果重达到峰值，7 月底至 9 月上旬千果重和连翘苷含量变化均较小，连翘苷含量均能达到《中华人民共和国药典（2020 年版）》标准（即 2.0%），考虑到连翘大规模生产时采摘周期较长，所以 7 月底至 9 月上旬是青翘的最佳采收期。到 9 月中、下旬，青翘逐渐成熟为老翘，此时果实千果重和连翘苷含量急剧下降，所以青翘应在转入老翘前及时采收。

第38章　柴胡栽培技术

38.1　概述

柴胡（*Bupleurum chinense*）（习俗"北柴胡"）和狭叶柴胡（*Bupleurum scorzoneri fo-lium*）（习称"南柴胡"）为伞形科多年生草本植物，二者的根通称柴胡，可入药。商洛适宜种植的品种是柴胡。柴胡为我国传统中药材，药用历史悠久，其主要有效成分为柴胡皂苷、挥发油、黄酮类、甾醇和多糖等。柴胡味苦，性微寒，具有解表、和理、升阳、舒肝的功能，药理实验证明，柴胡还有镇静、镇痛、降温、镇咳、降血压等作用。

柴胡喜温暖湿润的气候，耐旱怕涝，适宜生长温度为 20～25 ℃，海拔高度 500～1 700 m，空气相对湿度为 65%～80%，年均降水量 540～700 mm，年日照时数 1 500～1 700 h，无霜期 80～230 d。在我国，柴胡主要分布于东北、华北及陕西、甘肃、山东、江苏、安徽、广西等地。陕西全省均有分布和栽培，主要产于铜川市、商洛市、宝鸡市、延安市、汉中市等地，商洛市 7 县（区）均有种植。

38.2　种植技术

38.2.1　选地整地

柴胡具有适应性广、抗性强的特点，多生长于山坡林下、沟边、路旁，人工种植应选择远离污染源，前茬种植禾本科作物的阳坡或半阳坡的土层深厚、疏松肥沃、排水良好的沙质壤土、夹沙土或腐殖质土地块，也可与玉米等禾本科高茎秆作物套种，忌与根类药材连作。柴胡适宜土壤 pH6～7、湿度 40%～60%。整地宜在秋冬季进行，将种植地块深翻 30 cm 以上，同时每亩施入 3 000 kg 腐熟有机肥作为基肥，清除杂草根茎，耙细整平后作宽 120～130 cm 的畦，长度因地块而定，平地畦间开沟深 30 cm 以上，坡地只开深 30 cm 的排水沟，不作畦。

38.2.2 繁殖方法

柴胡主要有种子繁殖（即直播种植）、育苗移栽和套种 3 种方法来繁殖。

38.2.2.1 种子繁殖

春、夏、秋 3 季均可播种，以春季和秋季为主，春播在 3 月下旬至 4 月中旬，秋播在 10 月中旬至 11 月中旬。

（1）种子采集

种子繁育田应设隔离区，隔离区间距应≥500 m。9—10 月，当柴胡种子种皮由青绿色变为黄褐色时，选择生长健壮、颗粒饱满、无病虫害的植株作为采种母株，将上部结籽部分连同枝杆收回，晒干脱粒，忌暴晒，去杂去劣后置于干燥、阴凉处贮藏。

（2）播前处理

春播种子须经过播前处理，将种子用 0.8～1.0％高锰酸钾溶液浸种 10～15 min，或用 35～40 ℃温水浸泡 24 h，去除瘪粒后按 1∶3 比例与湿沙混合，置于 25 ℃的温室进行催芽 10～12 d，待有 1/3 种子裂口时即可播种。

（3）播种方法

分条播和撒播 2 种。

①条播。将整好的地块按行距 15～20 cm、深 1.5～2 cm 开浅沟，将处理好的种子均匀撒入后覆盖不超过 1 cm 土层，然后浇水，覆盖地膜或草帘保温保湿。每亩播种量为 2～2.5 kg。

②撒播。将处理好的种子与细沙以 1∶3 比例混合拌匀后，均匀撒播在畦面上，覆盖不超过 1 cm 土层，播后稍镇压浇水，覆盖地膜或草帘保持土壤湿润。每亩播种量为 2.5～3 kg。

38.2.2.2 育苗移栽

一般在直播保苗有困难的山坡旱地采用。种子采集、播前处理、播种时间、播后管理均与种子繁殖相同。宜采用条播，行距 10 cm，每亩用种量为 3～4 kg。待小苗 5～7 cm 高时即可移栽，移栽宜在春季进行，行距 15～20 cm、株距 7～10 cm，栽后覆土压实，浇足定根水。

38.2.2.3 套种

晚春、夏季在幼树期的果园内以及玉米、高粱、豆类等高秆作物下，均可套种柴胡。套种时播前处理和播种方法均与种子繁殖相同。每亩用种量为 1.5～2 kg，将种子条播或撒播于其他作物行内即可。

38.2.3　田间管理

38.2.3.1　间苗定苗

当苗高5～7 cm时，按株距5～6 cm进行间苗，留苗以50株/m² 为宜，缺苗时及时补苗。

38.2.3.2　松土除草

结合间苗定苗进行中耕除草，幼苗期及时浅锄除草2～4次，松土要浅、勿撞压幼苗，适当培土。

38.2.3.3　追肥

当苗高5～7 cm时，需追施氮肥1～2次。8月上旬，每亩追施有机肥30 kg或磷酸氢二铵20 kg。第1年收割地上部分后，追施尿素或腐熟人粪尿1次。

38.2.3.4　浇水排灌

幼苗期要保持土壤湿润，如遇天旱及时浇水，遇涝及时排水。

38.2.3.5　摘蕾

7—8月，除留种地块外，其余地块应对抽薹现蕾植株及时摘除花蕾。柴胡基地见图38-1。

图38-1　柴胡基地

38.2.3.6　越冬期管理

冬季土壤封冻前，浇1次越冬水，随水施入尿素，施肥量为每亩10～15 kg。冬季应注意防范火烧植株，严禁放牧和人畜践踏。

38.2.3.7　病虫害防治

应采用农业防治、生物防治、物理防治等领域的防控技术，若无有效的农业、生物、物理领域防治措施，可科学合理地使用化学药剂防治。农药安全使用间隔期应遵守相关标准规定，未标明农药安全间隔期的农药品种，收获前30 d禁止施用。主要病虫害及防治措施见表38-1。

表38-1　柴胡主要病虫害为害时期、为害症状及防治方法

主要病虫害	为害时期	为害症状	防治方法
根结线虫病	全生育期	主要危害根部，以侧根和须根受害较重，常在侧根和须根上出现许多大小不等的瘤状物，即虫瘿。剖开虫瘿，可看到无色透明的小粒（雌线虫）。受害后地上部生长发育受阻，表现为生长瘦弱或黄化、早衰。根线虫为害后，经常又引起根腐生菌的侵染，使根瘤部位糜烂，严重时导致全部根系糜烂，病株死亡。	农业防治：与豆类、玉米、小麦等禾本科作物轮作倒茬。药剂防治：①种植前每亩用10%噻唑膦颗粒剂2.5～3.0 kg拌细土10 kg均匀撒施地表，然后耕翻入土，进行土壤消毒处理；②柴胡生长期选用20%噻唑膦水乳剂或43%氟吡菌酰胺灌根。
根腐病	7—9月	病斑灰褐色，发病初期先是部分支根、须根变褐腐烂，以后逐渐蔓延至整个根部，导致全根腐烂，直至地上茎叶自下向上枯萎，全株枯死。根腐病发生常与地下线虫为害有关，且在土壤黏重、板结，田间积水过多以及重茬连作时发病严重。	农业防治：①选择排水良好的地块种植，低洼地或多雨地区种植，应作高畦；②合理密植，确保田间通风透光；③轮作；④雨季及时排除田间积水，降低田间湿度。药剂防治：①整地前每亩用70%甲基硫菌灵2.5～3 kg拌细土10 kg均匀撒施地表，然后耕翻入土；②发病初期用50%甲基托布津1 000倍液和叶面肥混合后喷施；③发现病株及时拔除，病穴用生石灰消毒。
锈病	7—8月高温高湿季节	发病初期叶片正面产生浅黄色小斑点，周围有黄色晕圈。相应背面出现浅红褐色稍隆起小疱斑，后表皮破裂，散出橙黄色粉末，严重时叶片干枯。	农业防治：秋后清理田园，将感染病菌的病残株和枯枝落叶清除并集中烧毁，消灭越冬病原菌。药剂防治：发病初用43%戊唑醇悬浮剂3 000倍液，或25%粉锈宁可湿性粉剂1 000倍液，或10%苯醚甲环唑水分散剂1 500倍液叶面喷防，每隔7～10 d喷一次，连喷2～3次。

（续）

主要病虫害	为害时期	为害症状	防治方法
蚜虫	6—8 月柴胡苗期及早春老株返青期	卵在忍冬属植物金银花等枝条上越冬，翌年 3 月中旬至 4 月上旬越冬卵孵化。始见于 4 月上旬，随后其数量持续增长，4 月下旬至 5 月上旬其数量达到高峰，主要为害叶片和上部叶梢，5 月中、下旬数量逐渐下降，不足以造成危害	农业防治：合理密植，保持田间湿度。 药剂防治：用 50％抗蚜威可湿性粉剂 3 000 倍液，或 48％噻虫啉 4 000～8 000 倍液展开茎叶喷雾，每隔 7～10 d 喷 1 次，连续 2～3 次。

38.3　采挖加工

38.3.1　采挖

直播种植的柴胡生长 2 年以上、育苗移栽的生长 1 年以上即可采挖，采挖宜于春、秋 2 季进行，一般以秋季植株地上部分开始枯萎时至翌年春季尚未萌动前采挖，但以秋季采挖为宜。采挖时割去地上枯萎的茎秆，挖出根部，剪除残茎、病根、烂根、须根，除去杂质，应注意避免伤根。采挖完毕及时运送至加工点加工，运输工具应保持清洁。

38.3.2　加工

采收后及时晾晒或烘干，将洗净的根晒至 40％～50％干时，按主根茎 0.3 cm 以下、0.3～0.5 cm、0.5 cm 以上这 3 个规格分别捆成小捆，然后晒至含水量小于 13％即可。一般亩产干品 100～200 kg（图 38-2）。

图 38-2　干柴胡

第 39 章 五味子栽培技术

39.1 概述

五味子（*Schisandra chinensis*）或华中五味子（*Schisandra sphenanthera*）为木兰科植物，前者习称"北五味子"，后者习称"南五味子"，二者干燥的果实通称五味子，系常用中药材。五味子性温，味酸、甘，具有酸、甘、苦、辛、咸5种味道，其主要有效成分为五味子甲素、五味子乙素、五味子醇甲、五味子醇乙、五味子丙素、五味子酯甲等，还含有多种挥发油和柠檬酸、苹果酸、酒石酸等有机酸类化合物。具有收敛固涩、补肾宁心、益气生津的功效，临床常用于治疗肺虚喘咳、口干作渴、自汗盗汗、劳伤羸弱、梦遗滑精、久泻久痢等症。

五味子喜光、喜湿润、喜肥，具有适应性强的特性，多生于湿润、肥沃、腐殖质层深厚的杂木林、林缘、山间灌木丛处。北五味子主产地为辽宁、吉林、黑龙江这 3 个省份，南五味子主产地为陕西，河南，湖北，四川等省份。商洛市各县（区）均有分布，主要以野生为主，目前全市野生面积在 9 338 hm² 以上（图 39-1），人工种植面积在 2 000 hm² 以上。

图 39-1　野生五味子

39.2 种植技术

39.2.1 选地整地

选择环境潮湿、疏松肥沃的壤土或腐殖质土壤，或者林下、河谷、溪流两岸、15°左右山坡，荫蔽度 50%～60%，透风透光。深翻整地，细耕作畦，低洼易涝雨水多的地块可作高畦，畦高 15 cm 左右，高燥干旱、雨水较少的地方作平畦，种植时必须要有 15 cm 以上的疏松土层，畦宽 120～150 cm，长视地势而定。施腐熟厩肥 5～10 kg/m²，和土壤搅拌均匀，弄平畦面。

39.2.2 繁殖方法

分有性繁殖和无性繁殖，种子繁殖为有性繁殖；压条繁殖、扦插繁殖、大田栽植为无性繁殖。大面积生产常采用种子繁殖。

39.2.2.1 种子繁殖

（1）播前种子处理

五味子种皮坚硬，有油层，不易透水，出苗困难，应于播前进行种子处理。先将五味子果实用温水浸 3～5 d，搓去果肉，洗出种子，漂去秕粒，然后进行催芽。用种子 3 倍量的湿沙充分拌匀，以种子互不接触为度。再挖深、宽各 50～60 cm 的土坑，将种子放于坑内，上盖一层草，再盖土 20 cm。四周挖好排水沟，以防雨水灌入。催芽过程中，要经常检查，防止发霉。一般沙埋处理 70～90 d，胚根稍露即可播种。

（2）播种

以春播为宜。于畦面横向开沟，行距 15 cm，沟深 5 cm 左右，将种子均匀撒于沟内，覆土 2～2.5 cm，适当镇压，覆盖一层薄草，用绳子固定，以保持土壤湿润。一般每亩播种量为 5 kg 左右。

（3）移栽

一般选 1～2 年生苗移栽。采挖野生苗移栽，移栽后缓苗期较长，成活率低，生产上采用不多。移栽于春、夏、秋三季均可，以春季和秋季为宜，成活率高。春季应在芽未萌动之前，秋季应在落叶后，夏季移栽于雨季挖苗带土栽植。于畦面开穴，穴距、穴深各 30 cm。穴底施适量厩肥，覆一层土，然后栽苗。栽时将根舒展开，填一部分土，随之轻轻提苗，再填土踏实，然后灌足水，待水沉下再填土封穴。

39.2.2.2 压条繁殖

在春季植株萌发前进行，选健壮茎蔓，清除附近的枯枝落叶和杂草，在地面每隔 1 段距离挖 1 个 10～15 cm 深的坑，小心将五味子茎蔓从攀缘植物上取下来，放在坑内覆土踏实，待其扎根抽蔓后即成新植株，第2年移栽。

39.2.2.3 扦插繁殖

春季植株未萌动前选1年生枝条或秋季花后期、雨季剪取坚实健壮枝条，剪成12～15 cm长，有2～3个芽的1段，上切口平下切口剪成45°斜面，插条基部用ABT1号生根粉150 mg/kg浸6 h或萘乙酸（NAA）500 mg/kg浸12 h，然后插在混拌好壤土3份、沙1份的苗床上，行距12 cm，株距6～9 cm，斜插入的深度为插条长度的2/3，床面盖蓝色塑料薄膜，经常浇水，也可在温室用电热控温苗床扦插，床面盖蓝色塑料薄膜和花帘，调温、遮光，温度控制在20～25 ℃，相对湿度90%，荫蔽度60%～70%，生根率在38%～87%，第2年春季定植。

39.2.2.4 大田栽植

离树蔸（树干接近根部的部分）60 cm左右，一边栽1株，这种栽法产量高。人工搭架，按行株距100 cm×50 cm、60 cm×50 cm栽植五味子苗。南北行间以利通风透光，挖穴深、宽各约30 cm，将肥料和土拌匀填在穴内。栽苗时，填一半土，稍向上提苗使根系伸直，利于成活。踏实，浇水，水渗后再覆1层隔墒土。规范化五味子基地见图39-2。

图39-2 规范化五味子基地

39.2.3 田间管理

（1）灌水施肥

五味子喜肥，生长期需要足够的水分和营养。栽植成活后，要经常浇水，保持土壤湿润,结冻前灌 1 次水,以利越冬。孕蕾开花结果期,除需要足够水分,还需要大量养分,应每年追肥 1~2 次,第 1 次在展叶期进行,第 2 次在开花后进行。一般每株可追施腐熟的农家肥料 5~10 kg。追施时可在距根部 30~50 cm 周围开 15~20 cm 深的环状沟,施入肥料后覆土。开沟时勿伤根系。

（2）剪枝

五味子枝条春、夏、秋三季均可修剪。春剪一般在枝条萌芽前进行。剪掉过密枝和枯枝,以剪后枝条疏密适度、互不干扰为宜。夏剪一般在 5 月上、中旬至 8 月上、中旬进行,主要剪掉基生枝、膛枝、重叠枝、病虫枝等,同时对过密的新生枝也需要进行疏剪或短截。秋剪在落叶后进行,主要剪掉夏剪后的基生枝,并在修剪伤口处及时涂抹愈伤防腐膜,促进伤口愈合,防止病菌侵袭感染。如果夏剪进行得好,秋季可轻剪或不剪。不论何时剪枝,都应选留 2~3 条营养枝作为主枝,并引蔓上架。用促花王 3 号喷施,大大促进花芽分化,提高开花坐果率,抑梢狂长,彻底均衡大小年。

（3）搭架

移栽后第 2 年即应搭架。可用水泥柱或角钢作为立柱,用木杆或 8 号铁丝在立柱上部拉横线,每个主蔓处立一竹竿或木杆,竹竿高 2.5~3 m,直径 1.5~5 cm,用绑线固定在横线上,然后引蔓上架,开始时可强绑,之后即自然缠绕上架。

（4）增粗果蒂

五味子在花蕾期、幼果期和果实膨大期,喷施壮果蒂灵,增粗果蒂,加大营养输送量,防落花、提高授粉能力和坐果率,加快果实膨大速度,确保优质高产。

（5）松土除草

五味子生育期间要及时松土除草,保持土壤疏松无杂草,松土时要避免碰伤根系,在五味子基部做好树盘,便于灌水。

（6）培土

入冬前在五味子基部培土,可以保护五味子安全越冬。

（7）病虫害防治

①根腐病。5 月上旬至 8 月上旬发病,开始时叶片萎蔫,根部与地面交接处变黑腐烂,根皮脱落,几天后病株死亡。防治方法:选地势高燥、排水良好的土地种植;发病期用 50% 多菌灵 500~1 000 倍液根际浇灌。

②叶枯病。5 月下旬至 7 月上旬发病,先由叶尖或边缘干枯,逐渐扩大到整个叶面,叶片干枯而脱落,随之果实萎缩,造成早期落果。高温多湿、通风不畅时发病严重。防治方法:隔 7~10 d 喷施 1 次等量（硫酸铜：生石

灰：水＝1∶1∶200）波尔多液，发病时可喷施粉锈宁或甲基托布津500倍液。

③果腐病。果实表面着生褐色或黑色小点，之后变黑。防治方法：用50％代森铵500～600倍液每隔10 d喷1次，连续喷3～4次。

④白粉病和黑斑病。是五味子常见的2种病害，一般发生在6月上旬，这2种病害始发期相近，可同时预防。在5月下旬喷1次比例为1∶1∶100的波尔多液进行预防，如果没有病情发生，可隔7～10 d喷1次。防治方法：白粉病用0.3～0.5石硫合剂或粉锈宁、甲基托布津可湿性粉剂800倍液喷施防治；黑斑病用代森锰锌50％可湿性粉剂600～800倍液喷施防治。如果2种病害都呈发展趋势，可将粉锈宁和代森锰锌混合配制进行一次性防治，浓度仍可采用上述各自使用的浓度。

⑤卷叶虫。幼虫7—8月发生为害，成虫暗黄褐色，翅展25～27 cm，幼虫初为黄白色，后为绿色，初龄幼虫咬食叶肉，3龄后吐丝卷叶取食，影响五味子果实发育，严重时落果，造成减产。防治方法：用10％吡虫啉4 000～6 000倍液喷雾防治，幼虫卷叶后用5％吡虫啉乳油2 000～3 000倍液喷雾防治。

39.3 采收与加工

39.3.1 采收

五味子栽植后4～5年大量结果，每年8—10月果实呈紫红色时，选择晴天采收，不能将果枝一同剪下或采青（图39-3）。

图39-3 成熟五味子

39.3.2　加工

晴天采收的果实，可经夜露后再晾晒，干后油性大、质量好。若遇阴雨天，可将果实薄摊在火炕上，用微火烘干，开始温度在 50～60 ℃，当半干时将温度降到 40～50 ℃，以防挥发油散失或果实变焦药材质量降低。烘干的标准：手握有弹性，放手后能恢复原状。干后去掉果柄、杂质，筛去灰屑，置于通风干燥处贮藏销售。

第 40 章　天麻栽培技术

40.1　概述

　　天麻（*Gastrodia elata*）为兰科天麻属多年生寄生草本植物，以干燥块茎入药，中药名为天麻，又名明天麻、赤箭、定风草。无根、无绿色叶片、不能进行光合作用，其营养来源依靠同化侵入体内的一些真菌而获得，其种子与小菇属的一些真菌共生，块茎膨大必须与蜜环菌共生才能实现。

　　天麻块茎含天麻苷、天麻素、天麻苷元、派立辛、天麻醚苷香草醇、β-谷甾醇等。天麻苷、天麻苷元及香草醇为活性成分，天麻苷含量一般为0.3%～0.6%，有的在 1% 以上。天麻味甘，性平，归肝经。天麻能平肝熄火，用于治疗头晕目眩、小儿惊风、癫痫、肢体麻木、半身不遂、破伤风等症。其所含的天麻素及糖苷配基有较好的镇静和安眠作用，天麻还能扩张动脉血管，改善血液循环，降低血压，对治疗冠心病，缓解心绞痛、平滑肌痉挛，改善神经营养等均有一定作用，尤其对神经性头痛、高血压头痛有显著疗效。现已开发出天麻丸、天麻头疼片、天麻钩藤颗粒、天麻首乌片、天麻杜仲胶囊、人参天麻药酒等等。

　　天麻喜温凉、湿润，原生地多为海拔较高、植被较好、腐殖质土层深厚呈酸性或弱酸性沙质土壤。全世界天麻约有 20 多种，分布于热带、亚热带及南温带、寒温带山区。我国天麻分布地域十分广阔，如云南、贵州、四川、河南、辽宁、吉林、黑龙江、河北、安徽、江西、湖南、浙江、青海、陕西等省份，常产于海拔 400～3 000 m 山地丘陵地带的林地。

　　在我国已发现天麻属的植物有 5 种，即原天麻、细天麻、南天麻、疣天麻和天麻，一般人工栽培的有红秆天麻、青天麻、乌天麻和黄天麻。在秦巴山区（包括陕西的安康、汉中、商洛，四川的广元、巴中，湖北的十堰）、大别山区（包括安徽东部、河南东部、湖北东北部）主要以红天麻为主；云贵高原（包括贵州毕节、六盘水、安顺等，四川攀枝花、西昌、宜宾）主要以乌天麻为主；伏牛山的桐柏山系（包括河南的南阳、湖北的襄樊）主要是黄天麻。

　　在商洛，天麻人工栽培时间还很短，仅有近百年历史，自从 20 世纪 50 年代天麻由野生变家种在陕南秦巴山区试种成功，掀起了 1 个人工栽培热潮，从而使生产由山到川；由地下坑栽到地上堆载、瓶栽、箱栽等；由单一栽培到天麻—林果—粮油菜立体栽培；由大田到庭院；由无性栽培到有性栽培共 5 次较大的技术创新。商洛目前全市人工天麻种植面积约 4 002 hm²，主要分布在商州、洛南、丹凤、商南、镇安等县（区），鲜品产量 9.3 万 t，产值 12.7 亿元（图 40 - 1、图 40 - 2）。

图 40 - 1　鲜天麻

图 40 - 2　干天麻

40.2　生物学特性

40.2.1　形态特征

天麻无根、无绿色叶片，与蜜环菌共生，为生态特异的药用植物。一般株高 30～150 cm，地下只有肉质肥厚的块茎，呈椭圆形，有顶生红色混合芽的箭麻与无明显顶芽的白头种麻和米麻，麻的大小差异很大，长 0.5～20 cm，直径 0.2～8 cm，重量从几克到几百克。地下块茎一般横生，有明显的环节，节处有膜质小鳞片和不明显的芽眼。

天麻的茎（又称薹）单一，圆柱形，分为水红色的红秆天麻、呈棕黑色的乌天麻、呈浅绿色的青天麻（绿秆天麻）。它的花呈总状花序，苞片膜质长椭圆形，长 1～1.2 cm，花淡黄色或黄色，苞片和花瓣合生呈筒状，顶端 5 裂、合蕊，柱长 5～6 mm。蒴果长圆形，浅红色，其种子细小如粉状，一个蒴果内含 3 万～5 万粒种子。

天麻根据形态特征和发育阶段不同，可分为箭麻、白麻、米麻、母麻4 种。

40.2.1.1　箭麻

一般为最大的天麻块茎，是主要的药用部分，长约 5～20 cm，个体鲜重50～300 g，最大达 900 g。前端有红褐色的"鹦哥嘴"状的混合芽，尖长而空，外包 7～8 片淡褐色大鳞片，次年抽薹，茎秆似箭，故称箭麻。茎秆长出地面，能开花结果，繁殖种子。

40.2.1.2　白麻

比箭麻小的次成熟天麻块茎，黄白色，块茎前端有类似芽的生长点，可长出白嫩的"嫩芽"，故称白头麻，简称白麻。白麻不抽薹，需在地下生长 1～2年才能长成箭麻。大白麻可做种子，也可以药用，中小白麻繁殖力极强不能药用，只能做种子。

40.2.1.3　米麻

因为它的形状似米粒，故称米麻。是由种子发芽后的原球茎形成或由箭麻、白麻分生出的较小天麻块茎个体。质量在 2 g 以下的称米麻或仔麻。米麻繁殖系数较高，可作为扩大繁殖的种麻。

40.2.1.4　母麻

母麻是长出新麻后原来作为种麻栽培的箭麻、白麻个体，统称母麻，箭麻抽薹后或已长出新个体的大白麻也称"老母"。多数"老母"腐后其内生成若干个小米麻，俗称"天麻抱蛋"。

40.2.2　生物学特性

天麻是一种与蜜环菌共生的高等草本寄生植物。在长期的自然选择中，形成了适应生态环境的特性。人工栽培时必须了解天麻生长对环境条件的需求，因地制宜选择或创造适宜天麻生长的环境，运用现代农业措施，充分满足天麻生长的需要，以促进稳产、高产。

40.2.2.1　生长发育习性

天麻从种子萌发到第 1 代种子成熟所经历的过程为 1 个完整的生育周期。天麻种子由胚柄细胞、原胚细胞和分生细胞组成。授粉后 20～25 d 种子开始成熟。在适宜的水分、温度、湿度、萌发菌等条件刺激下开始萌发。种子吸水膨大后 20 d 左右变成两头尖、中间粗的枣核形，种胚逐渐突破种皮而发芽，播后 30～50 d 就能形成长约 0.8 mm、直径 0.4 mm 的原球茎。发芽后的原球茎靠原共生的萌发菌提供营养，不管能否接上蜜环菌都能分化出营养繁殖茎，开始第 1 次无性繁殖。原球茎只有与蜜环菌建立了营养关系后才能正常生长发育成新生麻。播种后 40～60 d 即 7 月下旬到 8 月中旬与蜜环菌共生，接菌的球茎迅速膨大，到 11 月就能长成 1.5～2 cm 的米麻。第 2 年 4 月气温开始回升，小米麻结束休眠开始萌发生长，进行第 2 次无性繁殖，到 6 月左右天麻进入生长旺盛期，部分小麻迅速膨大长成商品麻，大部分为翌年的种源。播种后第 3 年春，箭麻的花原基开始生长、抽薹、长茎，在 5 月下旬气温为 14 ℃左右时天麻茎出土，当气温达 20 ℃左右时茎秆迅速生长，直至开花、结果。所以，在不进行种子生产时，每年对种植的天麻进行翻窝，捡出商品麻，以防抽薹烂麻。

天麻为两性花序，花药在花柱的顶端，雌蕊柱头在蕊柱下部，花粉粒之间有胞间连丝相连，花粉呈块状。自然条件下，靠昆虫传粉，自花和异化都可授粉结实，但授粉结实率仅在 20%，所以必须进行人工授粉，结实率可达 98%以上。天麻开花时间以上午 10—12 时和夜间 2—4 时开花最多，授粉时间掌握在开花前 1 d 内到花后 3 d 内进行，授粉后果实迅速膨大，经 15～20 d 成熟，成熟后要及时采收，否则种子散落。

40.2.2.2　环境条件

①温度。天麻喜温凉、湿润，春季当地温在 10 ℃以上时天麻休眠结束开始萌动生长，当地温在 14 ℃左右时，箭麻开始抽薹出土。块茎生长的最适温度是 18～25 ℃，地温在 28 ℃以上时生长不良甚至停止生长，即进入休眠状态；当地温在 10 ℃以下时，就进入冬眠。所以说，冬季应注意保温工作，不能低于 2～5 ℃。

②湿度。成熟天麻块茎的含水量在 80%左右，天麻种子萌发对水分的需求也很明显，在干旱条件下不能发芽生长，所以土壤含水量一般保持在 40%为宜。

③光照。天麻块茎生长不需要光照，但光照对天麻开花、结果和种子成熟有一定促进作用，有一定的散射光就可以，不能有直射太阳光。

④植被。植被是天麻赖以生长发育极为重要的环境条件，天麻一般生长在林区，林区的阔叶树木腐烂后和蕨类及苔藓植物为天麻和蜜环菌的生长创造了隐蔽、凉爽、湿润的环境条件。

⑤土壤。天麻生长所需的营养物质一方面来源于蜜环菌，另一方面来源于土壤。要求土壤为含腐殖质多、疏松、湿润、透气的沙质土壤，土壤弱酸性环

境，pH5.0～6.0，黏土不适宜栽培天麻。

40.3 萌发菌与蜜环菌

40.3.1 萌发菌

萌发菌是指能促进天麻种子萌发的真菌。

40.3.1.1 萌发菌的形态特征

天麻种子的萌发得益于小菇属真菌的刺激作用，萌发菌在 20 世纪 80 年代主要以徐锦堂教授分离的紫萁小菇菌为主，90 年代后期，中国医学科学院药用植物研究所郭顺兴教授又分离出石斛小菇菌，提高了天麻种子的萌发率。

萌发菌的子实体散生或丛生，平均高 1.7 cm，最高 3.1 cm 左右，菌盖平均直径 2.8 cm，大的达 5.0 cm，发育前期为半球形，褐青色，密布白色鳞片，后平展，中部微凸，边缘白色不规整，很薄，柔软无味。菌盖表面细胞近球形、椭圆形，有刺疣，菌褶白色，9～20 片，菌柄中生直立，直径 0.6 mm，中空，圆柱形，上部白色，中部褐至黑色，散布白色鳞片，基部着生在由丛毛组成的圆盘基上。

萌发菌的菌丝无色透明，有分隔，光滑。适宜的生长温度为 20～28 ℃，30 ℃停止生长，适宜 pH 为 5.0～5.5。

40.3.1.2 萌发菌侵染天麻种子及种子萌发过程

萌发菌以菌丝形态侵入种子，可由种皮任何部位侵入，播种后 5 d，可观察到侵入种皮的萌发菌，大量集结在退化了的胚柄吸器残迹物周围；播种后 10 d，菌丝通过残迹物侵入胚柄细胞，分生细胞开始分裂；播种后 16 d，菌丝侵入胚柄细胞前端 2～3 层，分生细胞旺盛分裂，胚渐长大，胚与种皮达到等宽程度，说明天麻种子是靠消化侵入胚细胞的萌发菌获得营养分生细胞才能开始分裂；播种后 20～25 d，生活力旺盛的原壁菌丝侵入胚柄细胞以上的 3～4 层原细胞，开始向边沿原胚细胞侵入，而靠近分生细胞第 4 或第 5 层的中心原胚细胞，为大型细胞，萌发菌侵入大型细胞后，菌丝被消化，细胞核变形，核渐破裂放出核物质产生圆形更新核，有的有双核仁；播种后 25 d，有少量种子已突破种皮而萌发；播种后 50 d 左右，种子大量萌发。

40.3.1.3 萌发菌培养基配方

配方 1：花栎木干树叶 90%，麸皮 10%，磷酸二氢钾 0.05%，硫酸镁 0.05%。

配方 2：杂木屑 85%，麸皮 15%，磷酸二氢钾 0.05%，硫酸镁 0.05%。

40.3.2　蜜环菌

40.3.2.1　蜜环菌的形态特征

（1）菌丝体

菌丝体包括菌丝和菌索。

菌丝是一种纤细白色丝状体，肉眼无法辨其形状。在菌棒树皮下可见由菌丝组成的束或块，呈乳白色或粉白色，随着时间的延长菌丝向外生长，纵横交错，颜色加深，至核产生变化时变成黑褐色。

菌索由菌丝扭结而成，外面一层角质壳膜包裹称菌索。幼嫩的菌索棕红色，壮龄菌索棕色，老化后呈暗棕色至黑色。壮龄菌索富有韧性，向长拉时壳断丝连，且再生能力很强，切成碎段的菌索在适宜的条件下，数日后继续生长，各自形成新的菌索。

（2）子实体

子实体也叫榛蘑、蜜环蕈、青冈蕈，是一种食药兼用菌，由菌盖和菌柄组成。

①菌盖。菌盖直径 5～10 cm，蜜黄色或土黄色，老熟后变成棕色肉质半球形或中央稍微隆起的平展形，且有暗褐色细毛鳞片，菌盖湿润时变黏。

②菌柄。圆柱形，浅褐色，直径 0.5～2.1 cm，纤维质，海绵状松软，后中空，基部膨大，菌环上位，膜质，有时为双环，所以称"蜜环菌"。菌褶与菌柄相连，如刀片状呈放射形长出，孢子在菌褶上产生，成熟放射出大量孢子。

40.3.2.2　蜜环菌的生活史

蜜环菌在生长发育过程中，分营养阶段和繁殖阶段，而繁殖阶段又分为无性繁殖和有性繁殖，但以有性繁殖为最佳。生长过程是：孢子—萌发—一次菌丝—二次菌丝—菌索—子实体—孢子。

40.3.2.3　蜜环菌的生活特征（环境条件）

蜜环菌适应性很强，寄生或腐生在 600 多种木本或草本植物上。它不但能利用枯死的树干、树根、树枝、落叶和杂草生活，还能寄生在活的树根，树干皮下韧皮部和木质部之间。

①发光。在充足的空气和适宜的温度（15～28 ℃），空气相对湿度70%～80%时，菌丝的氧化过程处于旺盛状态，在树皮下的菌丝束、菌丝块或菌索的幼嫩部分，均可发荧光，黑暗处易见，干燥后荧光消失。

②好气。蜜环菌属好气性真菌，只有在透气良好的条件下才能旺盛生长，二氧化碳浓度高的情况下生长发育不良甚至停止生长。所以，栽培天麻时必须选择透气良好的沙子或沙质土壤，黄泥土和透气不畅的土壤不适宜栽培。

③温度。蜜环菌在5~10℃开始生长，20~25℃生长最快，30℃时生长将受抑制，35℃以上停止生长。

④湿度。蜜环菌菌丝体含水量在80%~90%，所以在整个生长过程中需要大量水分，蜜环菌基质适宜含水量在60%~70%，水分过多则透气性不好，将会影响菌丝生长；水分过少，菌丝生长受阻。

⑤pH。蜜环菌适宜在微酸性的环境中生长，以pH5.0~6.0为宜。

40.3.2.4 蜜环菌的特点

①耐旱性。蜜环菌的抗旱能力很强，将干透的菌索置于25℃、湿沙含水量60%左右环境下，十几天后又能恢复生长。

②再生能力强。将壮龄蜜环菌的菌丝（菌索）切成0.5~1cm的小段，在适宜的条件下，能从断处长出新菌丝。

③耐热性。在温度70℃时，需5min才能使菌丝死亡。

④耐湿性。基质含水量在80%~90%时菌丝正常生长，在液体培养基中通过振动产生少量的空气，菌丝便生长良好，但不能形成菌索。

40.4 栽培技术

40.4.1 蜜环菌的培养

蜜环菌的退化是天麻高产的主要障碍。退化的主要表现是：菌丝生长缓慢、菌索细长、颜色变黑、没有韧性，侵染天麻的能力下降，子实体出现畸形。造成蜜环菌退化的主要原因是长期的无性繁殖和传代过多。因此，传代次数应控制在2~3次，对菌种进行不断的提纯复壮，最可靠的方法是进行有性繁殖。

40.4.1.1 蜜环菌菌枝的培养

菌枝是最好的菌种，因其幼嫩，蜜环菌生命力强，生长快，养菌时间短，抗杂菌。它不但可以用来培养菌棒，还可以在菌材菌索差的地方补充菌种，提前给麻种接菌供给营养，防止在栽培初期天麻接不上菌而萎缩死亡。

（1）菌枝的选择

选用阔叶树种的枝条或砍菌棒时砍下的树枝，直径以手指粗细为宜，用砍刀或电锯截出45°角的斜面，长度在6.66~9.99cm。

（2）培养时间

蜜环菌菌枝的培养在一年四季都可进行，但以3—8月最适宜。由于这1阶段气温高、湿度大，菌丝生长快、易扭结传给菌枝。但在高寒地区，如果要在3月培养，需加农膜保温提湿，才有利于菌丝生长。

（3）培养方法

由于蜜环菌容易在树皮与木质部界面生长，所以，菌枝截出斜面，加大了生长面积，增加生长概率，长出的菌索特别旺盛。在培养前先将菌枝、树叶用水浸透备用，然后根据菌枝数量在透气性好的沙质地上挖 30 cm 深、长度不限的坑，坑底灌足水，等水干后在坑底铺 2～3 cm 深的树叶，再均匀铺 1 层泡好的菌枝，厚 4～5 cm。将菌种掰成蚕豆大小的颗粒均匀撒在菌枝上，用土盖住菌种，再铺一层菌枝，撒上菌种覆土，如此反复，以 6～7 层为好，最后覆土5～10 cm，用树叶或麦草、玉米秆盖上保湿。

40.4.1.2　菌材（棒）培养

（1）菌棒选择

选择木质坚实、容易接菌的树木来培养菌棒，如青冈树、栓皮树、水冬瓜、桦树等，选用直径 6～10 cm 粗细的树棒，截成 50～100 cm 长的菌棒，每隔 6～10 cm 砍一鱼鳞口，深度要砍到木质部，根据菌棒粗细可砍 3～4 排。也可将较粗的菌棒劈两半或四半。

（2）场地选择

要选择透气利水的沙壤地，坡度小于 45°。高山区选背风向阳的地方；地势低，气候温热的地方选择阴山培养；中山区选择半阴半阳的林间培养。

（3）培养方法

培养方法有坑培、半坑培、堆培，在培养时要根据当地的气候特点选用。

①坑培。适于低山区较干燥的地方采用。挖深 50～70 cm 的坑，坑底铺 1 层泡过的树叶，平摆 1 层菌棒，在棒的两端、鱼鳞口处放 2～3 个培养好的菌枝或菌种块，用土填满空隙，如此反复，共摆放 6～7 层或与地面平，上覆5～10 cm 的沙壤土。用树叶或农作物秸秆覆盖保湿（图 40-3）。

图 40-3　天麻坑培

②半坑培。此法适于海拔 700～1 000 m 的地区。其方法与坑培相同。不同之处是下挖深度浅，地上有 2～3 层菌棒，高出地面部分呈堆状。

③堆培。适于海拔高、温度低、湿度大的地区。方法和坑培、半坑培相同，只是不挖坑，直接在地面上将菌棒堆起来培养，覆土后形成大的堆。

（4）培养时间

一般在 6—8 月培养菌棒，正好可以赶上 11—12 月栽培天麻用棒。有性繁殖用棒应在 8—9 月培养，以便翌年 5—6 月进行有性繁殖时使用。

（5）培养菌棒及菌床场地的管理

做好菌棒培养的管理工作，培养出优质的菌棒是确保天麻高产的关键措施之一。

①调节湿度。蜜环菌需水量比天麻大，水分大蜜环菌才能长好。所以说，加强水分管理十分关键。一般夏季雨水多的情况下，能满足其需要，不必灌水；但在干旱少雨的时候，必须向菌床内灌水，一般每 15 d 灌一次。特别是半坑培与堆培的应隔 10 d 灌 1 次水，灌水后用土覆平被水冲开的地方。

②调节温度。天麻栽培不但要求蜜环菌长得快，同时要求蜜环菌的菌索要粗壮、幼嫩。蜜环菌虽然能在 25 ℃ 下生长最快，但温度高菌索纤细、易老化。所以，温度应保持在 18～20 ℃。在盛夏，应注意降温，采取遮蔽、盖草、灌水等措施。

（6）菌棒质量检查

蜜环菌在培养过程中，由于菌种质量、数量、培养的迟早、土壤的透气性、鱼鳞口的深浅、温度、湿度等方面因素的影响，培养出来的菌棒质量差参不齐，有的没有菌索而不能用，在栽培时，必须选用质量好的菌棒，才能保证天麻高产。

①外观检查。菌棒上若无杂菌，则菌索棕红色，生长点白且生长旺盛，观察鱼鳞口处有较多幼嫩菌索长出，菌棒皮层无腐朽变黑现象。

②皮层检查。有的菌棒表面处菌索很旺盛，但多数已老化甚至部分死亡，皮层已近于腐朽，这样的菌棒就不能用。有的从外表处看，见不到菌索或菌索很少，但通过皮下检查，用小刀切一小块树皮，如果皮下乳白色，有红色菌丝块或菌丝束，证明已接上了菌，这样的菌棒很好，可以使用。

40.4.2　有性繁殖栽培技术

有性繁殖栽培是天麻成功由野生种变家种以后形成的一项新的栽培技术。它的主要优点：一是解决了天麻无性繁殖的种源不足问题。由于天麻的野生资源日渐枯竭，已经很难采挖到野生天麻块茎作为种子使用，种源的缺乏，影响了天麻生产的发展，而有性繁殖，1 株天麻可产数 10 个蒴果，每个蒴果就有 3

万~5 万粒种子，仅以最后成麻率 0.05％计算，也可收获相当可观数量的有性种源。二是生命力强，繁殖系数高，产量高。在无性繁殖过程中，天麻的再生能力减弱，生活力下降，繁殖系数、产量越来越低。利用有性繁殖生产后，白麻和米麻作为种子，再进行无性栽培，可显著提高繁殖系数和产量。三是有性繁殖通过人工授粉杂交，可利用杂交优势，培育新的良种。

有性繁殖，也称种子繁殖，是由雌雄两性配子结合而形成胚，再通过胚发育成新个体的过程。天麻有性繁殖，指采用箭麻开花授粉后所接的种子来繁殖栽培，天麻有性繁殖必须培养出大量的种子（图 40－4）。

图 40－4　天麻有性繁殖

40.4.2.1　蒴果的培育

（1）箭麻的选择及栽植时间

①箭麻的选择。箭麻要求个体完整健壮、通体鲜亮、芽头饱满、鹰嘴形、无伤疤、无病虫害，单个鲜重在 150 g 以上。好的箭麻栽后花序长、茎秆粗、结实大而饱满，如果箭麻小而细长，则花序短、结实小而细长，播种后会对产量和品质有负面影响。用于培育种子的箭麻，要经过 0~1 ℃、40~50 d 的低温处理，所以，在上年翻窝时选好合适的箭麻后埋在地下或预留足够数量的窝不翻，盖上 13.32~16.65 cm 深的树叶防冻，待到栽植时再翻窝。

②箭麻栽植时间。分野外栽植、室内栽植和温室栽植，无论是在哪种环境中栽植，都应根据当地的气候条件，以不受冻为标准。野外栽植以春季 3 月上、中旬茎尖尚未萌动时为宜；室内和温室栽植根据栽植习惯提前栽植，但室内栽植要有一定的散射光。

（2）场地选择、整理

种子园应在背风向阳、排水良好、有遮蔽条件的地方，郁闭度要在70%左右，空气相对湿度保持在70%～80%。这样可保证天麻花、幼果不受阳光灼伤，在湿润的空气中也不会萎缩。在室外栽植，选用透气性好的沙土，可以起垄栽植，也可以挖坑栽植；在室内或温室栽植选用河沙即可。

（3）栽植方法

无论是室外还是室内栽植，先铺5 cm厚的沙土，将箭麻芽嘴向上，株距以15 cm左右为宜，箭麻摆好后上覆1层5 cm厚的沙土或河沙，如果沙土太干，可以拌水，水分含量掌握在15%～20%。为了方便以后授粉，每畦之间留80 cm的走道，畦宽50 cm。

（4）管理

①遮阳和防旱。由于花茎生长需要较高的温度（20～25 ℃）和较大的湿度，又不宜在阳光直射下生长，室外栽植如没有树木遮阳，一定要搭遮阳棚。遮阳棚高度1.5～2 m，过低则温度高，通风不良，花茎生长受抑制。下大雨要及时覆膜防雨，气温高时要在周围洒水降温，洒水最好在傍晚进行。要经常保持土壤（沙）湿润，满足天麻开花结实对水分的需要，湿度保持在40%～50%，开花时保持在70%左右。

②摘尖。天麻为无限花序，顶生，长10～30 cm，每株开花10～50朵，自下而上依次开放。花呈红棕色，开花后位于花轴顶端的花往往不能授粉结实。为减少营养消耗，可在开花中期将顶端3～5个花蕾摘掉，使果实饱满，提高产种量。

40.4.2.2　人工授粉

天麻从抽薹到开花约需20～30 d，从开花到成熟需25～35 d。海拔在1 000 m以下的温暖地区，天麻的花果期可提前20 d左右，高寒地区要推迟20～25 d左右。

箭麻开花后就要及时授粉。天麻为两性花，花瓣合生，顶部有5个不太明显的花瓣合生沿。雄蕊和雌蕊合生为合蕊柱，其上部为雄蕊、花药室、花粉黏块状，上盖花药帽，下部为黏盘，是退化的柱头。天麻的授粉分为自然授粉和人工授粉。

（1）自然授粉

在自然条件下，天麻是靠昆虫传粉的，由于天麻花无特异气味，不易引诱昆虫，因此授粉不良，着果率只有48%～66%，而人工授粉着果率可达93%左右。因此，这是有性繁殖栽培的一个重要技术措施。

（2）人工授粉

①授粉时间。海拔在1 000 m左右的中山地区，天麻抽薹开花在5月上旬

到 6 月上旬，每个花茎从第 1 朵花开至最后 1 朵花开需要 10～15 d。每朵花开放时间高山区 7～10 d，低山区 5～7 d，花粉多在花开后的第 2 天上午 9 时至下午 2 时成熟。因此，人工授粉应在第 2 天上午 10 时至下午 4 时最好，最晚不超过开花后第 3 天。露水未干和雨天不宜授粉。

②方法。授粉时用左手固定花托（拇指和食指从花被筒的背面轻轻拿住被授粉的子房），右手持小镊子或缝衣针将唇瓣压下或择除，这时可以看见花被筒基部合蕊柱前方椭圆形的柱头，略松镊子观察，如花药帽顶起，花粉松散时便可取下花药帽，然后用镊子或缝衣针从花药帽下方取出花粉块，将花粉黏在柱头表面，再轻轻将花粉涂布均匀即可。花被筒最好保留，以保持柱头湿润。目前，天麻人工授粉大多采用自交，若采用异株异花授粉，其后代的活力会大为提高，如利用乌秆天麻产量高，绿秆天麻繁殖力强的特点进行杂交，产生的种子优势明显。

先用大头针尖端挑取花粉块并将花粉送到柱头上或是有黏液的合蕊柱基部，再用大头针的平端深入花被筒轻轻将花粉块捣散，使花粉块较多或较大面积地平铺在黏液明显的柱头上。用此方法授粉的天麻，其果实在重量和体积上均大于常规授粉法形成的果实。

授粉时要逐朵进行并做好标记，以免遗漏。授粉后，20～25 d 果实即可成熟。

40.4.2.3　种子采收

天麻人工授粉后 20～25 d 果实即可成熟，成熟的标志是：一是眼观果实膨大，其表面有 6 条纵向棱线出现凹纹，缝尚未开裂、发亮；二是用手摸果实由硬变软且富有弹性；三是打开果实观察，种子不成团，能散开。

授粉 20 d 后每天进行观察，成熟的种子要及时采收，边采边用纸袋包装，一般每 10 个包装 1 袋，采后立即置于 5 ℃的冰箱中贮藏。由于果实随着贮藏时间的延长发芽率就会下降，最好在 3～10 d 播完，不得超过 10 d。

40.4.2.4　播种技术

（1）拌种

先将萌发菌（用树叶或木屑生产的萌发菌）从袋（瓶）中掏出，用树叶生产的要用手或菜刀将菌叶撕（切）成 0.5 cm² 的小块，用木屑生产的要用 75％的酒精擦拭手，将木屑萌发菌瓣碎，每窝用量 2～3 袋（瓶），蒴果每窝 5～10 个。把蒴果外壳剥开将粉状种子均匀撒在准备好的萌发菌上拌匀，使种子附着在萌发菌上。

（2）播种

无论是地下播种还是地上播种，栽培方法是相同的，不同之处就是地下栽培要挖 30～45 cm 深的坑，宽以菌棒长度为宜。

①一层全菌棒栽培法。先将坑底或地面铺一层 1～3 cm 厚已浸泡好的树叶，压实，撒播是把拌好的种子均匀撒在树叶上，每 10 cm 摆一根培养好的菌棒；条播是将种子均匀地撒在菌棒的下面；点播是将种子分点放在菌棒的下面。然后用培养好的菌枝（树枝）填平缝隙，覆盖 10 cm 厚的沙壤土或河沙，上面盖 2～3 cm 的树叶或用秸秆覆盖保湿。

②二层全菌棒栽培法。将拌好的种子分成 2 份，第 1 层和前面相同，然后用沙土或河沙覆平缝隙，再铺 1 cm 湿树叶，摆放培养好的菌棒，不管是撒播、条播、点播都和一层全菌棒栽培法相同。然后覆土，盖树叶或秸秆保湿。

③菌棒与新菌材伴栽法。基本的栽培方法和一层全菌棒栽培法、二层全菌棒栽培法相同。不同之处就是用 1 根培养好的菌棒（上年翻窝菌索较好的老菌棒）和 1 根新菌材，在新菌材周围加放培养好的菌枝。这种方法可以减少菌棒的培养量。

④全新菌材栽培法（三下窝）。这种方法适宜没有提前培养菌棒的新栽培户使用，但一定要有培养好的菌枝或蜜环菌菌种。方法是：坑底或地面铺一层 1～3 cm 厚预浸泡的树叶，压实，撒播、条播、点播同前，把蜜环菌菌枝或菌种放在菌棒的鱼鳞口处和菌棒的两端，其他和一层全菌棒栽培法、二层全菌棒栽培法相同。

40.4.2.5　播种后管理

天麻喜阴凉、潮湿的环境，温度在 20～25 ℃，湿度在 50% 左右最为适宜，加之播种后正值高温季节，加强管理尤为重要。一是播后 30 d 内要防雨，有性栽植一个月内属种子萌发期，由于天麻种子和萌发菌有好气性的习性，故在栽后 30～50 d 要注意通风，防止雨水。下雨时要在麻床上盖农膜遮雨，天晴时及时揭开。二是 30 d 后保持麻床湿度在 50% 左右，以促进蜜环菌健壮生长，保证种子萌发后能及时接上蜜环菌。三是早春、晚秋拱膜提温，夏季高温时遮阳降温。四是冬季防止冻害，及时加盖秸秆保温。五是防止人畜践踏破坏菌材。六是防止积水雨涝，菌床周围挖排水沟。七是保证菌材土壤湿度在40%～50%。

40.4.2.6　收获

天麻有性栽培一般播后 16～18 个月就可收获，这时箭麻量可达 30% 左右，要及时挖出，否则到 5—6 月就会抽薹变腐，失去商品价值。白麻、米麻达 2/3，又可进行无性繁殖。在翻窝时，将箭麻与白麻、米麻分开盛装，要轻取轻放，不能碰撞，即使表皮有微小的损伤，播后杂菌侵染也会腐烂。

40.4.3　无性繁殖栽培技术

天麻无性繁殖即用天麻的块茎进行繁殖，一般用小块茎（白麻、米麻）做种麻的一种栽培方法。其简单易行，便于推广。目前我国大部分地区均采用这种方法。

40.4.3.1　栽培场地的选择

根据天麻和蜜环菌生长所需的环境条件选择好栽培地块，给天麻和蜜环菌生长创造良好的自然环境条件。海拔在 900 m 以下的川道地区宜选择阴坡地；海拔在 900～1 500 m 的半高山地区宜选择半阴半阳地块；海拔 1 500 m 以上的高寒地区宜选择阳坡地块栽培。土质以透气性好的沙质壤土或河沙为好，不能在黏性大和积水的地块栽培。

40.4.3.2　种麻的选择

种麻质量的好坏与繁殖率的高低关系密切，是影响天麻产量高低的直接因素。种麻的质量标准：无病斑、无创伤腐烂、无冻害、色鲜、纺锤形、芽眼饱满明亮。质量以 5～10 g 的白麻、米麻做种麻。

40.4.3.3　栽培时间

冬栽 10—11 月，春栽 3—4 月，同时，还要根据当地的气候和海拔条件选择栽培时间。低海拔地区冬栽可适当推迟，春栽可适当提早；高海拔地区冬栽可适当提前，春栽可延后。因为在天麻芽眼开始萌动前蜜环菌就已经开始生长，待天麻萌动时，菌麻已经结合，5—7 月气温升高，是天麻生长旺盛期，可以增加天麻产量。

一般天麻的栽培用种量应根据种麻的大小和菌棒的数量而定。一般标准一窝用菌棒 10 根，一根菌棒放种麻 5～6 个，质量 50 g，一窝用种量以 500 g 左右为宜。

40.4.3.4　栽培方法

①一层菌棒栽培法。利用已经培养好的菌棒或翻窝用过的菌棒（菌丝棕红色，生命力强、无杂菌）栽培。方法：在选好的地块挖深 30 cm、长度不限、宽 60 cm 的坑，坑内保持 10～15 cm 的活土层，铺 2～3 cm 厚浸泡过的树叶压实，然后每 4～6 cm 摆 1 根菌棒，再放种麻，菌棒间放 3～4 个，菌棒两头分别放 2 个，种麻尽量靠近菌棒，要是用米麻可将种麻撒在靠菌棒的两侧，用土填好空隙，最后覆土 10～15 cm 即可。

②二层菌棒栽培法。基本和一层菌棒栽培法相同，不同之处就是坑要挖得深一点（40～50 cm），1 层空隙填平土（沙）后，上覆沙土 3～5 cm，以不见菌棒为宜，再同一层菌棒栽培法讲的摆法栽培第 2 层，最后覆土 10～15 cm 呈鱼基形。

③菌棒加新菌材栽培法。不管是一层菌棒栽培法还是二层菌棒栽培法，其方法基本相同，菌棒加新菌材栽培法的不同之处是 1 根培养好的菌棒（翻窝的老菌棒）一根新菌材间隔摆放，利用老菌棒传新菌材，这种方法可节省大量培

养菌棒的工作。

④菌棒加菌枝栽培法。就是在菌棒之间 4～6 cm 的空隙中放菌枝长一层培养好的菌枝（3～5 cm），把种麻定植其间，其他栽培方法和前面一样。这种栽培法针对培养欠佳或培养时间不够的菌材，达到补充菌源的目的。可选用一层或二层栽培。

⑤全新菌棒栽培法。其栽培方法同前面一样，不同之处就是在菌棒之间的空隙用培养好的菌枝填充，将菌种定植在菌枝中，依靠菌种向菌棒传菌，缺点是此法菌枝用量较大，一层或二层栽培均可。

40.4.3.5 栽后管理

①防冻。防冻是天麻获得高产的重要措施之一，如果种麻受冻，将形成空窝而绝收。因此，在上冻前加厚土层，或用秸秆等覆盖保温。

②防旱。天麻和蜜环菌的生长需要大量的水分，特别是 6—8 月，应及时在阴天或下午向窝间空处灌水、向窝面喷雾状水增加湿度、加盖湿树叶、麦草保湿。

③防涝。夏秋多雨季节，水分过大或积水会造成天麻块茎腐烂。因此，应在栽种位置周围挖好排水沟。

④温度调节。天麻和蜜环菌生长的适宜温度为 20～25 ℃，春季气温低要促进增温，随着气温升高，不会发生冻害的情况下，应把盖土去掉 1 层，提高窝温。如果窝温高于 25 ℃时，及时采取降温措施，加盖土层、覆盖麦秸树枝或在覆盖物上喷水降温。

⑤防人畜为害。天麻栽培后要注意防止人畜踩踏，设围栏防人畜、野猪等的为害。

40.5　病虫害及防治

40.5.1　主要病害及防治

40.5.1.1 霉菌病

培养菌材和栽培天麻的过程中易发生杂菌感染，严重时会抑制蜜环菌的生长，也会侵染天麻块茎造成腐烂，对天麻生长发育危害最大。已知对天麻危害性最大的霉菌有黄霉菌、白霉菌和绿霉菌等。这些霉菌常以菌丝形式分布在菌材和天麻种茎的表面，呈片状，发黏有霉臭味。这些霉菌统称杂菌，霉菌病发病的原因是高温、湿度大、透气不畅等环境条件。防治方法有 6 点。

①翻栽时发现菌材上有杂菌可将菌材取出在太阳下晒 1～2 d 即可将杂菌杀死，然后用刀刮掉生霉菌处痕迹再用；将受害严重的菌材立即捡出烧毁，以防传染。

②选择透气、阴凉的地块栽种。

③将有病的菌材用 1∶1 500 倍多菌灵喷洒，阴干。

④感染杂菌严重除了要积极防治，还要采取控制杂菌感染与发展的措施：一是木材要新鲜；二是不用带有杂菌的菌种和腐殖质土，严格防止杂菌入窖内。

⑤菌材间空隙要填实，防止菌材空间生长杂菌。

⑥窝内湿度要适合，保持窝内湿度 50%～70%。

40.5.1.2　腐烂病

腐烂病俗称烂窝病，这是一种生理性病害。夏季温度高，天麻受生理性干旱影响，中心组织腐烂成白浆状，有一种特异的臭味。防治方法为在天麻栽植时，严格选择不带病的天麻种和无杂菌的菌棒伴栽，做好田间防旱、防涝和保墒，秋季做好排水。

40.5.1.3　日灼病

天麻抽薹后，由于遮蔽不够，在向阳的一面，茎秆受太阳直射，使箭麻秆变黑，影响地上部分生长，导致特别在阴天，易受霉菌侵染，从发病部位倒伏死亡。

防治方法为搭好遮荫棚，以免受太阳光曝晒。

40.5.1.4　锈腐病

锈腐病是容易侵染天麻块茎的病害，天麻染病后，最初在天麻块茎上有铁锈色斑点，以后逐渐蔓延，严重时整个块茎全部坏死。

防治方法为选择透气良好的沙壤土栽培，覆土时不要带有染杂菌的枯枝落叶，选没有染病的白麻和米麻作为种麻，能产生良好效果。染病后，目前尚无有效方法防治。

40.5.1.5　水浸病

天麻生长发育阶段害怕水浸。水浸 12～24 h，天麻即会腐烂，这时蜜环菌迅速瓦解天麻中心组织，使之腐烂，整个天麻体内充满菌索和一种棕黄色浆汁，带有臭鸡蛋味。防治方法有 3 点。

①选择排水良好的沙壤土栽培。

②降雨后要及时检查，发现积水立即排除。

③林荫过密时可将树枝砍掉部分，适当增加阳光照射，避免潮湿水浸。

40.5.2　主要虫害及防治

常见为害天麻的害虫有天牛、蝼蛄、介壳虫、伪叶甲、蚜虫、白蚁等。

40.5.2.1　天牛

天牛幼虫在地下吃天麻块茎，一般用毒饵诱杀或在采挖天麻时发现将其捕捉杀死。

40.5.2.2 蝼蛄

俗名"土狗子",以成虫或幼虫在表土层下开掘纵横隧道,嚼食天麻块茎。防治方法是栽植前进行土壤处理,用50%辛硫磷乳油30倍液喷洒窝面再将其翻入土中,或在栽植场地附近设置黑光灯诱杀成虫。

40.5.2.3 介壳虫

主要为粉蚧,为害天麻块茎。由于粉蚧由菌棒带入天麻窝内,药物不易防治,如发现菌棒上有,应将菌棒烧毁,在采挖出的天麻上发现,应将天麻及时加工成商品麻,不用作种麻。

40.5.2.4 伪叶甲

为害天麻果实,可人工捕捉。

40.5.2.5 蚜虫

主要为害天麻花薹和花,可喷洒1 000倍40%的高效氯氰菊酯。

40.5.2.6 白蚁

主要为害菌棒,在老产区及老腐菌棒上居多,对天麻危害性很大。防治方法为不使用带虫菌材,若发现有白蚁为害应及时烧毁菌棒。

40.5.3 鼠害

地老鼠在天麻生长期间常常为害,对天麻幼麻危害性最大,应经常注意人工捕杀,也可以在四周挖深沟隔鼠,可以起到一定的预防效果。

40.6 收获与加工

40.6.1 收获

天麻有性繁殖,播种后2～3年收获,无性繁殖(块茎繁殖)以10～15 g的白麻做种麻,当年栽培的天麻,第2年冬季或第3年春季收获;春季栽培的天麻,当年冬季或第2年春季收获。用10 g以下的白麻做种麻来进行春季栽培,第2年冬季或第3年春季收获。

天麻初冬进入休眠期或早春未萌动生长前,营养积累充足,所以天麻最佳的收获期应在10月底到第2年3月前翻窝最好。商洛市群众大多在10月至12月上旬翻窝,采用收种结合,边收边栽,这时翻窝可以使天麻产量高、养分含量高、入药质量好。

翻窝时先小心去掉上层覆土,避免挖伤天麻块茎,然后从窝的一头开始取出菌棒,捡出箭麻,把白麻、米麻分开装,采取前面翻窝,身后栽植的方式,收获的白麻、米麻可以作为种麻出售或用于扩大生产,如果翌年还进行有性繁殖,选优质的箭麻留种,其余的加工为商品麻。

40.6.2　加工

天麻收获后，要及时加工，如果收获量大，堆放 3～5 d 就开始腐烂。因此要抓紧时间加工。加工前，要根据天麻的大小进行分级，洗净泥土，刮去鳞片、粗皮、黑迹，削去烂的部分，以便准确掌握蒸煮时间。一般将鲜重在 90 g 以上的定为一级，45～90 g 的定为二级，45 g 以下的定为三级。

①蒸煮。蒸煮的作用主要是杀死天麻块茎细胞，利于晾晒、烘干。蒸的方法：一级天麻蒸 30 min，二级的蒸 15～20 min，三级的蒸 10～15 min。检验是否蒸合适的方法：拿起蒸好的天麻，对着光观察，天麻体内看不到黑心，天麻通体透亮即可。煮的方法：先把水烧开，加少量白矾，矾水比为 1∶1 000，一级天麻煮 15～20 min，二级的煮 10～15 min，三级的煮 8～10 min，检验煮合适的方法和蒸一样。

②晾晒或烘干。如果天麻量不大，蒸煮后要及时晾晒，将天麻单个摆放晾晒，每天要翻动 2～3 次，直至晒干。如果天麻量较大，又没有晾晒条件或遇到阴雨天，就必须烘干。采用烘房烘干，温度第 1 天保持在 40～45 ℃，第 2 天保持在 45～55 ℃，慢火烘至七、八成干，停火 3 天，等回潮后再用 70 ℃温度继续烘干；使用烘干炉烘干，第 1 天全开通气孔，尽量让水分排出，温度掌握在 45 ℃左右，第 2 天，半开通气孔，温度掌握在 55 ℃左右，第 3 天通气孔留 1/3，停火，待天麻回潮后再用 65 ℃的温度直至烘干。烘干开始时，温度不能过高，免得天麻外表水分蒸发快，内部水分不能排出而形成外壳硬、中间糠心。但温度也不能过低，否则容易产生霉菌，引起腐烂。当天麻烘至七、八成干时，取出用手整形，提高其商品性。通常一、二级鲜天麻 2～3 kg 制成 1 kg 干天麻，三级鲜天麻 2.5～3.5 kg 制成 1 kg 干天麻。

③商品麻等级。天麻烘干后即为商品麻，用塑料袋装好，扎紧袋口贮藏于干燥处（图 40-5、图 40-6）。按商品标准规定，商品麻可分为 4 个等级。

图 40-5　商品天麻

图 40 - 6 天麻片

一等：色黄白、质坚、体肥、半透明，每千克 26 个以内。

二等：色黄白、质坚、半透明，每千克 26～46 个。

三等：皱皮、间有碎块，每千克 46～90 个。

四等：不符合以上要求的均属此等，每千克 90 个以上。

第41章　灵芝栽培技术

41.1　概述

灵芝（*Ganoderma lucidum*），又称赤芝、木灵芝、灵芝草等，是灵芝科灵芝属真菌。灵芝子实体大多为1年生，少数为多年生，有柄，小柄侧生。菌盖木质、木栓质，具沟纹，扇形、肾形、半圆形或近圆形，表面褐黄色或红褐色、血红至栗色，有时边缘逐渐变成淡黄褐色至黄白色，具似漆样光泽，盖表有同心环沟，边缘锐或稍钝，往往内卷；菌肉白色至淡褐色，接近菌管处常呈淡褐色；菌管小，管孔面淡白色、白肉桂色、淡褐色至淡黄褐色，管口近圆形；菌柄侧生、偏生或中生，近圆柱形，有较强的漆样光泽；担孢子卵形或顶端平截，双层壁，外壁透明、平滑，内壁褐色或淡褐色，具小刺，中央具一油滴。《神农本草经》记载：灵芝气味苦平，无毒，解胸结，益心智，久食轻身不老。现代医学证明，灵芝的化学成分多达上百种，最主要的有灵芝多糖、三萜类化合物等，能够调节人体的免疫力，有安神解毒、滋补强身的功效。

灵芝作为商洛市近年来发展较快的高端食药用菌，主要分布在洛南县寺耳镇寺耳街社区、镇安县云盖寺镇西华村、山阳县户家塬镇牛耳川社区、商州区杨斜镇林华村。2022年，商洛全市灵芝种植15.8万袋，产值120.5万元，全产业链综合收入470.5万元。

41.2　生物学特性

41.2.1　形态结构

灵芝由菌丝体、子实体两大部分组成，下部在营养基质里的白色丝状物称菌丝体，菌丝体呈白色绒毛状，直径1～3 μm。上部的伞状物称子实体，它是灵芝的繁殖器官，由菌盖、菌柄、子实层3部分组成。成熟的灵芝子实体木质化，有红褐色漆状光泽。菌盖多为肾形或半圆形。菌盖下方多孔结构称子实层，在放大镜下观察有无数管状小孔，灵芝的孢子就从小管内产生（图41-1、图41-2）。

图 41-1　干灵芝

图 41-2　鲜灵芝

41.2.2　生长发育周期

灵芝的生长发育周期分为 2 个阶段，第 1 阶段是菌丝生长期，灵芝的单孢子在适宜的温度、湿度等条件下发育成菌丝。第 2 阶段是子实体生长期，当菌丝积累了足够的营养时，便开始促使子实体生长。灵芝子实体的生长又分为 3 个阶段，分别是菌蕾期、开片期、成熟期。

41.2.3　生长发育所需环境条件

商洛市种植灵芝一般在 5 月上旬开始接种，菌丝生长 45 d 左右进入菌蕾期。菌蕾由菌丝发育而成，乳白色的疙瘩凸起，菌蕾期一般 15 d 左右进入开片期。开片期的特点是菌柄伸长，菌盖发育成贝壳形或扇形，开片期也持续15 d 左右，之后灵芝进入成熟期，灵芝成熟的标志是菌盖下方弹射孢子，在成熟灵芝的表面会看到一层细腻的孢子粉。灵芝生长发育需要适宜的营养、温度、水分、空气、光照和 pH 等条件。

41.2.3.1　营养

灵芝是木腐性真菌，对木质素、纤维素、半纤维素等复杂的有机物质具有较强的分解和吸收能力，主要依靠灵芝本身含有的许多酶类，如纤维素酶、半纤维素酶、糖酶、氧化酶等，把复杂的有机物质分解为自身可以吸收利用的简单营养物质，如利用木屑和一些农作物秸秆、棉籽壳、甘蔗渣、玉米芯等，作为灵芝的营养来源，可以栽培灵芝。

41.2.3.2　温度

灵芝属高温型菌类，菌丝生长温度范围为 15～35 ℃，最适温度为 25～30 ℃，菌丝体能忍受 0 ℃ 以下的低温和 38 ℃ 以上的高温，子实体原基形成和生长发育的温度范围是 10～32 ℃，最适温度是 25～28 ℃。实验证明，在 25～28 ℃ 这个温度条件下子实体发育正常，长出的灵芝质地紧密，皮壳层良好，色泽光亮；高于 30 ℃ 环境中培养的子实体生长较快，个体发育周期短，质地较松，皮壳及色泽较差；低于 25 ℃ 时子实体生长缓慢，皮壳及色泽也差；低于 20 ℃ 时，在培养基表面，菌丝易变黄色，子实体生长也会受到抑制；高于 38 ℃ 时，菌丝死亡。

41.2.3.3　水分

水分是灵芝生长发育的主要条件之一，在灵芝子实体生长时，需要较多的水分，但不同生长发育阶段对水分要求不同，在菌丝生长阶段要求培养基中的含水量为 65％ 左右，空气相对湿度在 65％～70％，在子实体生长发育阶段，空气相对湿度应控制在 85％～95％，若低于 60％，经过 2～3 d 刚刚生长的幼嫩子实体就会由白色变为灰色而死亡。

41.2.3.4　空气

灵芝属好气性真菌，空气中二氧化碳含量对它生长发育有很大影响，如果通气不畅，二氧化碳积累过多，就会阻碍子实体的正常发育，当空气中二氧化碳含量增至 0.1％ 时，将会促进菌柄生长和抑制菌盖生长；当二氧化碳含量达到 0.1％～1.0％ 时，子实体虽然能够生长，但多形成分枝的鹿角状；当二氧化碳含量超过 1％ 时，子实体发育极不正常，无任何组织分化，不形成皮壳。所以在生产中，为了避免畸形灵芝的出现，栽培室要经常开门开窗来通风换气，但是在制作灵芝盆景时，可以通过对二氧化碳含量的控制，培养出不同形状的灵芝盆景。

41.2.3.5　光照

灵芝在生长发育过程中对光照非常敏感，光照对菌丝体生长有抑制作用。实践证明，当光照为 0 lx 时，平均生长速度为 9.8 mm/d；在光照度为 50 lx 时为 9.7 mm/d；而当光照度为 3 000 lx 时，则只有 4.7 mm/d。强光具有明显抑制菌丝生长的作用。菌丝体在黑暗中生长最快，虽然光照对菌丝体发育有明显的抑制作用，但是对灵芝子实体生长发育有促进作用，子实体若无光照难以形成，即使形成了生长速度也非常缓慢，容易变为畸形灵芝。灵芝菌柄和菌盖的生长对光照也十分敏感：光照 20～100 lx 时，只产生类似菌柄的凸起物，不产生菌盖；光照 300～1 000 lx 时，菌柄细长，并向光源方向强烈弯曲，菌盖瘦小；光照 3 000～10 000 lx 时，菌柄和菌盖发育正常。人工栽培灵芝时，可以人为地控制光照强度，进行定向和定型培养出不同形状的商品药用灵芝和盆景灵芝。

41.2.3.6　pH

灵芝喜欢在偏酸的环境中生长，要求 pH 范围为 3.0～7.5，pH 在 4.0～6.0 最为适宜。

41.3　栽培技术

41.3.1　栽培方式

41.3.1.1　段木栽培

原木灵芝栽培

将灵芝菌种接种在灭过菌的原木上，待灵芝菌丝体长满原木后，在合适的环境条件下，便可长出灵芝子实体。原木栽培法更接近灵芝的天然生长环境，生长时间要比袋栽灵芝时间长，所获的灵芝子实体较大，比重较重，形状好看，其外观品质较袋栽灵芝好。建议尽量购买栎木进行灵芝栽培，栎木是商洛山区的一种常见多年生树种，木质紧密，作为灵芝的培养基富含丰富的养料，适宜作为原木灵芝的天然培养基材。商洛常年处于湿润的天气中，无霜期短，昼夜温差大，空气洁净度很高，几乎无环境污染，这种低温环境下生长的灵芝质地紧密，生长周期长且有效成分（灵芝多糖、灵芝多肽、三萜类、有机锗等）含量高，是其他产地的灵芝无法比拟的。

41.3.1.2　大棚栽培

大棚建造的长度为 80～100 m，宽不能超过 8 m，大棚建造不能过高，两侧高 2 m 左右，中间高 3 m 左右即可。大棚建造中墙的厚度是关键因素，大棚四周墙的厚度一般 1 m 左右。在大棚两侧的墙面上，每隔 1 m 左右要挖一个通风口。大棚内部的地面和我们平常用的蔬菜大棚也有所不同，灵芝大棚地面每隔 40 cm 应挖一条灌水沟，灌水沟深 25～30 cm，宽度 40 cm 左右。为了排灌水方便，可以在大棚的一侧纵向挖排灌水沟，将横向的排灌水沟一一串接起来。大棚顶部可以用塑料薄膜覆盖，塑料薄膜上面覆盖麦秸等，既能起到保温的效果又能让棚内接收到散射光（图 41-3）。

图 41-3　大棚灵芝

41.3.2　培养料的制备

灵芝培养料常用的有 3 个配方。

配方 1：棉籽壳 44%，木屑 44%，麦麸 10%，蔗糖 1%，石膏粉 1%。

配方 2：棉籽壳 78%，麦麸 20%，蔗糖 1%，石膏粉 1%。

配方 3：木屑 78%，麦麸 20%，蔗糖 1%，石膏粉 1%。

除了以上所需的原料，还需要按照总量的 1% 加入杀菌用的生石灰。

按配方称取原料和辅料，先干拌再湿拌，要求将原料和辅料搅拌均匀，干湿均匀，控制含水量为 60%～65%，以用力握时指缝间有水但不滴出为宜。装袋选用直径 15～17 cm、长 28～30 cm 的聚丙烯或聚乙烯专用袋。装料要松紧适度，用塑料项圈加棉塞封口或用绳子直接扎口。

41.3.3　培养料灭菌

用塑料薄膜将培养料包裹严实，然后用蒸汽消毒灭菌。培养料灭菌时一定要掌握好火候，预热升温阶段火要尽可能大一些，使温度快速升到 100 ℃，达到 100 ℃以后要保证蒸锅内蒸汽充足，使蒸锅气孔连续不断地喷出蒸汽，保持 8～10 h，这样就能保证蒸汽到达培养料堆各个部位，不出现灭菌死角。消毒灭菌完全后揭开塑料薄膜，等到培养料完全凉透就可以进行接种。

41.3.4 接种

接种可以在小型的接种室内进行，也可以在大棚内搭建一个临时的接种室进行，在接种之前先把消过毒的培养料集中放置在大棚里，用塑料薄膜围起来，面积 10~20 m² 即可。培养料进入临时接种室以后，将塑料薄膜密封严实。操作人员的双手是最容易引起菌种和培养料污染的，要用 75% 的酒精进行擦拭消毒。栽培种的外壁在打开之前也需要用酒精消毒，把整个外壁擦拭一遍再进行接种。接种时取出乒乓球大小的栽培种，打开培养料的袋口，放入袋口后及时绑扎严实。为了防止接种不合格，可以在培养料的两端同时接种，在整个接种期间，参加接种的人员要有无菌意识，严禁吸烟、喝酒、大声说话、走动。接种要熟练、轻缓，各种工具不可乱放，要一直保持在无菌的容器里。当接种工作完成以后，工作人员退出接种室，用专用的熏蒸消毒剂对培养料进一步消毒。

41.3.5 接种后的管理

菌丝在接种后 30 d 内定植，慢慢地变长、长粗，这 30 d 里对温度、湿度、空气和光照有严格的要求。接种室内的温度应保持在 22~25 ℃，空气相对湿度应维持在 60%~70%。如果空气中的相对湿度过大，可以打开通风口通风换气。菌丝生长期间用麦秸、稻草等覆盖大棚，让菌丝在黑暗的环境中生长。30 d 后当菌丝长到占据菌袋一半时，需要将其从接种室里面移出，将移出来的灵芝栽培袋放置在畦面上。

栽培袋摆放有许多需要注意的地方，首先是栽培袋的高度不能超过 7 层，如果栽培袋放置过高，菌袋产生的热量就不能及时散发出去，就会影响菌丝的生长。其次是每两个栽培袋的袋口要保持一定的距离，这样就确保在将来出蕾的时期不会相互摩擦而产生畸形子实体。

接种完成后菌丝就不断地从栽培料中吸取营养，大约经过 45 d，菌丝将布满栽培袋，培养料的营养成分也基本耗尽，这个时候就进入了菌蕾期的管理，要想让菌蕾正常生长，首要的工作就是打开袋口，用剪刀把绑扎在袋口的绳子剪下来，然后用针尖把塑料袋的袋口挑开，让袋口呈小喇叭形，袋口直径 2~3 cm。菌袋开口 7~10 d 后，栽培料的表面就会出现指头大小的白色疙瘩，这就是灵芝的菌蕾。整个菌蕾期大约 15 d 左右，相较于菌丝生长的阶段，菌蕾期对温度、湿度、光照和通风的要求有很大的不同。

41.3.6 菌蕾期温湿度控制

菌蕾期温度控制在 25 ℃左右，空气相对湿度应保持在 86%~90%，为了保持大棚内的湿度，可采取向大棚内灌水的方式增加湿度，每隔 3～4d 向大棚内的灌水沟灌水 1 次。

41.3.7　菌蕾期通风和光照控制

每天上午 8—9 时打开通风口通风换气，保持空气新鲜，二氧化碳浓度控制在 1％以下，可以用专用的二氧化碳测定仪测量二氧化碳的浓度，此时可以将大棚上的覆盖物去掉一部分，保证大棚内有散射光照，光照强度 1 500～3 000 lx。

灵芝的发育过程中大多同时长出多个菌蕾，菌蕾有大有小，如果任其生长则互相抢夺营养，不可能所有菌蕾都长出饱满的灵芝，所以菌蕾期要特别重视修剪工作，要将生长比较弱、位置比较差的菌蕾削去，每个营养袋只留 1 个健壮的菌蕾。

41.3.8　开片期的管理

大约 7 月上旬灵芝进入开片期，灵芝开片期对于湿度的要求更加严格，这个阶段依然要每 3～4 d 灌 1 次水增加棚内的湿度。

41.3.8.1　开片期补充水分

为了始终保持灵芝棚内的湿度，可以采用棚内喷水的方式，灵芝刚刚开片时喷雾的雾点要非常细小，而且喷水量不能过多，每次喷水不能超过 500 mL/m^2。子实体稍大后，喷水量可逐渐增加，这个阶段大棚内的湿度应始终保持在 90％左右。

41.3.8.2　开片期通风和光照控制

开片期的灵芝在一天天地长大，如果得不到良好的通风和光照，子实体也不能形成，菌蕾就会长成像鹿角一样的灵芝。开片期的光照要求 3 000～5 000 lx，二氧化碳浓度不能超过 1％。灵芝开片期对温度的要求也比较严格，低于 25 ℃或者高于 28 ℃都会造成子实体发育不良，所以调整好通风和温度的关系是这个阶段必须注意的问题。既要每天适当通风又要适时监测大棚每个角落的温度，做好保温或者散热的工作。

除了要做好通风工作，还需要倒一次垛，从第 1 排开始将一半灵芝倒头摆放，层层交错排列，更有利于灵芝子实体的生长和发育。

41.4　灵芝的采收

灵芝子实体成熟的标志是菌盖边缘的色泽和中间的色泽相同，菌盖已充分展开、变硬，开始弹射孢子。采收灵芝的时候要逐一检查，尽量采收那些已经完全成熟且表面覆盖有一层灵芝粉的灵芝，而没有开始弹射孢子的灵芝暂时不要采收。

灵芝采收后可以将灵芝孢子粉收集起来以供药用（图41-4）。新鲜灵芝的含水量通常为63%左右，不容易贮藏，所以灵芝采收后要在2～3 d内烘干或晒干。晾晒时腹面向下，将灵芝一个个摊开，2～3 d后当灵芝的含水量降至15%以下就可以作为商品出售。

图41-4　灵芝孢子粉

图书在版编目（CIP）数据

商洛主要作物栽培技术 / 瞿晓苍主编 . —北京：
中国农业出版社，2023.10
ISBN 978-7-109-31252-4

Ⅰ.①商… Ⅱ.①瞿… Ⅲ.①作物－栽培技术 Ⅳ.
①S31

中国国家版本馆 CIP 数据核字（2023）第 197733 号

中国农业出版社出版

地址：北京市朝阳区麦子店街 18 号楼
邮编：100125
责任编辑：刁乾超　　文字编辑：陈　灿　赵冬博
版式设计：李　文　　责任校对：周丽芳
印刷：三河市国英印务有限公司
版次：2023 年 10 月第 1 版
印次：2023 年 10 月河北第 1 次印刷
发行：新华书店北京发行所
开本：700mm×1000mm　1/16
印张：26
字数：500 千字
定价：98.00 元